U0903576

细晶镁合金制备方法及组织与性能

郭学锋　著

北　京
冶 金 工 业 出 版 社
2010

内 容 提 要

本书以 Mg－Zn－Y－Ce 和 Mg－Al－Si 两个合金系为例，论述了采用快速凝固和大变形制备细晶镁合金的工艺、组织和性能特点。

本书共分 9 章：第 1 章为绪论；第 2 章详细描述了制备细晶镁合金的三种装置；第 3～7 章分别论述了两个合金系的铸态和快速凝固态的组织和性能，以及往复挤压大变形过程中其组织演化、强化相的细化和球化、往复挤压态镁合金的室温和高温力学性能等；第 8 章探讨了往复挤压快速凝固镁合金的疲劳性能特点；第 9 章利用热力耦合计算，模拟了镁合金往复挤压过程中的不同场，为今后镁合金大变形加工从可视的角度提供了理论参考。

本书可供从事镁合金研究和生产的科技工作者阅读，也可供大学冶金专业和材料专业的本科生和研究生参考。

图书在版编目(CIP)数据

细晶镁合金制备方法及组织与性能/郭学锋著. —北京：冶金工业出版社，2010. 4

ISBN 978-7-5024-5174-5

Ⅰ. ①细… Ⅱ. ①郭… Ⅲ. ①细晶强化—镁合金—制备 Ⅳ. ①TG146. 2

中国版本图书馆 CIP 数据核字(2010)第 028684 号

出 版 人 曹胜利

地　　址 北京北河沿大街嵩祝院北巷 39 号，邮编 100009

电　　话 (010)64027926 电子信箱 postmaster@cnmip.com.cn

责任编辑 张爱平 李培禄 美术编辑 李 新 版式设计 孙跃红

责任校对 王贺兰 李文彦 责任印制 牛晓波

ISBN 978-7-5024-5174-5

北京百善印刷厂印刷；冶金工业出版社发行；各地新华书店经销

2010 年 4 月第 1 版，2010 年 4 月第 1 次印刷

148 mm×210 mm；10 印张；296 千字；307 页

49.00 元

冶金工业出版社发行部 电话：(010)64044283 传真：(010)64027893

冶金书店 地址：北京东四西大街 46 号(100711) 电话：(010)65289081

(本书如有印装质量问题，本社发行部负责退换)

前言

进入新世纪以来，节能与减排日益受到重视。镁及其合金作为最轻的常用金属结构材料，已受到人们越来越多的关注，世界各国都将镁合金列入了21世纪最为重要的结构材料之一。美国2005年制定了未来15年镁合金战略规划，德国将镁合金看成是未来汽车制造业的主要材料。作为起步过程中的中国汽车业和航空航天业对镁合金的需求将会越来越多。镁合金之所以受到如此重视，是因为它具备了结构材料要求的主要性能。其质轻、环境“友好”和资源丰富三个突出特点顺应了持续发展的要求，因此，镁合金又被称之为未来“绿色材料”。

但是，由于镁合金强度低、抗蠕变性能差、塑性差和耐蚀性差，到目前，其应用范围并非预期想象的那么广泛，被工业界接受也尚有一个过程。为此，作为材料科学工作者，需要在镁合金研究和应用方面做更多的工作。

为了提高镁合金的强度和塑性，通过细化镁合金的组织（基体晶粒和强化相颗粒）是重要的方法之一。本书以Mg－Zn－Y－Ce和Mg－Al－Si两个合金系为例，论述了采用快速凝固和大变形制备细晶镁合金的工艺、组织和性能特点。第1章绪论部分，主要论述了两个合金系中合金元素的主要作用、准晶相和其强化镁合金的特点，并综述了快速凝固镁合金制备技术以及低维合金大变形固结技术。第2章详细描述了制备细晶镁合金的三种装置。第3~7章是本书的主要部分，论述了两个合金系的铸态和快速凝固态的组织和性能，以及往复挤压大变形过程中其组织演化、强化相的细化和球化、往复挤压态镁合金的室温和高温力学性能等。第8章探讨了往复挤压快速凝固镁合金的疲劳性能特点,分析了其组织与疲劳性能的关系。第9章利用热力耦合计算,模拟了镁合金往复挤压过程中的不同场,为今后镁合金大变形加工从可视的角度提供了理论参考。

本书论述的材料制备方法未必非常合理,学术观点未必完全正确,希望同行批评指正。

著　者

2009年11月于河南理工大学

目录

1 绪　论

1.1 纯镁

镁是银白色的金属，原子序数 12，相对原子质量 24.32，电子结构 $1s^22s^22p^63s^2$，位于周期表中第 3 周期第 2 族。其化学性质比较活泼，平衡电位较低（−2.34 V）。因此，镁易氧化，在空气中暴露很短时间，其表面很快就会发暗，接着便形成一层白色氧化层。镁表面的氧化膜一般都疏松多孔，故镁耐蚀性较差，具有极高的化学和电化学活性。其电化学腐蚀过程主要以析氢为主，以点蚀或全面腐蚀形式迅速溶解直至粉化。镁合金在酸性、中性和弱碱性溶液中都不耐蚀，溶于各种有机酸和无机酸中（氢氟酸和铬酸除外）。在 pH 值大于 11 的碱性溶液中，由于生成稳定的钝化膜，镁合金是相对耐蚀的。如果碱性溶液中存在 Cl^-，使镁表面钝态破坏，镁合金也会腐蚀。

镁为密排六方结构，基面{0001}为原子最密排面。在 25℃时，晶格常数为：$a=0.3202$ nm，$c=0.5199$ nm，$c/a=1.6237$。配位数等于 12 时的原子半径为 0.1602 nm。

纯镁在 20℃时的密度为 1.738 g/cm^3[1]，比铝轻 35.6%，比钛轻 61.5%，是常用结构材料中最轻的金属。镁的比热容比其他金属都低，且合金元素对其比热容的影响不大。因此，镁及其合金加热升温与散热降温比其他金属快。纯镁的熔点是 650℃，再结晶温度约为 150℃。

由于镁是六方晶系金属，它在常温时的强度低，塑性差，见表 1-1，所以，纯镁很少用作结构材料。镁的最主要用途是制造镁合金及配制其他有色合金材料。但是，随着镁合金腐蚀防护技术研究的不断深入和新型耐蚀镁合金材料的开发，镁合金的应用领域必将进一步扩大。目前，镁主要应用在如下几个方面：

（1）作为难熔金属（如 Ti、Zr、Hf）的还原剂；
（2）作为生产球墨铸铁的球化剂；
（3）作为生产优质钢的脱硫剂；
（4）用于铅和锡冶金脱铋（生成 Bi_2Mg_3）；
（5）作为铝的合金化元素；
（6）制备镁合金；
（7）制备高储能材料（如 MgH_2）。

表 1-1　纯镁的力学性能[2]

加工状态	抗拉强度 /MPa	屈服强度 /MPa	刚度 /GPa	伸长率 /%	断面收缩率 /%	硬度 HBS
铸　态	11.5	2.5	45	8	9	30
变形态	20.0	9.0	45	11.5	12.5	36

1.2　镁合金

镁合金的密度比纯镁稍高，在 1.75 ~ 1.90 g/cm^{3}之间。镁合金具有良好的生物兼容性，最高的比强度和比刚度，优异的工艺性能，较好的耐腐蚀性能，良好的导热、减振及电磁屏蔽性以及原材料丰富，切削加工简单和回收容易等优点。被认为是制备电器产品壳体、运输工具和航天飞行器零部件最具前途的材料，被誉为“21 世纪的绿色工程结构材料”。

据报道，飞行器重量每降低 1 g，发射燃料可以节约 4 kg；航空发动机自重降低 40%，比功率可以提高约 30%[3]。采用快速凝固技术获得的超高强度镁合金，已经被美国和以色列应用于制作飞行器中推进器冷室的多种关键零部件[4]。

镁合金作为一种正式的材料首次应用于工业是在 20 世纪 30 年代，应用于一辆赛车的活塞。不过，那时候镁被认为是潜力有限的一种特殊材料。第二次世界大战的爆发，推动了镁在宇航领域的发展。德、美、英三国开始对镁合金进行了大量的研究和试验。

20 世纪 80 年代以来，随着镁及其合金的价格下降和加工技术不断革新,人们为解决环境和能源问题,为降低能耗的需要,愈来愈追求轻量化。汽车、航空航天器和3C产品等对镁合金需求开始日益增加,镁合金的应用愈来愈受到青睐。镁合金将成为21世纪最重要的轻质高强度材料之一[5]。

1990~1996年世界镁合金压铸件产量以18%的速度递增,1997年创纪录,比1996年增长32%,达到7万吨[6]。1999年全世界总共生产约36万吨镁,主要用于压铸镁合金。

目前,镁合金在轿车上的主要应用形式是铸件和压铸件。随着人们节约能源及环保意识的增强,现代汽车工业正朝着燃料效率型的轻型汽车方向发展,从而迫使汽车制造商竞相开发镁合金汽车零件以减轻车重。镁合金在降低轿车重量上,无论从短期,还是长期来看,都具备开发的潜力及竞争力。预计,全世界对汽车用镁合金的需求量每年将递增20%以上[6]。在汽车工业中,镁合金用于制造离合器外壳、变速器外壳、变速器上盖、发动机罩盖、转向盘、座椅支架、仪表盘框架、车门内板、转向支架、制动支架、气门支架、缸盖和缸体等60多种零部件。在航空工业中,镁合金用于制造飞机、发动机零件等十几种部件。镁合金还用来制造笔记本电脑外壳、手机外壳和光学仪器等。

我国在变形镁合金的研制和开发领域仍处于起步阶段,商业化的变形镁合金产品很少。从20世纪40年代开始,变形镁合金已经开始应用于汽车、航空航天、国防军工等领域,20世纪90年代后期,变形镁合金产品开始用于车辆、3C产品以及其他民用产品领域。

根据生产工艺的不同,镁合金可分为铸造镁合金及变形镁合金。我国的镁合金牌号中,ZM表示铸造镁合金,MB表示变形镁合金,后面标以序号。目前,几乎所有商业运作和研究报道都采用International Magnesium Association(IMA)镁合金牌号标记。因此,本书中在未特殊标记时,也采用IMA牌号。

铸造镁合金包括压铸镁合金和砂型铸造镁合金。根据化学成分的不同,镁合金可分为Mg-Al-Zn(AZ)、Mg-Al-Mn(AM)、Mg-Mn-Ce、Mg-RE-Zr(EK)、Mg-Zn-Zr(ZK)和多元系镁合金等[7~9]。目前,工业中应用最广泛的是AZ系镁合金,如:AZ 91 D压铸镁合金。

对于 AZ 系合金,437℃ 时铝在镁中的溶解度为 12.7%(质量分数),而在93℃时仅为3.0%(质量分数)。但是,AZ 系合金中只有铝含量高于4%(质量分数)才有足够体积分数的$\beta-Mg_{17}Al_{12}$强化相。故一般铝含量高于 7%(质量分数),才能保证有高的强度。AZ 系合金中加入少量锌可提高合金元素的固溶度,加强热处理强化效果,可以有效地提高合金的屈服强度。含高锌的镁铝锌合金有更好的模铸性能。在镁铝合金中,锌含量在一定范围内易引起热裂,尤其在模铸时更易发生[8~10]。这是由于 AZ 系合金在凝固过程中,由于 Al 、Zn 元素晶间偏析而在晶界富集,Zn 元素增加了晶界低熔点相的量,增加了合金的热裂纹倾向。因此,Al / Zn 比是值得重视的一个参数。当 Al 含量较低(<8%(质量分数))时,随着 Zn 含量的增加,抗拉强度提高,伸长率下降;当 Al 含量高(>8%(质量分数))时,随着 Zn 含量的增加,抗拉强度降低,伸长率提高。研究结果表明[9,11],AZ 91 和 ZA 84 合金具有好的综合力学性能。另外,这类合金中加入少量的锰可以提高镁合金的耐蚀性,并可以消除杂质铁对耐蚀性的不良影响。

变形镁合金和铸造镁合金在成分、组织和性能上存在很大的差异。固溶体合金的塑性变形优良,但强度比较低。对于包含金属间化合物的两相合金,其强度高,但塑性变形能力低。特别是当第二相合金很脆时,变形往往不均匀,容易造成开裂。因此,早期的变形镁合金,由于要求其兼有良好的塑性变形能力和尽可能高的强度,在组织的设计上,一般情况下要求不含金属间化合物。而强度的提高主要依赖合金元素对镁合金的固溶强化和塑性变形引起的加工硬化。变形镁合金主要包括 Mg - Al - Zn(AZ)、Mg - Al - Mn(AM)、Mg - Zn - Zr(ZK)等。

除了上述铸造镁合金和变形镁合金外,还有新发展的快速凝固粉末冶金镁合金[12,13]和大变形镁合金。本书主要讨论以下两类材料的组织和性能特点:

(1) 铸造和铸造结合大变形条件下的 Mg - Al - Si(AS)和 Mg - Zn - Y;

(2) 快速凝固结合大变形条件下的 Mg - Zn - Y。

1.3 Mg - Zn - Y(- Zr)合金

1.3.1 合金元素的作用

一般认为,稀土元素在镁合金中的作用有[14]:

(1) 提高镁合金的高温强度、抗蠕变性能。比如加入 Y、Nd 合金化后的 WE 系列镁合金,使用温度可以达到 300℃;

(2) 改善镁合金的铸造性能,降低显微疏松和热裂纹的倾向;

(3) 改善镁合金焊接性能,提高焊缝强度;

(4) 稀土镁合金耐蚀性不亚于其他镁合金,一般无应力腐蚀倾向;

(5) 稀土元素 Y、Nd 在镁中具有高的固溶度,合金经过固溶处理可以使 Mg - RE 化合物全部溶入基体,进一步改善镁合金室温和高温力学性能;

(6) 稀土元素可降低镁在液态和固态下的氧化倾向;

(7) 含稀土的 Mg 合金在医学上可作为人工骨骼。

合金元素 Y 具有密排六方晶体结构,在镁中的固溶度为 12.0%(质量分数)。Mg - Y 合金热处理时能够形成 GP 区强化[15],提高 Y 含量可以形成强化相。Y. Kawamura[16]等研究快速凝固喷射沉积 $Mg_{97}Y_2Zn_1$ 合金时获得了室温 610 MPa 的高屈服强度。发现微量锌(0.02%(摩尔分数))对 Mg - Y 基合金强度影响显著[17,18]。由此可见,用锌部分替代价格昂贵的 Y,同样可以得到良好的强化效果[19]。

Mg - Zn 合金中添加了 Y,可提高合金的共晶温度,延迟过度时效。Y 含量和 Zn 含量对合金显微组织、力学性能影响较大[20]。在 Mg - Y 合金中添加 Zn 能有效提高温度为 550 ~ 650 K 区间的抗蠕变性能[16]。

B. L. Mordike[21]研究 Mg - Y - Zn - Nd - Zr、Mg - Zn - Y、Mg - Y - Zr 等合金在 200℃加载 100 h,产生 0.2% 塑性变形的强度时发现,Y 具有很好的高温强化效果,如图 1-1 所示。

研究表明,在 ZK60 合金中,Zr 主要分布在晶粒中心,由中心向晶粒边缘逐渐降低。浸蚀后偏析区呈年轮状或花朵状[22]。镁合金中加入 0.5% ~0.8% Zr(质量分数),其细化晶粒效果最好。另外,Zr 还可以减少热裂倾向、提高力学性能和耐蚀性、降低应力腐蚀敏感性[23]。

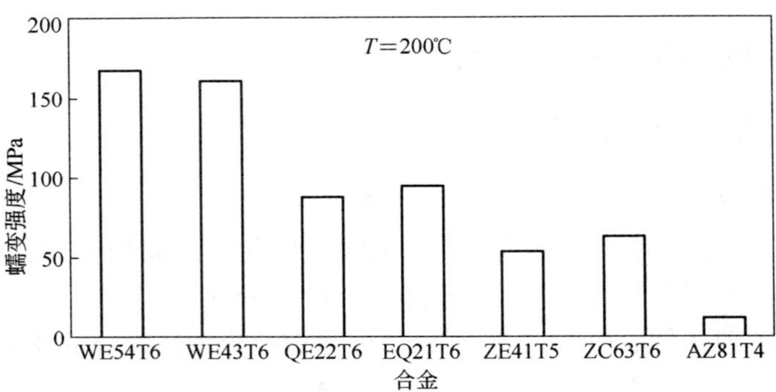

图 1-1 200℃加载 100 h 产生 0.2% 塑性变形时镁合金的强度[21]

1.3.2 Mg-Zn-Y 合金中的准晶相

Mg-Zn-Y 合金系 300℃等温截面如图 1-2 所示。合金系中,三元相主要为稳定准晶 Mg_3YZn_6(Z) 相、面心立方 $Mg_2Y_3Zn_3$(W) 相以及 18R 长周期调制结构 $Mg_{12}YZn$(X)相等。

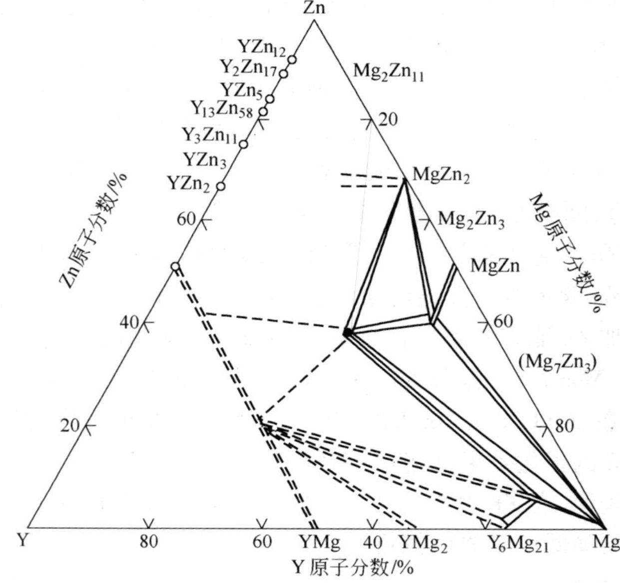

图 1-2 Mg-Zn-Y 三元相图 300℃等温截面[24]

普通凝固条件下,Mg-Zn-Y合金中Z相的生成与Y/(Y+Zn)的原子比有关。Mg-Zn-Y合金中,只有在Y/(Y+Zn)原子比<0.3时,合金中才能生成准晶Z相。这与Zn和Y元素的活性及两者的相互作用有关[24]。Y/(Y+Zn)原子比相同时,准晶相的生成量随Zn和Y含量的增加而增加,如$Mg_{68.4}Zn_{28.1}Y_{3.5}$合金的组织组成主要是Z相和$Mg_7Zn_3$相[25]。随着合金中镁含量的增加,初生相α-Mg增加。当Mg大于75%(原子分数)时,组织中主要为α-Mg[26]。在一定成分条件下,如$Mg_{75}Zn_{23}Y_2$[26]、$Mg_{95}Zn_{4.3}Y_{0.7}$[26]等合金中,仅存在α-Mg和Z相。

在Mg-(5.56~5.78)%Zn-(0.47~0.60)%Zr-(0.89~1.72)%Y(质量分数)和Mg-(5.60~5.92)%Zn-(0.35~0.64)%Zr-(0.60~1.36)%Mn(质量分数)铸态镁合金组织中,沿α-Mg晶界分布着共晶组织和稳定块状二十面体Mg-Zn-Y准晶相[27]。铸态合金在热处理过程中,随着温度升高,准晶量减少。温度为500℃时,组织中仍然存在少量准晶相[28]。值得注意的是,铸态合金在180℃时效30 h后,准晶Z相内部会析出尺寸大小约为0.3 μm,形状类球状析出物[29]。

铸态镁合金中的准晶,可以采用后续加工工艺使准晶相弥散分布于镁合金基体中,以获得高性能的镁合金。

1993年罗治平[30]等报道,Mg-Zn-Y合金中的Z相为二十面体准晶相[26],成分为$Zn_{60}Mg_{30}Y_{10}$[31],属于FK型准晶,准点阵常数a_R约为0.52 nm,是目前发现的FK型准晶中有序结构最高的准晶相[32]。研究表明,含不同稀土元素的Mg-Zn-RE系,二十面体准晶的平均价电子浓度均接近2.1,是一种由电子结构决定的Hume-Rothery准晶[33]。Mg-Zn-RE合金系二十面体准晶相既可以在Mg-Zn-RE相图富镁侧生成[25~29,32,34~36],也可以在富锌侧生成[37]。

研究发现[31],在523 K对铸态$Mg_{95}Zn_{4.2}Y_{0.8}$和$Mg_{92.5}Zn_{6.4}Y_{1.06}$进行热挤压后,铸态中的准晶相得以破碎并重新均匀分布,尺寸约为100 nm,呈不规则颗粒。挤压后,合金的室温和高温力学性能有了很大提高。

快速凝固$Mg_{72.5}Zn_{25.2}Y_2$非晶薄带,经过300℃保温50 h热处理

后,也会形成准晶相,准晶尺寸小于 20 nm,沿细小等轴 α－Mg 晶界分布[26]。S. Yi[38]等人发现,在 $Mg_{74}Zn_{26}$二元合金中添加少量 Y 元素,可以得到 α－Mg 和二十面体准晶组成的共晶组织。D. H. Bae 等[36,39,40]研究了 Zn 含量范围在 2.0%～4.3%(原子分数),Y 含量在 0.2%～0.7%(原子分数)之间的准晶增强 Mg－Zn－Y 合金,通过热轧工艺改善了准晶相的分布。

在熔融旋压快速凝固 MB25 镁合金等轴 α－Mg 晶界处也发现了准晶相的存在[28]。快速凝固 $Mg_{40}Zn_{55}RE_5$ 中,RE 元素的原子半径小于 0.364 nm 时(如:Nd、Sm、Gd、Y、Tb、Dy、Ho、Er、Tm、Lu),均形成二十面体准晶。

在常规铸造条件下,生成的 Mg－Zn－RE 准晶为面心二十面体准晶[37]。其中,在 Y 含量超过 4%(原子分数)的区域,准晶是通过包晶反应形成,准晶与金属间化合物共存;在 Y 含量低于 4%(原子分数)的区域,准晶直接从合金溶液中析出[41]。Mg－Zn－RE 二维十面体准晶仅在 RE 原子半径小于 0.355 nm 的 Mg－Zn－RE(RE＝Dy、Y、Ho、Er、Tm、Lu)合金中形成[42]。十面体准晶的成分为 $Mg_{40}Zn_{58}RE_2$,稀土元素的原子分数仅为 2%,为热稳定准晶,可能是通过 $Mg_{32}Zn_{66}RE_2$ 晶体相和液相之间的包晶反应而形成。

Mg－Zn－RE 三元系中 Mg_3REZn_6 准晶既可以通过快速凝固生成,也可以在常规凝固过程中生成[35]。虽然这种 Mg_3REZn_6 准晶很脆,但是高温稳定,具有高强度和高硬度、低表面能,是一种良好的合金强化相。

Mg－Zn－RE 系准晶的硬度和弹性模量稍低于铝基准晶,准晶 Z 相的室温显微维氏硬度为 HV385[34],室温杨氏模量为 115 GPa[43]。准晶 Z 相单晶的硬度和压缩流变应力随温度的升高而降低[44]。Mg－Zn－Dy 准晶单晶在 10^{-6} s^{-1} 的应变速率下,脆韧转变温度约在 450～490℃[45]。压缩变形温度低于 450℃时,呈脆性断裂,几乎不发生塑性变形;温度高于 490℃时,准晶具有良好的塑性变形能力。在小应变屈服后,流变应力基本保持恒定[45]。Mg－Zn－Dy 准晶的高温塑性变形主要通过位错滑移和攀移进行[46]。塑性变形过程中,由于不全位错的运动,会产生面心二十面体结构的反相畴界(APB)[47]。

根据 Mg_3REZn_6 准晶的特点，通过控制合金成分和制备工艺，可以获得含准晶的高强 Mg－Zn－(Zr)－Y 系合金，如表 1-2 所示。

表 1-2　准晶增强 Mg－Zn－(Zr)－Y 合金

合　金	加工状态	刚度/GPa	屈服强度/MPa	抗拉强度/MPa	伸长率/%	备注
$Mg_{97}Zn_1Y_2$	粉末冶金			900		文献 48
$Mg_{97}Zn_1Y_2$	快速凝固＋粉末冶金		600			文献 49
$Mg_{97}Zn_1Y_2$	快速凝固＋粉末冶金		610	611 389(473 K)	5	文献 50,51
	铸　态			375 278(473 K)		
Mg－5.5Zn－1.5Y－1Ce(－1Zr)	快速凝固＋粉末冶金			590	17.0	文献 45
MB25	挤压(623 K)		293	351	15.6	文献 52
MB26	挤压(623 K)	44	314	372	14.8	文献 52
$Mg_{95}Zn_{4.3}Y_{0.7}$	热轧(673 K)		220	370	17.2	文献 39

1.4　Mg－Al－Si(AS)镁合金

通常，AS 系列镁合金在 150℃以下使用。AS 系列镁合金的组织特点是以 α－Mg 为基体，Mg_2Si 为强化相。Mg_2Si 呈枝晶状或汉字状分布在 α－Mg 晶界处。其中 AS21 的高温性能优于 AS41，但室温强度较低，铸造性能却较差。温度高于 175℃时，AS41 的蠕变强度稍高于 AZ91 和 AM60，且具有较高的伸长率、抗拉强度和屈服强度。为抑制 AS 合金中形成粗大的 Mg_2Si 相，通常情况下，凝固过程中采用较高的冷却速度，如采用压铸工艺生产铸件。Al 可以在一定程度上改变 Mg－Si相图的共晶温度和共晶成分，也在一定程度上影响 Mg_2Si 相的形态。在铝含量较低时，共晶 Mg_2Si 相易生成汉字形。

1.5　镁合金的强化

镁合金铸造性能优良，几乎可以用所有铸造工艺成形。然而，镁及其合金的主要缺点之一是强度和硬度低，耐磨性能差，难以应用于摩擦工况条件下。

镁的性能可以通过合金化加以改善。根据 Hume-Rothery 固溶度准则，如果溶质原子与基体原子的半径差大于 15% 时，就不会形成固溶度较大的固溶体，反之将形成宽广固溶体。镁原子半径为 0.1602 nm，元素周期表中有 26 种元素与镁满足 Hume-Rothery 固溶度准则，形成固溶体。镁合金中的主要合金元素包括：Al、Zn、RE、Li、Ag、Zr、Th、Mn、Gd 及 Ni 等。其中，Gd 在镁中是无限溶解。根据合金元素在镁中对力学性能的影响，合金元素可划分为以下三类[53]：

第一类，同时提高镁合金的强度与塑性的元素，按强度递增顺序为：Al、Zn、Ca、Ag、Ce、Ga、Ni、Cu、Th；按塑性递增顺序为：Th、Ga、Zn、Ag、Ce、Ca、Al、Ni、Cu；

第二类，只提高镁的塑性，而对强度影响很小的元素，有 Cd、Ni、Li；

第三类，降低塑性，提高镁强度的元素，有 Sn、Pb、Bi、Sb、Si。

这些合金元素在镁合金中通过固溶强化、沉淀强化、细晶强化等方式提高镁合金力学性能。

1.5.1 固溶强化

固溶强化的强化机理是溶质原子与位错的弹性交互作用，形成柯氏气团“钉扎”位错，从而阻碍位错的运动。固溶强化作用的大小遵循以下关系[54]：

$$\sigma_y \propto \varepsilon_s^{3/2} C^{1/2} \tag{1-1}$$

式中　σ_y——屈服强度；

ε_s——溶质原子与溶剂原子半径差引起的错配应变；

C——溶质原子浓度。

可以看出，ε_s 和 C 均可对合金强度产生重要影响。合金元素对镁合金的固溶强化效果与溶质原子和基体原子的半径有关。二者半径差越大，固溶强化效果越显著。

1.5.2 时效强化

镁合金在时效过程中，合金元素的固溶度随温度下降而降低。析出产物可以形成 GP 区或细小弥散分布的强化相（亚稳相或稳定相），从而提高合金的力学性能。

1.5.3 弥散强化

强化相以细小、弥散的形式分布于基体中,产生强化作用。弥散分布的强化相可以是析出相,也可以通过复合形式加入。

1.5.4 细晶强化

根据 Hall-Petch 公式:

$$\sigma_y = \sigma_0 + Kd^{-1/2} \tag{1-2}$$

式中 σ_0——单晶屈服强度;

K——常数;

d——晶粒尺寸。

晶粒越细小,合金强度越高。一般情况下,常数 $K \propto M^2$(M 为 Taylor 因子),K 值随 M 的增加而变大,而 M 的大小与滑移系的数量有关。与体心立方和面心立方结构相比,密排六方结构晶体的滑移系少,其相应的 M 值就大。例如,$M_{Mg}=6.5$,而 $M_{Al}=3.06$。纯镁的 K 值为 280 MPa · $\mu m^{1/2}$,镁铝合金(Mg-21% Al(质量分数))是 521 MPa · $\mu m^{1/2}$,纯铝的 K 值为 68 MPa · $\mu m^{1/2}$[55]。因此,与 Al 合金相比,K 值对镁合金屈服强度影响更大。此外,屈服强度随着 d 值减小而明显提高。

细晶镁合金不仅室温强度较高,还可抑制变形孪晶的形成,改善延展性,甚至在高温下实现超塑性,即细晶超塑性。

1.6 快速凝固镁合金

1.6.1 快速凝固的特点

根据 Hall-Petch 公式 1-2,常温下金属的晶粒越细,强度越高。而且,金属的晶粒越细,塑性韧性也越好。当镁合金的晶粒细化到大约 1 μm 时,能激发新的变形机制,导致晶界滑动和室温下的流变过程,从而大大改善合金的延展性[56]。实践证明,晶粒大小决定于形核率(I)和长大速度(G)之间的相互关系。提高合金液的过冷度是一种有效的晶粒细化方法。因此,快速凝固是获得细晶材料最为有效的方法之一。

快速凝固冷却速率一般介于 $10^4 \sim 10^9$ K/s,凝固过程偏离了平衡,甚至在极端不平衡条件下凝固。因此,可以获得普通凝固无法获得的显微结构。例如,快速凝固可制备非晶、准晶、微晶和纳米晶合金材料。快速凝固过程表现出的主要特征有:

(1) 溶质截留[57],扩展极限固溶度。如,快速凝固 Mg - Al 系合金,Al 在 Mg 中的最大固溶度为 9.1%(质量分数),比机械合金化处理后高出一倍[58]。Mg - Ca、Mg - Li 和 Mg - Zn 合金也存在明显的固溶度扩展现象;

(2) 获得超细晶组织。快速凝固 AZ91 合金 α - Mg 晶粒尺寸为 0.3 ~0.5 μm,弥散相尺寸为 0.01 ~0.1 μm;

(3) 减小偏析或无偏析[59];

(4) 形成亚稳相或非晶相。如快速凝固 Mg - Sn 和 Mg - Si 等合金中可以形成新的面心立方相。Mg - Y - RE(重稀土)合金中可以形成 300℃以下稳定存在的亚稳相。Mg - Zn 合金中可以形成亚稳态的 MgZn′相;

(5) 高密度的点缺陷[60,61]。

根据实现快速凝固的机理不同,可以将各种快速凝固技术分为以下几类[59,62]:

(1) 高凝固速率快速凝固。通过高热导率材料衬底上薄层熔体的快速冷却,使合金熔体中形成大的起始形核过冷度,从而实现高的凝固速率。具体方法有气枪法(gun technique)、锤钻法(piston and anvil technique)、旋铸法(chill block melt spinning)和旋转叶片打击法(rotating blades melt quenching);

(2) 超声气体雾化法(ultrasonic gas atomization);

(3) 大块试样深过冷法(bulk undercooling);

(4) 激光或电子束表面快速熔凝法(laser/electron beam surface treatment);

(5) 喷射成形法(spray forming)等。

根据不同工艺,可将合金制成粉末、箔片、薄带、纤维和薄膜状产品。

与常规凝固相比,用快速凝固技术制备的镁合金晶粒尺寸可以减少到铸态尺寸的 1/16,因此,获得的快速凝固材料的力学性能较高。通常,快速凝固镁合金的拉伸屈服强度比普通凝固高 52% ~98%,压缩屈服强度高 45% ~230%,压缩屈服强度/拉伸屈服强度之比由 0.7 增加到 1.1;伸长率比普通凝固材料高 5% ~15%,疲劳强度为铸锭的两倍多。

1.6.2 单辊快速凝固

单辊法(chill-block melt spinning,CBMS;或 melt spinning processing,MSP)是目前广泛应用于制备急冷合金材料的重要方法之一。根据熔融合金液引入方法的不同,分为自由喷射甩带法(free-jet chill-block melt-spinning,FJCBMS)[63]和平面流铸法(planar flow melt-spinning,PFMS)[64]。其中自由喷射甩带法是熔融合金在气体压力作用下,通过坩埚喷嘴喷射到高速旋转的辊面上,凝固形成 10 ~100 μm 厚的薄膜或薄带[65],其原理如图 1-3 所示。

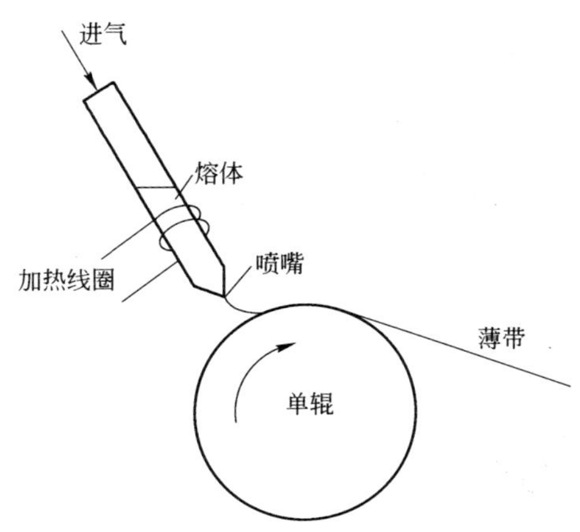

图 1-3 自由喷射单辊甩带法快速凝固原理图[62]

平面流铸法是将坩埚中的合金熔体通过喷嘴喷射到高速旋转的辊子表面形成薄带的方法。喷射过程中,喷嘴距辊面的距离 h 约为 1 ~3 mm。因此,在喷嘴和辊面之间可以形成一个合金熔池[64]。熔池中的合金熔体在辊面的拖动下可以形成厚度均匀的合金薄带,如图 1-4 所示。

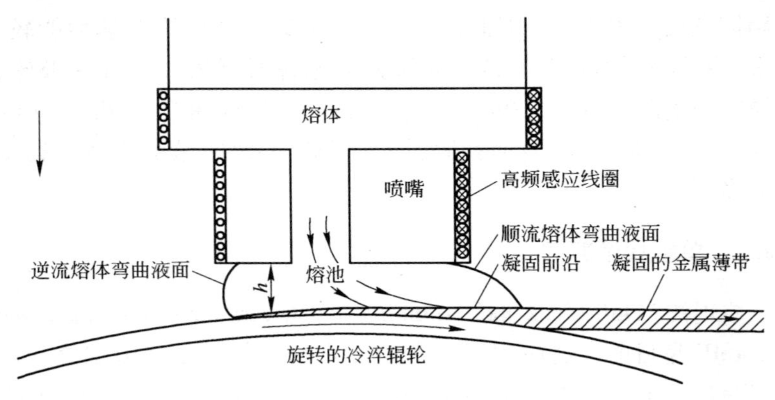

图 1-4　平面流铸法快速凝固原理图[61]

当合金液喷射到辊面后，合金熔体开始凝固，凝固层逐渐增厚。在凝固层脱落熔池时，凝固层厚度为 y_m（μm），此时固液分离，y_m 即为最终获得的带材厚度[61]。假设熔池与单辊接触的长度为 x_d，则液膜凝固过程的热平衡可以表示为[61,66]：

$$\alpha(T_m - T_r)\frac{x_d}{r\omega} = y_m(\Delta h + c\Delta T_m) \tag{1-3}$$

式中　α——单辊与合金液的界面传热系数，W/(m² · K)；

T_m——合金液温度，K；

T_r——单辊表面温度，K；

ΔT_m——合金液过热度，K；

ω——单辊旋转角速度，rad/s；

r——单辊的半径，mm；

c——合金单位质量热容，J/(kg · K)；

Δh——凝固潜热，J/kg；

$x_d/(r\omega)$——凝固时间，s。

带材厚度的计算公式为[61,66]：

$$y_m = \frac{\alpha(T_m - T_r)x_d}{r\omega(\Delta h + c\Delta T_m)} \tag{1-4}$$

式 1-4 中，α 可以通过实验获得。

工艺参数对金属薄带厚度 y_m 的影响还可以用式 1-5 确定[67]：

$$y_m = \left(\frac{2}{3}\right)\left(\frac{g}{a_n}\right)^{1/4}\left(\frac{a_n}{v_s}\right)\left(\frac{2p}{\rho}\right)^{1/2} \tag{1-5}$$

式中 g——喷嘴、辊轮间隙距离，mm；

a_n——喷嘴狭缝的宽度，mm；

v_s——辊轮线速度，m/s；

p——喷射压力，kPa；

ρ——金属的密度，kg/m^3。

由于单辊直径相对于液膜的厚度非常大，单辊表面曲率可以忽略，并将辊面处理为平面运动，单辊将其动量传递到合金液中，使液膜中形成流动边界层。与熔池后缘的交点定义为液膜与熔池的分离点。液膜形成后，其上部的液流速仍然很低，但不断被加速，同时液膜被拉薄。根据流体力学的连续方程[68]导出：

$$\int_0^{y_m} v_s(x,y)\,\mathrm{d}y = \text{常数} \tag{1-6}$$

当动量传输控制的单辊表面液膜的水平速度达到与单辊表面线速度同步时，液膜的厚度固定下来不再变化。从而根据式 1-5 及液膜与熔池分离时的速度分布，可以算出液膜的厚度。

单辊流铸法可以制备尺寸稳定、厚度均匀的连续薄带，不仅对其微观组织结构观察、凝固速度和力学性能的测定等研究十分方便，还可以在粉碎以后经粉末冶金或热挤压成形制成大块材料或工件。同时所需设备比较简单，工艺过程容易控制，具有较高的连续生产效率[69]。

熔池的压力 P_b 可以表示为[64]：

$$P_b = \left(\rho_L g - \frac{12\mu Q}{\rho_L l'^3}\right)b + \rho_L g a + p \tag{1-7}$$

式中 p——喷射气体的压力，MPa；

g——重力加速度，mm/s^2；

l'——喷嘴间隙，mm；

ρ_L——金属液的密度，g/mm^3；

b——喷嘴的厚度，mm；

a——坩埚内金属液的高度，mm；

μ——熔融金属液的黏滞系数,mm^2/s;

Q——总质量流速,m/s:

$$Q=\frac{v_s^2\rho_L}{HM}\left(\frac{\rho_s}{\rho_L}N+W\right)+\frac{\rho_L}{6\mu M}[\rho_L g(a+b)+P_g-P_0] \tag{1-8}$$

式中 v_s——辊面的线速度(1~20 m/s);

H——铜辊的速度常数;

ρ_s——金属液的密度,g/mm^3;

P_g——喷射气体的压力,MPa;

P_0——真空腔的实际压力,MPa。

M,N,W 分别由下式计算:

$$M=\frac{v_s}{H}\left[\frac{1}{(h-G')^2}-\frac{1}{(h-G)^2}\right]+\frac{2b}{l'^3} \tag{1-9}$$

$$N=\frac{2G'-h}{(h-G')^2}-\frac{2G-h}{(h-G)^2} \tag{1-10}$$

$$W=\frac{1}{h-G'}-\frac{1}{h-G} \tag{1-11}$$

式中

$$G'=\frac{(l''+l'+l)H}{U}$$

$$G=\frac{(l''+l')H}{U}$$

U——辊面线速度,m/s;

H——界面前沿生长速率,m/s。

薄带的厚度 h_r(mm)为:

$$h_r=\frac{Q}{\rho_s v_s} \tag{1-12}$$

熔池的高度 e^* 由式1-13决定:

$$\frac{d^3e^*}{dX^{*3}}=\frac{3\mu v_s}{\sigma}\left(\frac{v_s}{H}\right)^3\frac{1}{e^{*3}}\left[\frac{\rho_s}{\rho_L}(1-X^*)-e^*\right] \tag{1-13}$$

式中,σ 为熔体表面张力系数,N/m。

其边界条件由下面三式决定:

$$X^{*}=\frac{(l''+l'+l)H}{h_{r}v_{s}},e^{*}=\frac{h}{h_{r}}-\frac{(l''+l'+l)H}{h_{r}v_{s}} \tag{1-14}$$

$$\frac{d^{3}e^{*}}{dX^{*3}}=-1 \tag{1-15}$$

$$\frac{d^{2}e^{*}}{dX^{*2}}=\frac{P_{atm}-P_{0}}{\sigma}\left(\frac{v_{s}}{H}\right)^{2}h_{r} \tag{1-16}$$

根据王晓军等[70,71]提出的估算单辊甩带法制备镁带的冷却速度的公式，薄带的温度场为：

$$T=503.06-468.94\mathrm{erf}[53.178y_{m}/t^{1/2}] \tag{1-17}$$

式中　t——凝固时间，s。

薄带自由侧的冷却速度为：

$$\frac{\partial T}{\partial t}=468.94\times\frac{53.178y_{m}}{2t^{3/2}}\times\frac{2}{\sqrt{\pi}}e^{-\frac{(53.178y_{m})^{2}}{t}} \tag{1-18}$$

式1-18中，镁由液态凝固获得薄带的凝固时间根据凝固理论的平方根定律计算：

$$t=\frac{y_{m}^{2}}{k^{2}} \tag{1-19}$$

式1-19中，k为凝固常数。对于镁合金，$k=0.0121$ m/s[71]。将式1-19带入式1-18，整理可得冷却速度和薄带厚度的关系：

$$\frac{\partial T}{\partial t}=\frac{1.6475\times10^{-2}}{y_{m}^{2}} \tag{1-20}$$

A. Ludwig[72]比较完整地把热量传输、质量传输、熔池自由表面形态、晶体生长和潜热释放结合到传热方程中，发现熔池的存在可以抑制快速凝固过程中的过冷和再辉。熔池长度取决于传热系数，过冷度不影响熔池自由表面的温度分布和熔池长度。A. Ludwig[72]采用的速度v_{s}表达式为：

$$v_{s}=\frac{D_{L}}{\lambda}\left(1-\exp\left(1-\frac{L\Delta T}{T_{m}K_{B}T}\right)\right) \tag{1-21}$$

式中　D_{L}——液相内溶质扩散系数，mol/(m^{2}·s)；

λ——导热系数，W/(m·K)；

L——熔化热，J/kg；

ΔT——过冷度，K；

T——熔体温度，K；

T_m——合金熔点，K；

K_B——Bolzman 常数。

1.6.3　快速凝固薄带的固结

尽管快速凝固薄带有很多优点，但直接应用的情况很少。因此，必须在保持快速凝固优点的同时，将薄带固结成一定形状和尺寸的制品。常见的粉末固结方法有热等静压(HIP)、热压(HP)、真空热压(VHP)、热挤压、冷等静压(CIP)、锻、轧和动态成形等。其中，热挤压法是目前快速凝固镁合金最常用的方法。该方法主要的工艺流程为：装料、振动紧实、抽真空预除气、预热、预压和热挤压。在热挤压成形加工过程中，压头的压力、加热温度、加压和加热时间、挤压比、除气程度等是控制型材质量的主要工艺参数。

热挤压法操作简单、成本较低，但热挤压法仍存在不足。如挤压制品存在变形程度、组织和力学性能不均匀性。对于快速凝固镁合金，用普通正挤压方式成形的坯料存在未焊合微区，降低了快速凝固镁合金的性能[73]。

快速凝固粉末冶金法(RS / PM)是近十年发展起来的材料制备新工艺，目前得到了广泛的应用。部分 RS / PM 材料的力学性能如表 1-2 所示[74]。和村能人等[75]用该工艺方法研制出了高强度纳米晶 Mg97Zn1Y2(原子分数)镁合金。该合金以 α - Mg 相为基，在晶界处分布有少许 Mg24Y5 化合物，其平均晶粒为 100 ~ 200 nm，室温抗拉强度高达 610 MPa，伸长率为 5%。

1.6.4　金属材料大塑性变形技术

近年来，各种金属材料细化晶粒的大塑性变形(severe plastic deformation，SPD)技术得到了快速发展[76]，被认为是制备块体超细晶和纳米材料的重要方法[49,77,78]。如，大比率挤压(high ratio extrusion，

HRE)[50]、高压扭转(high pressure torsion,HPT)[79]、等通道角挤(equal channel angular process,ECAP)[80]、往复挤压(reciprocating extrusion,RE 或 cyclic extrusion and compression,CEC)[81]、累积轧制(accumulative roll bonding,ARB)[82]、反复弯曲平直(repetitive corrugation and straightening,RCS)[83,84]、连续等通道角挤(ECAP-Conform,ECAPC)[85]等。RE 和 ECAP 可直接制备块体超细晶材料,因此,备受重视[85~87]。

RE 是将坯料放入中间有一缩颈区的挤压筒中,当主动冲头(Ram A)压入时,被动冲头(Ram B)在一定反压力作用下与主动冲头同向移动,坯料经缩颈区受到挤压后再经过压缩镦粗。然后,被动冲头变为主动冲头,主动冲头变为被动冲头,按上述过程反向压回,完成一个循环。经过反复挤压与压缩,材料受到很大的变形,从而得到超细等轴晶组织[88,89]。图 1-5 为 RE 原理图[89]。

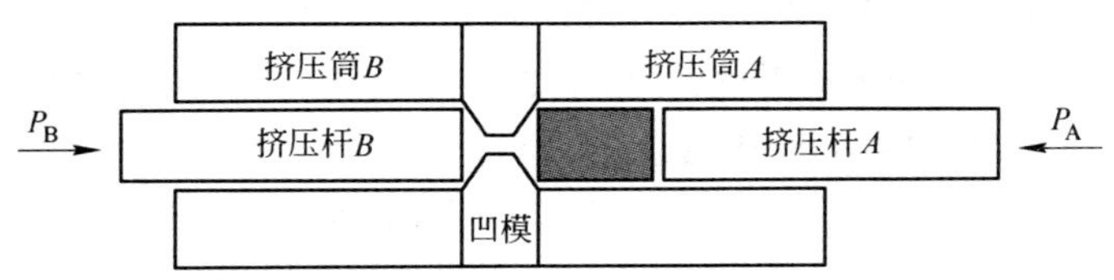

图 1-5 RE 原理图[89]

往复挤压可有效地对快速凝固薄带或铸锭进行揉压,随着挤压次数的增多,未混合区逐渐缩小直至消失,最终获得细小均匀细晶组织,从而提高材料的强度和延展性[89~91]。

材料在经过数次往复挤压后,不仅获得好的细化效果,而且,在每一次挤压后恢复原始形状。此外,往复挤压还能有效地消除初始材料中的孔洞和破碎界面氧化膜,并使材料内不同相混合均匀,获得均匀组织。概括起来,RE 具有如下特点[89]:

(1) 反复变形后,材料的形状和尺寸不变;

(2) 材料在变形过程中基本处于压应力状态;

(3) 可获得大的应变;

(4) 能够制备组织均匀的大体积细晶材料。

往复挤压技术最早由 J. Richert 等人发明[92],称为 CEC 法[93,94]。

他们研究了纯铝往复挤压的力学性能、剪切带的形成机制、应变硬化行为[93,95]。在此基础之上，研究了 Al－4Cu－Zr[82]、Al－5Mg[94,96]合金往复挤压后的组织和力学性能。他们发现，在室温下往复挤压 36 道次，累积真应变达到 15.2 时，晶粒能细化到约 200 nm。1997 年被 J. W. Yeh 等[89,90]，提出了用往复挤压直接成形制备超细材料，并设计了新的装置[97]，研究了 RE 快速凝固和普通凝固 Al－Si 合金的组织和力学性能[89]。研究发现[89]，初晶硅可以被大大细化。对快速凝固材料，经过 6 道次 RE 后，Si 颗粒分布均匀、晶粒尺寸减小到约 0.8 μm，拉伸强度增加 70% 以上，伸长率高达 25%。铸态合金经过 11 道次往复挤压后，晶粒大大细化，大多数 Si 颗粒大小约为 2 μm。对 RE 的 2024 和 7075 铝合金的研究表明[98,99]，RE 能够有效细化晶粒、第二相和夹杂物，并使它们重新均匀分布。并研究了挤压道次对组织和力学性能的影响规律。采用同样方法，开发了亚微米 Al_2O_3 颗粒均匀分布在基体中的铝基复合材料。颗粒与基体结合力强，伸长率高达 10%。获得的复合材料耐磨性是 6061 合金的 100 倍[100]。

除了以上的研究工作之外，H. J. Zughaer 等人[101]研究了 Cu 和 Fe 混合粉末往复挤压的组织和加工硬化行为，北京机电研究所[102,103]、上海交通大学[104~111]和西安理工大学[112~115]研究了用往复挤压工艺制备高性能材料的工艺与方法。

关于 RE 对材料的细化机理，由于研究手段和被研究材料的不同等因素，不同的研究结果之间存在分歧。M. Richert 等人[116,117]认为，RE 过程中首先形成剪切带，剪切带的交叉、增殖，导致微观组织的破碎，并逐渐演变成等轴胞和亚晶结构。J. W. Yeh 等人[89]认为，晶粒细化的原因是反复再结晶以及第二相细化后数量增加促进再结晶，并认为，第二相细化存在弯曲机理、短纤维加载机理和剪切机理。

镁塑性变形时，只有基面滑移和锥面孪生。有 3 个几何或两个独立滑移系，如表 1-3 所示。对镁合金而言，200℃ 以上时，第一类角锥面(1011)上的滑移系可以开动，产生滑移，塑性得到提高。225℃ 以上时，第二类角锥面(1012)被激活，塑性进一步提高[118]。因此，通过升高温度，可以激活棱柱面滑移系，增加镁及其合金的塑性。高温下，晶界滑动(GBS)和转动是塑性变形重要机制[119]。

表 1–3 镁的滑移系

滑移系	温度 /℃	滑移面	滑移方向	滑移系的数量	示意图
基面	室温	(0001)	$<11\bar{2}0>$	1 ×3 =3	
棱柱面	室温	$(10\bar{1}0)$	$<11\bar{2}0>$	3 ×1 =3	
锥面	>200	$(10\bar{1}1)$	$<11\bar{2}0>$	6 ×1 =6	

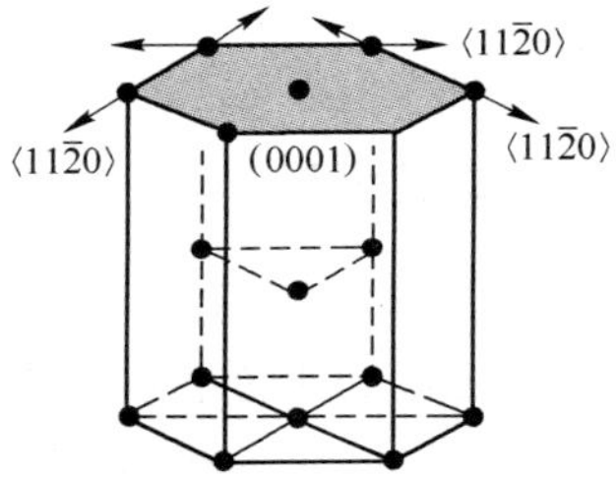

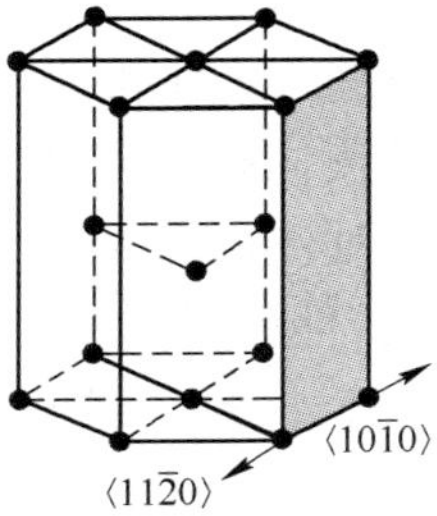

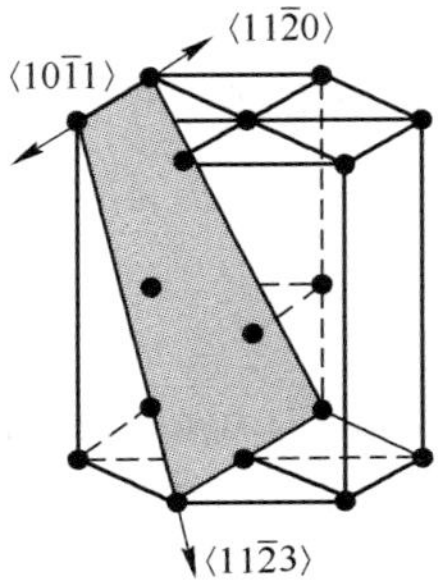

由于热挤压等效于轴对称的压应力加上轴向的拉应力，热挤压后形成强烈的 $<1\bar{1}00>$ 的线织构，即基面平行于挤压轴[120]。在挤压温度下，棱面滑移的临界分切应力已下降至与基面滑移对应的临界分切应力相近的数量级[121,122]，以满足热挤压时镁合金需求的 5 个独立滑移系[123]。

1.7 本章小结

Mg - Zn - Y 系合金在普通凝固和快速凝固过程中可以形成 Mg3REZn6(Z)准晶，根据 Mg3REZn6 准晶的特点，通过控制合金成分和制备工艺，可以获得准晶增强的高强 Mg - Zn - Y 系合金。

AS 系列镁合金可以在 150℃以下使用，具有较好的高温性能。AS 系列镁合金的组织特点是以 α - Mg 为基体，Mg_2Si 为强化相。Mg_2Si 呈枝晶状或汉字状分布在 α - Mg 晶界处，对材料的力学性能有损害。如果能够将 Mg_2Si 相细化成颗粒状，必然会提高材料的性能。

快速凝固技术可以制备细晶镁合金。快速凝固镁合金的拉伸屈服强度比普通凝固高 52% ~98%，压缩屈服强度高 45% ~230%，压缩屈服强度/拉伸屈服强度之比由 0.7 增加到 1.1；伸长率比普通凝固材料高 5% ~15%，疲劳强度为铸锭的两倍多。

快速凝固粉体材料结合正挤压可以制备高性能块体镁合金材料。但是，挤压制品存在变形程度、组织和力学性能不均匀性。而且，坯料会存在未焊合微区，降低了快速凝固镁合金的性能。

往复挤压大塑性变形工艺可以制备细晶材料，如果将快速凝固与往复挤压相结合，可以制备高性能细晶镁合金。

参 考 文 献

[1] Avedesian M M, Baker H. Magnesium and magnesium alloys[M]. ASM Specialty Handbook, Ohio: International Materials Park, 1999: 15 ~21.

[2] Polmar J. Magnesium alloy and applications[J]. Materials Science and Technology, 1994, 10(1): 256 ~258.

[3] Mestral F de, Brun M. Magnesium alloys and their applications[M]. Foundry magnesium al-

loys for aeronautical castings: Uses and prospects, Informationsgesellschaft, Verlag, 1992: 389 ~ 396.

[4] 郭学锋,魏建锋,张忠明. 镁合金与超高强度镁合金[J]. 铸造技术,2002,23(3): 133 ~ 136.

[5] Aghion E, Bronfin B. Magnesium alloys development towards the 21st century[J]. Materials Science Forum,2000,350 ~ 351(1):19 ~ 28.

[6] 陈力禾,赵慧杰,刘正. 镁合金压铸及其在汽车工业中的应用[J]. 铸造,1999,48(10): 45 ~ 50.

[7] Socjusz-Podosek M, Lityńska L. Effect of yttrium on structure and mechanical properties of Mg alloys[J]. Materials Chemistry and Physics,2003,80(2):472 ~ 475.

[8] 吴承建,陈国良,强文江. 金属材料学[M]. 北京:冶金工业出版社,2000:129 ~ 141.

[9] 张诗昌,段汉桥,蔡启舟等. 主要合金元素对镁合金组织和性能的影响[J]. 铸造,2001, 50(6):310 ~ 315.

[10] 美国金属学会. 金属手册[M]. 北京:机械工业出版社,1994:34 ~ 56.

[11] 王业双,马春江,朱燕萍等. Zn 对 Mg - 9Al 合金凝固行为的影响[J]. 特种铸造及有色合金,2002,(5):8 ~ 10.

[12] Stalmann A, Sebastian W, Friedrich H, et al. Properties and processing of magnesium wrought products for automotive applications[J]. Advanced Engineering Materials,2001,12(3):969 ~ 974.

[13] Chang T C, Wang J Y, Chia Ming O, et al. Grain refining of magnesium alloy AZ31 by rolling [J]. Journal of Materials Processing Technology,2003,140:588 ~ 591.

[14] 《稀有金属手册》编辑委员会. 稀有金属手册(下册)[M]. 北京:冶金工业出版社, 1995:779 ~ 827.

[15] 陈振华. 变形镁合金[M]. 北京:化学工业出版社,2005:321 ~ 350.

[16] Kawamura Y, Hayashi K, Inoue A. Rapidly solidified powder metallurgy Mg97Zn1Y2 alloys with excellent tensile yield strength above 600 MPa[J]. Materials Transactions, 2001, 42 (7):1172 ~ 1176.

[17] Suzuki M, Inoue R, Sugihara M, et al. Effects of yttrium on creep behavior and deformation substructures of magnesium[J]. Materials Science Forum,2000,350 ~ 351:151 ~ 158.

[18] Maruyama K, Suzuki M, Sato H. Creep strength of magnesium-based alloys[J]. Metallurgical and Materials Transactions A,2002,33:875 ~ 882.

[19] Suzuki M, Kimura T, Koike J, et al. Strengthening effect of Zn in heat resistant Mg - Y - Zn solid solution alloys[J]. Scripta Materialia,2003,48(8):997 ~ 1002.

[20] Ahmed M, Lorimer G W, Lyon P, et al. Magnesium alloys and their applications[M]. Oberursel: DGM Informationsgesellschaft. 1992:301.

[21] Mordike B L. Creep-resistant magnesium alloys[J]. Materials Science and Engineering A, 2002,324:103 ~ 112.

[22] 麻彦龙,左汝林,汤爱涛等. ZK60 镁合金铸态显微组织分析[J]. 重庆大学学报,2004,27(8):52 ~55.

[23] 张津,章宗和. 镁合金及应用[M]. 北京:化学工业出版社,2004:1 ~55.

[24] Tang Y L,Zhao D S,Luo Z P,et al. Morphology and the structure of quasicrystal phase in as cast and metal-spun Mg – Zn – Y – Zr alloys[J]. Scripta Metallurgica et Materialia,1993,29(7):955 ~958.

[25] Luo Z P,Sui H X,Zhang S Q. On the stable Mg – Zn – Y quasicrystals[J]. Metallurgical and Materials Transactions A,1996,27(7):1779 ~1784.

[26] Luo Z P,Zhang S Q,Tang Y L,et al. On the stable quasicrystals in slowly cooled Mg – Zn – Y alloys[J]. Scr Metall Mater,1995,32(9):1411 ~1416.

[27] Bae D H,Kim S H,Kim W T,et al. Strength Mg – Zn – Y alloy containing quasicrystalline particles[J]. Materials Transactions,2001,42(10):2144 ~2147.

[28] Luo Z P,Zhang S Q,Tang Y L,et al. Thermody namics of Mg – Zn – RE system solutions forming stable quasicrystals[J]. Scripta Metallurgica et Materialia,1994,30:393 ~398.

[29] Cheung Y,Chan K,Y Zhu. Microstructure and phase decomposition of quasicrystal Zn60Mg30Y10 alloy[J]. Journal of Materials Processing Technology,2002,123:243 ~250.

[30] Luo Z P,Zhang S Q,Tang Y L,et al. Quasicrystals in as cast Mg – Zn – RE alloys[J]. Scripta Metallurgica et Materialia,1993,28(12):1513 ~1518.

[31] Tsai A P. Stoichiometric icosahedral phase in the Zn – Mg – Y system[J]. Journal of Materials Research,1996,12(6):1468 ~1471.

[32] Niikura A,Tsai A,Inoue A,et al. New class of amorphous and icosahedral phases in Zn – Mg – RE metal alloys[J]. Japanese Journal of Applied Physics,Part 2:Letters,1994,33(11A):L1538 ~L1541.

[33] Tasi A P,Niikura A,Inoue A,et al. Highly ordered structure of icosahedral quasicrystals in Zn – Mg – RE(RE identical to rare earth metals) systems[J]. Philosophical Magazine Letters,1994,70(3):169 ~175.

[34] Padezhnova E M,Mel Nik E V,Mil Iyevskiy R A,et al. Investigation of the Mg – Zn – Y system[J]. Russian Metallurgy (Metally),1982,4:185 ~188.

[35] 史菲,郭学锋,张忠明. 普通凝固 Mg – Zn – Y 合金中的准晶相[J]. 中国有色金属学报,2004,14(1):112 ~116.

[36] 冯娟妮,郭学锋,徐春杰 等. Mg – Zn – Y 系合金的铸态组织及其相变点[J]. 中国稀土学报,2006,24(1):86 ~90.

[37] Langsdorf A,Ritter F,Assmus W. Determination of the primary solidification area of the icosahedral phases in the ternary phases diagram of Zn – Mg – Y[J]. Philosophical Magazine Letters,1997,75(6):381 ~387.

[38] Yi S,Parke S,Okj B,et al. Quasicrystals and related approximant phase in Mg – Zn – Y[J]. Micron,2002,33(6):565 ~570.

[39] Bae D H, Lee M H, Kim K T, et al. Application of quasicrystalline particles as a strengthening phase in Mg - Zn - Y alloys[J]. Journal of Alloys and Compounds, 2002, 342(1 ~ 2): 445 ~ 450.

[40] Kim I J, Bae D H, Kim D H. Precipitates in a Mg - Zn - Y alloy reinforced by an icosahedral quasicrystalline phase[J]. Material Science and Engineering A, 2003, 359(1): 313 ~ 318.

[41] Luo Zhiping, Hashimoto H. High-resolution electron microscopy observation of a new crystalline approximant W' of Mg - Zn - Y icosahedral quasicrystal[J]. Micron, 2000, 31(5): 487 ~ 492.

[42] Sato T J, Abe E, Tsai A P. Decagonal quasicrystals in the Zn - Mg - RE alloys (RE = rare-earth and Y)[J]. Material Science and Engineering A, 2001, 304 ~ 306: 867 ~ 870.

[43] Wolf B, Bambauer K, Paufler P. On the temperature dependence of the hardness of quasicrystals[J]. Material Science and Engineering A, 2001, 298(1 ~ 2): 284 ~ 295.

[44] Yoshida T, Itoh K, Tamura R, et al. Plastic deformation and hardness in Mg - Zn - (Y, Ho) icosahedral quasicrystals[J]. Material Science and Engineering A, 2001, 298(1 ~ 2): 786 ~ 789.

[45] Shechtman D, Lang C. Project of NIST National Institute of Standards and Technology high specific strength magnesium alloy produced by RSP [R]. Israel, Technion. 1999.

[46] Heggen M, Feuerbacher M, Schall P, et al. Plastic deformation of icosahedral Zn - Mg - Dy single quasicrystals[J]. Philosophical Magazine Letters, 2000, 80(3): 129 ~ 136.

[47] Heggen M, Feuerbacher M, Lange T, et al. Microstructural analysis of plastically deformed icosahedral Zn - Mg - Dy single quasicrystals[J]. Journal of Alloys and Compounds, 2002, 342(1 ~ 2): 330 ~ 336.

[48] 人民网 - 日本版，日本制成强度最高的镁合金[EB/OL]. http://japan.people.com.cn/2002/01/14/riben20020114_15740.html.

[49] Kawamura Y, Hayashi K, Inoue A, et al. Rapidly solidifitied powder metallurgy alloys with novel mechanical properties[J]. Materials Science Forum, 2002, 368 ~ 388: 529 ~ 534.

[50] Yamamuro T, Nishida M, Nagano M, et al. Electron microscopy study of microstructure modifications in RS P/M Mg97Zn1Y2 alloy[J]. Materials Science Forum, 2003, 421: 715 ~ 720.

[51] Kawamura Y, Morisaka T, Yamasaki M. Structure and mechanical properties of rapidly solidified Mg97Zn1RE2 alloys[J]. Materials Science Forum, 2003, 419 ~ 422: 751 ~ 756.

[52] Luo Z P, Song D Y, Zhang S Q, et al. Strengthening effects of rare earths on wrought Mg - Zn - Zr - RE alloys[J]. Journal of Alloys and Compounds, 1995, 230(2): 109 ~ 114.

[53] Luo A, Pekguleryuz M. Review cast magnesium alloys for elevated temperature applications [J]. Journal of Materials Science, 1994, (29): 5259 ~ 5271.

[54] Mayumi Suzuki, Hiroyuki Sato, Kouich Maruyama, et al. Creep deformation behavior and dislocation substructures of Mg - Y binary alloys[J]. Materials Science and Engineering A, 2001, 319 ~ 321: 751 ~ 755.

[55] 陈振华,夏伟军,严红革,等.镁合金材料的塑性变形理论及技术[J].化工进展,2004,23(2):127~134.

[56] Miyahara Y,Matsubara K,Horita Z,et al. Grain refinement and superplasticity in a magnesium alloy processed by equal-channel angular pressing[J]. Metallurgical and Materials Transactions A,2005,36:1705~1711.

[57] Hehmann F,Sommer F,Predel B. Extension of solid solubility in magnesium by rapid solidification[J]. Materials Science and Engineering A,1990,125:249.

[58] Cho S S,Chun B S,Won W,et al. Structure and properties of rapidly solidified Mg-Al alloys[J]. Journal of Materials Science,1999,34:4311~4320.

[59] Govind K,Nair S,Mittal M C,et al. Development of rapidly solidified (RS) magnesium-aluminium-zinc alloy[J]. Materials Science and Engineering A,2001,304~306:520~523.

[60] 胡汉起.金属凝固原理(第二版)[M].北京:机械工业出版社,2000.

[61] 周尧和,胡壮麒,介万奇.凝固技术[M].北京:机械工业出版社,199.

[62] TrojanoVáZ,Lukác P,Riehemann W,et al. Influence of rapid solidification on the damping behaviour of some magnesium alloys[J]. Materials Science and Engineering A,1997,226~228:867~870.

[63] Abe E,Kawamura Y,Hayashi K,et al. Long-period ordered structure in a high-strength nanocrystalline Mg-1at.% Zn-2at.% Y alloy studied by atomic-resolution Z-contrast STEM[J]. Acta Materialia,2002,50:3845~3857.

[64] Yu H. A fluid mechanics model of the planar flow melt spinning process under low Reynolds number conditions[J]. Metallurgical Transactions B,1987,18:557~563 .

[65] Overshott K J. Amorphous ribbon materials and their possibilities electron[J]. Power,1979,25(5):347~350.

[66] Wang G X,Matthys E F. Modeling of rapid solidification by melt spinning: effect of heat transfer in the cooling substrate [J]. Materials Science and Engineering A, 1991, 136:86~97.

[67] Fiedler H,Mühlbach H,Stephani G. The effect of the main processing parameters on the geometry of amorphous metal ribbons during planar flow casting(PFC)[J]. Journal of Materials Science,1984,19(10):3229~3235.

[68] 鲁德洋.冶金传输原理[M].西安:西北工业大学出版社.1991:46~48.

[69] Das S K,Chang C F. High Strength Magnesium Alloys by Rapid Solidification Processing, Rapidly Solidified Crystalline Alloys[M]. TMS/AIME,The Metallurgy Society,Warrendale, Pa. ,1985:137~156.

[70] 赵红亮,郑飞燕,关绍康,等.厚条带 Mg-Al-Zn 基合金的显微组织研究[J].材料科学与工程学报,2005,23(4):607~609.

[71] 王晓军,陈学定,俞伟元,等.估算单辊甩带法制备镁基非晶薄带的冷却速度[J].兰州理工大学学报,2004,30(3):11~13.

[72] Ludwig A, Frommeyer G, LászlóGránásy. Modeling of crystal growth during the ribbon formation in planar flow casting[J]. Steel Research, 1990, 61:467 ~ 471.

[73] Guo Xuefeng, Remennik Sergei, Xu Chunjie, et al. Development of Mg - 6Zn - 1Y - 0.6Ce - 0.6Zr magnesium alloy and its microstructural evolution during processing. Materials Science and Engineering A, 2008, 473:266 ~ 273.

[74] 黄志青. 轻金属细化技术近况[J]. 工业材料, 2003, (6):114 ~ 120.

[75] Valiew R Z, Islamgaliew R K. Bulk nanostructural materials from severe plastic deformation [J]. Progress of Material Science, 2000, 45:103 ~ 189.

[76] Zhu Y T, Lowe T C, Langdon T G. Performance and applications of nanostructured materials produced by severe plastic deformation[J]. Scripta Materialia, 2004, 51:825 ~ 830.

[77] Zhu Y T, Langdon T G. Fundamentals of nanostructured materials by severe plastic deformation[J]. JOM, 2004, 10:58 ~ 63.

[78] Lowe T C, Valiev R Z. The use of severe plastic deformation techniques in grain refinement [J]. JOM, 2004, 10:64 ~ 68.

[79] Lin H K, Huang J C. High strain rate and/or low temperature superplasticity in AZ31 Mg alloys processed by simple high ratio extrusion methods[J]. Materials Transactions, 2002, 43 (10):2424 ~ 2432.

[80] Zhilyave A P, Nurislamova G. V, Kim B K et al. Experimental parameters influencing grain refinement and microstructural evolution during high-pressure torsion[J]. Acta Materialia, 2003, 51:753 ~ 765.

[81] Chang S Y, Lee K S, Hong S K , et al. Effect of Al content and pressing temperature on ECAP of cast Mg alloys[J]. Materials Science Forum, 2003, 426:453 ~ 458.

[82] Richert M, Richert J, Zasadzinski J. Effect of large deformation on the microstructure of alureinunl alloys[J]. Materials Chemistry and Physics, 2003, 81:528 ~ 530.

[83] Tsuji N, Saito Y, Lee S H, et al. ARB(accmnulative roll-bonding) and other new techniques to produce bulk ultrafine grained materials[J]. Advanced Engineering Materials, 2003, 5 (5):338 ~ 344.

[84] Huang J Y, Zhu Y T, Jiang H, et al. Microstructures and dislocation configurations in nanostructured Cu processed by repetitive corrugation and straightening[J]. Acta Materialia, 2001, 49:1497 ~ 1505.

[85] Raab G J, Valiev R Z, Lowe T C, et al. Continuous processing of ultrafine grained Al by ECAP Conform[J]. Materials Science and Engineering A, 2004, 382:30 ~ 34.

[86] Terhune S D, Swisher D L, Oh-ishi K, et al. An investigation of microstructure and grain-boundary evolution during ECA pressing of pure aluminum[J]. Metallurgical and Materials Transactions A, 2002, 33(7):2173.

[87] Furukawa M, Horita Z, Nemoto M, et al. The use of severe plastic deformation for microstructure control[J]. Materials Science and Engineering A, 2002, 324:82 ~ 89.

[88] Yeh J W, Yuan S Y, Peng C H. A reciprocating extrusion process for producing hypereutectic Al – 20 wt. % Si wrought Alloys[J]. Materials Science and Engineering A, 1998, 252 (2): 212 ~ 221.

[89] Yeh Jienwei, Yuan Shiying, Peng Chaohung. Microstructures and tensile properties of an Al – 12 wt Pct Si alloy produced by reciprocating extrusion[J]. Metallurgical and Materials Transactions A, 1999, 30: 2503 ~ 2512.

[90] Yuan Shiying, Yeh Jienwei, Tsau Chunhuei. Improved microstructures and mechanical properties of 2024 aluminum alloy produced by a reciprocating extrusion method[J]. Materials Transactions JIM, 1999, 40(3): 233 ~ 241.

[91] Chu Hsushen, Liu Kuoshung, Yeh Jienwei. An in situ composite of Al (graphite, Al_4C_3) produced by reciprocating extrusion[J]. Materials Science and Engineering A, 2000, 277 (1): 25 ~ 32.

[92] Richert J, Richert M, Zasadzinski J, et al. Patent PRL[P]. 1979, No. 123026.

[93] Richert J, Richert M, Kraków. A new method for unlimited deformation of metals and alloys [J]. Aluminium, 1986, 8: 604 ~ 607.

[94] Richert M, Stüwe H P, Zehetbauer M J. Work hardening and microstructure of $AlMg_5$ after severe plastic deformation by cyclic extrusion and compression[J]. Materials Science and Engineering A, 2003, 355: 180 ~ 185.

[95] Korbel A, Richert M. Formation of Shear bands during cyclic deformation of aluminium[J]. Acta Materialia, 1985, 33: 1971 ~ 1978.

[96] Richert M, Estuwe H, Richert J, et al. Characteristic features of microstructure of $AlMg_5$ deformed to large plastic strains [J]. Materials Science and Engineering A, 2001, 301: 237 ~ 243.

[97] 叶均蔚. 往复式挤压成型方法及其加工装置. 中国发明专利公开说明书, 申请号 01104059.9.

[98] Yuan Shiying, Yeh Jienwei, Tsau Chunhuei. Improved microstructure and mechanical properties of 2024 aluminium alloy produced by a reciprocating extrusion method[J]. Materials Transactions JIM, 1999, 40: 233 ~ 241.

[99] Lee Shihwei, Yeh Jienwei, Liao Yongshun. Premium 7075 aluminium alloys produced by reciprocating extrusion[J]. Advanced Engineering Materials, 2004, 12(6): 936 ~ 943.

[100] Chu Hsushcn, Liu Kuoshung, Yeh Jienwei. Aging behavior mad tensile properties of 6061Al – 0.3 μm Al_2O_3 particle composites produced by reciprocating extrusion[J]. Scripta Materialia, 2001, 5: 541 ~ 546.

[101] Zughaer H J, Nuttilrg J. Deformation of sintered copper and 50Cu – 50Fe mixture to large strains by cyclic extrusion and compression[J]. Materials Science and Technology, 1992, 8: 1104 ~ 1107.

[102] 陆文林, 王勇, 冯泽舟. 沙漏挤压镦粗复合加工技术[J]. 塑性工程学报, 2000, 7(4):

1 ~ 4.

[103] 陆文林,王勇,冯泽舟等.采用沙漏挤压工艺制备超细晶材料[J].热加工工艺,2001,(2):10 ~ 12.

[104] 王渠东,陈勇军,翟春泉等.制备超细晶材料的C形等通道往复挤压模具[P].中国实用新型专利申请号:200420114966.X.

[105] 王渠东,陈勇军,翟春泉等.制备超细晶材料的S形等通道往复挤压模具[P].中国实用新型专利申请号:200420114965.5.

[106] 陈勇军,王渠东,翟春泉等.制备超细晶材料的转角往复挤压模具[P].中国实用新型专利申请号:20042011496.4.

[107] 陈勇军,王渠东,翟春泉等.制备超细晶材料的S形转角往复挤压模具[P].中国实用新型专利申请号:200420114969.9.

[108] 陈勇军,王渠东,翟春泉等.制备超细晶材料的反复镦粗挤压模具[P].中国实用新型专利申请号:2004210114969.3.

[109] Wang Q D, Chen Y J, Lin J B, et al. Microstructure and properties of magnesium alloy processed by a new severe plastic deformation method [J]. Materials Letters. 2007, (61) 23 ~ 24.

[110] Zhang Lujun, Wang Qudong, Chen Yongjun, et al. Microstructure evolution and its effect on mechanical properties of an AZ61 Mg alloy through cyclic extrusion compression[A]. Second International Conference on Magnesium[C], Beijing, 2006.

[111] Lin Jinbao, Wang Qudong, Chen Yongjun, et al. Effect of large deformation on the microstructure of ZK60 alloy [A]. Second International Conference on Magnesium [C], Beijing, 2006.

[112] 徐春杰,张忠明,郭学锋.往复挤压晶粒细化装置及其工艺方法[P].中国专利局:中国发明专利,申请号:200510041760.8.

[113] 张忠明,徐春杰,郭学锋.镁合金丝材挤压方法[P].中国发明专利,申请号:200510042990.6.

[114] 徐春杰,郭学锋,张忠明等.往复挤压及正挤压AZ91D镁合金丝材的组织及性能[J].稀有金属材料与工程.2007,36(3):500 ~ 504.

[115] 徐春杰,郭学锋,刘礼,张忠明.往复挤压准晶增强快速凝固Mg92.5Zn6.4Y1.1合金[J].中国稀土学报,2007,25(2):224 ~ 228.

[116] Richert M, Liu Q, Hansen N. Microstructural evolution over a large strain range in aluminium deformed by cyclic extrusion compression[J]. Materials Science and Engineering A, 1999, 260:275 ~ 283.

[117] Richert M, Mcqueen H J, Richert J. Microband formation in cyclic extrusion compression of aluminium[J]. Canadian Metallurgical Quarterly, 1998, 37:449 ~ 457.

[118] Polmear I J. Magnesium alloys and applications [J]. Materials Science and Technology, 1994, 10(1):1 ~ 16.

[119] Mabuchi M, Iwasaki H, Yanase K, et al. Low temperature superplasticity in an AZ91 magnesium alloy processed by ECAE [J]. Scripta Materialia, 1997, 36(6): 681 ~ 686.

[120] 杨平, 胡铁嵩, 崔凤娥. 镁合金 AZ31 高温变形机制的织构分析[J]. 材料研究学报, 2004, 18(1): 52 ~ 59.

[121] Tan J C, Tan M J. Dynamic continuous recrystallization characteristics in two stage deformation of Mg – 3Al – 1Zn alloy sheet[J]. Materials Science and Engineering A, 2003, 339: 124 ~ 132.

[122] Mohri T, Mabuchi M, Nakamura M. Microstructural evolution and superplasticity of rolled Mg – 9Al – 1Zn[J]. Materials Science and Engineering A, 2000, 290: 139 ~ 144.

[123] Yang P, Cui F E, Bian J H, et al. Relationships between deformation mechanisms and initial textures in polycrystalline magnesium alloys AZ31[J]. Transactions Nonferrous Metals Society of China, 2003, 3(2): 280 ~ 284.

2 细晶镁合金制备装置

制约镁合金应用的三大主要原因是:镁合金室温力学性能差,表现为绝对强度低、塑性差;高温性能差,表现为高温绝对强度低、抗蠕变性能差;耐腐蚀性能差。用快速凝固技术可以获得低偏析、晶粒细小的镁合金低维材料。材料的强度高,塑性好,而且,耐腐蚀性能也好。如果在镁合金中添加微量合金元素,如 RE 和 Si 等,镁合金的高温性能可以得到显著的改善。因此,用快速凝固工艺结合合金化,可以制备出高性能的镁合金材料。

大变形技术一方面可以固结低维材料,使其成为可用于工程应用的块体材料;另一方面,大变形技术本身还可以细化材料的晶粒、破碎合金中的金属间化合物,并使其以非常细小的颗粒均匀分布在基体和晶界上。由此可见,如果将大变形技术应用到镁合金加工上,就可以制备出大体积块体均质细晶材料,材料的性能得到提升。

本书主要论述将快速凝固技术与大变形技术相结合制备块体高性能细晶镁合金。本章介绍材料制备过程中的主要工艺和设备。

2.1 KND-Ⅱ型单辊快速凝固设备

KND-Ⅱ型单辊平面流铸(PFMS)快速凝固设备整体结构包括真空室和真空系统、熔化部分、单辊、传动、控制及测温、喷射气路和集料管等。KND-Ⅱ型单辊平面流铸快速凝固装置的整体结构如图 2-1 所示。熔化过程中,坩埚处于上位,工作室为氩气环境,压力控制在 $p_1 \approx 4 \times 10^2$ Pa。喷射金属液时坩埚处于下位,喷嘴距离辊面距离为 1 ~ 2 mm。喷射气体为高纯氩气,喷射压力 $p_2 \approx 2 \times 10^4$ Pa。

急冷紫铜辊直径为 ϕ300 mm,转速为 0 ~ 3000 r/min 无级可调,辊面切向线速度为 0 ~ 47.1 m/s。

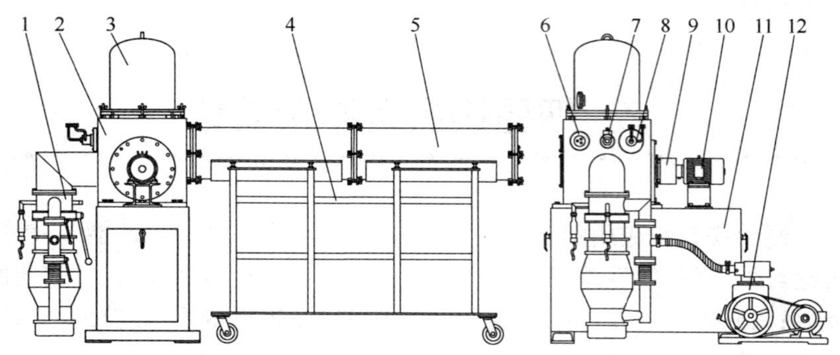

图 2-1　KND-Ⅱ型单辊平面流铸快速凝固设备结构图

1—扩散泵;2—真空腔;3—钟罩;4—支架;5—收集器;6—控制线路入口;7—氩气入口;8—高频同轴电缆入口;9—非接触挠性联轴器;10—电机;11—基座;12—机械泵

2.1.1　熔化部分

热源采用电子管式 GP30 - CW7 型高频感应电源,输出功率 30 kW,工作频率 300 ~ 500 kHz。高频感应加热装置采用互感耦合自激式振荡器。振荡时所需要栅极激励电能由阳极、栅极互感耦合供给。调整振荡电感以及调整栅极电感及反馈量,可获得最佳工作状态。熔化合金及测温原理如图 2-2 所示。

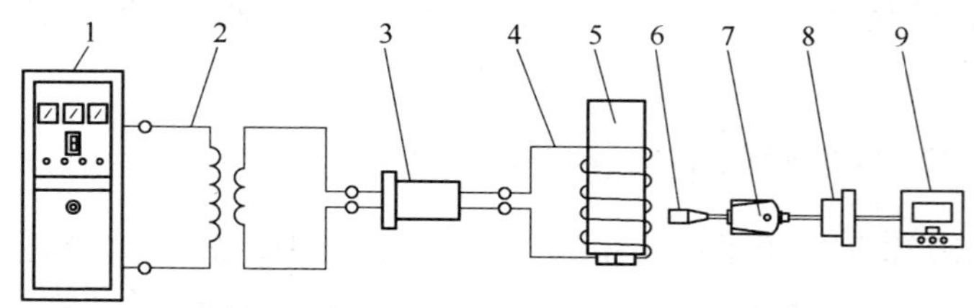

图 2-2　高频感应熔化原理示意图

1—高频电源;2—变压器;3—同轴电缆;4—感应线圈;5—坩埚;6—远红外温度探测仪;7—适配器;8—密封圈;9—数字显示系统

经过计算与实践,感应线圈共 8 匝,匝间距为 10 mm,用外径为 ϕ10 mm,壁厚为 1.5 mm 的紫铜管绕制而成。高频电源在进入真空腔前在电路中串入匝数比为 5∶1 的自耦高频变压器。原边线圈置于内圈，匝数为 10 匝，匝间距 40 mm，线圈直径 ϕ400 mm，铜管内通压力为 0.1 MPa 循环冷却水。副边线圈置于自耦变压器的外侧，采用 4 mm 厚，200 mm 宽的紫铜板材，板材外侧 S 形焊接 ϕ10 mm 紫铜冷却水管，匝数为 2。

坩埚及喷嘴由 Q235 钢制成。坩埚内径 52 mm，每次可以甩带约 0.5 kg。辊面与喷嘴的合适间隙应在 1 ~ 2 mm 之间。距离过小容易发生金属液与辊面粘连现象，距离过大薄带的厚度较厚且不均匀，有时还会发生金属液飞溅。喷嘴结构如图 2-3 所示。

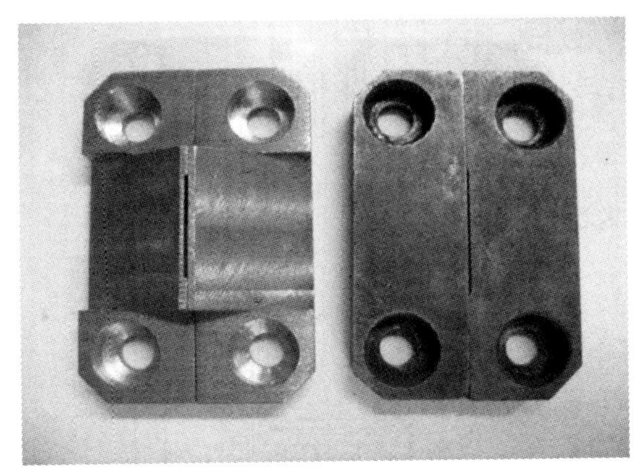

图 2-3　喷嘴结构

熔化时，将坩埚置于上位，合金熔化结束后，电磁铁通电吸合，制动杆拉出，坩埚依赖自重下滑并停留在高速旋转的辊面上方，坩埚处于下位。然后通气喷射获得快速凝固薄带，坩埚位置如图 2-4 所示。

2.1.2　加热电路

为了降低漏磁发热，变压后的高频电源通过同轴电缆引入真空室，同轴电缆的原理如图 2-5 所示。自耦变压器的副边线圈和同轴电缆及熔化加热线圈冷却水串接在一起。

2.1.3　测温系统

采用 DT-141A 型非接触式光纤远红外传感测温仪，如图 2-2 所示。

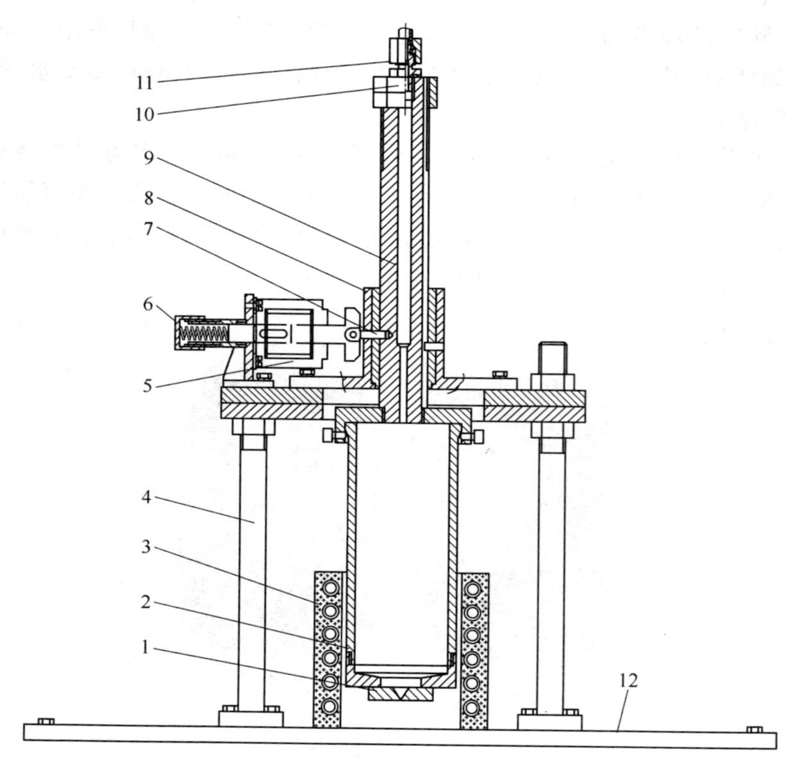

图 2-4　坩埚上下位置控制结构示意图

1—喷嘴;2—坩埚;3—感应线圈;4—支架;5—磁铁;6—调整螺母;
7—定位销;8—导向轴套;9—导向杆;10—螺母;
11—氩气入口;12—横梁

采用光纤探头与电子处理单元分离式结构探测热源辐射的红外波密度。信号经光纤传导进入光电转换单元,经缓冲放大、线性化处理后,得到与被测温度信号呈线性关系的电压信号。然后,经控温线路密封端子从真空室传输出来,送入显示调节仪。测温范围 400 ~ 1200℃,显示温度为坩埚表面温度。通过实际调试加热功率、加热时间、坩埚表面温度和坩埚内熔体温度之间的关系,就可以通过控制坩埚表面温度与加热时间,精确调控熔体温度。

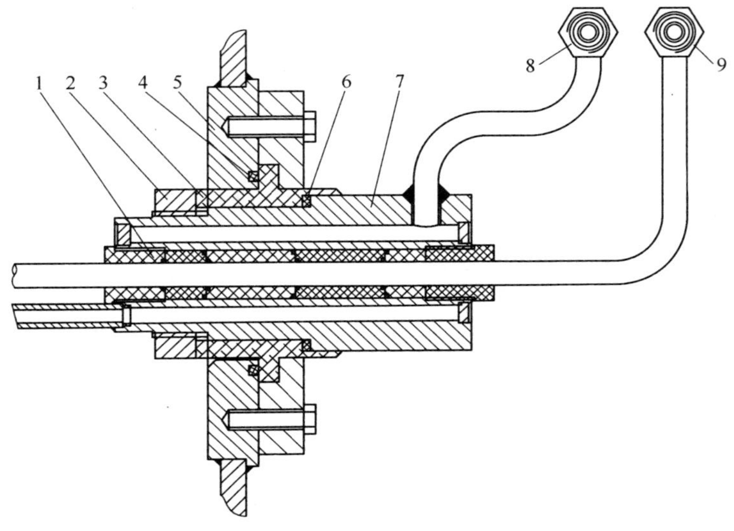

图2-5 同轴电缆结构及装配图

1,3—尼龙块;2—螺母;4,6—O形密封圈;5—真空腔剖面;
7—同轴电缆;8,9—电缆

2.1.4 真空系统

真空系统由真空泵机组、真空控制部分和测量组件组成。真空室、钟罩及两节集料管总容积为380 L(若用一个集料管时,容积为300 L)。机械泵为2X-15型真空泵,抽速为15 L/s;扩散泵为TK200型凸腔金属油扩散泵,抽速为2300 L/s。真空由ZJ-52T电阻真空规管和ZJ-27型热阴极电离真空规管检测,数字式ZDF-5227型复合真空计显示。真空系统工作原理如图2-6所示。

2.1.5 单辊及驱动

紫铜单辊辊面线速度是影响带宽、带厚和冷却速率的重要参数。转速越高,流体层与层之间的动量交换就越不充分,从而被带出的流体层就越薄,凝固形成的薄带也就越薄。转速越高,越有利于熔体的侧向铺展,在离心力和一定的射流速度及喷射压力下,薄带也就越宽。薄带

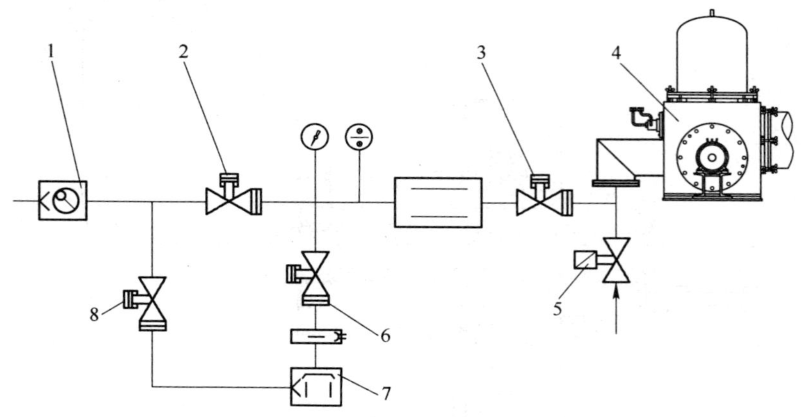

图 2-6　真空系统原理图

1—机械泵；2—2 号阀；3—3 号阀；4—真空腔；5—5 号阀；6—6 号阀；7—扩散泵；8—8 号阀

的厚度 y_m 可以通过式 2-1 求得[1,2]：

$$y_m = \frac{\alpha(T_m - T_r)x_d}{r\omega(\Delta h + c\Delta T_m)} \tag{2-1}$$

式中　α——单辊与合金液的界面传热系数，W/(m^2 · K)；

T_m——合金液温度，K；

T_r——单辊表面温度，K；

ΔT_m——合金液过热度，K；

ω——单辊旋转角速度，rad/s；

r——单辊的半径，mm；

c——合金单位质量热容，J/(kg · K)；

Δh——凝固潜热，J/kg；

$x_d/(r\omega)$——凝固时间，s。

KND-Ⅱ型单辊平面流铸快速凝固装置采用柔性、非接触式磁力传动传输动力，以避免传动轴密封处真空泄漏，并能够获得高转速[3,4]。动力系统原理如图 2-7 所示。

采用 KVFC415ER 型恒转矩变频器调控 2 kW 普通三相交流电机

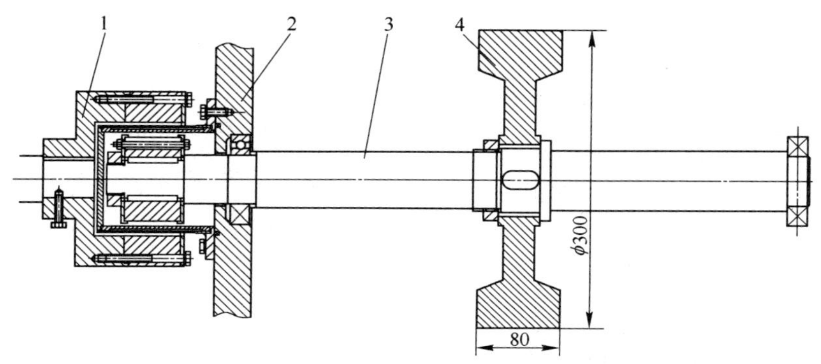

图 2-7 单辊系统传动结构图
1—非接触挠性联轴器;2—真空腔剖面;
3—轴;4—辊轮

的频率实现 0 ~ 3000 r/min 无级调速。电机及主动磁半联轴器置于真空室外。“真空系统非接触柔性磁联轴器”的特征为嵌入式,可以满足柔性联轴器的补偿偏移的能力。从动磁半联轴器在主动磁半联轴器内部,实现了从动磁半联轴器中的磁条和主动磁半联轴器中的磁条最大面积的相互对应,两个半联轴器之间的磁场强度最大,传输的扭矩也最大。从动、主动半联轴器及隔套所用材料均为 1Cr18Ni9Ti 不锈钢。当真空度达到 10^{-3} Pa,联轴器在 3000 r/min 时,可长时间平稳工作。隔罩产生的热量由循环冷却水带出,磁联轴器系统的工作温度可以保持在 30℃以内。频繁“启动”和“停止”工作时,隔罩的温度也可以保持在 30℃以内,并且可以实现一定程度的“软启动”和“软停车”,其结构如图 2-8 所示。

单辊及驱动的主要技术指标如下:

(1) 调频器可在 0 ~ 60 Hz 任一频率下调整单辊转速恒定,且无级可调;

(2) 辊面宽度为 80 mm;

(3) 辊子直径 ϕ300 mm;

(4) 辊面跳动 < 60 μm;

(5) 辊面使用温度 < 60℃。

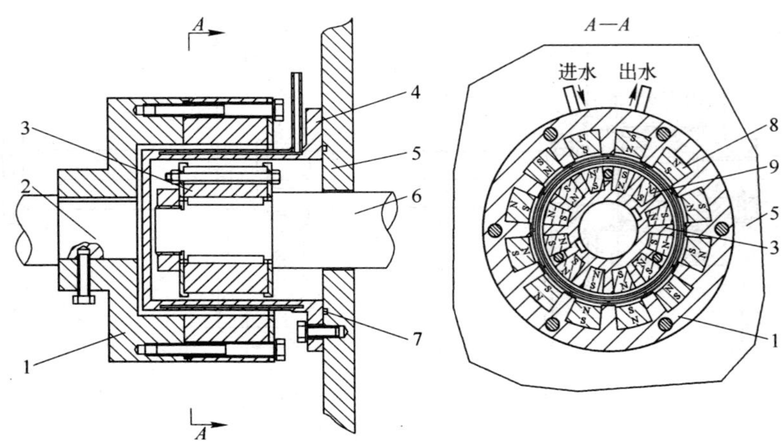

图 2-8　非接触挠性磁联轴器结构图[3]

1—主动磁半联轴器;2—电机轴;3—从动磁半联轴器;4—密封分离器;5—真空腔剖面;6—轴;7—O 形密封圈;8—驱动磁体;9—从动磁体

2.1.6　喷射气路

根据表征均匀电场气体间隙的击穿电压与间隙距离和气压之间关系,着火电压 U_s 是真空腔内压强 P 与极间距离 d 乘积的函数,也就是满足巴申规律[4,5]:

$$U_s = f(P, d) \tag{2-2}$$

由式 2-2 可知,着火电压 U_s 不仅与极间距离 d 有关,而且还与真空腔内的压强 P 相关。因此,熔化镁合金时只要控制真空室内的压强 P 不在巴申曲线的谷点,就可提高着火电压 U_s,从而减少了放电机会。为此,KND-Ⅱ型单辊平面流铸快速凝固装置利用喷射气路供应惰性气体,变更真空室内压强,避开真空放电区抑制放电的发生。

SF_6 的绝缘强度是空气的 3 倍,常用于高压电器的绝缘保护,防止放电。熔炼、铸造镁合金时也用其与 CO_2 气体混合,用于气体保护,防止镁合金氧化。因此,使用 SF_6 与 CO_2 气体混合,可以很好地避免放电现象,而且有利于防止镁合金熔体氧化。

本书多数实验研究是在真空度达到 10^{-2} Pa 时,关闭真空泵,并与真空腔隔离,随即充入高纯氩气,使真空腔内的压力维持在 4×10^2 Pa

左右，然后再启动高频加热电源开始加热熔化镁合金。

氩气充气系统原理如图2-9所示。设有中间储气罐缓冲氩气压力，实现限量和限压喷射。

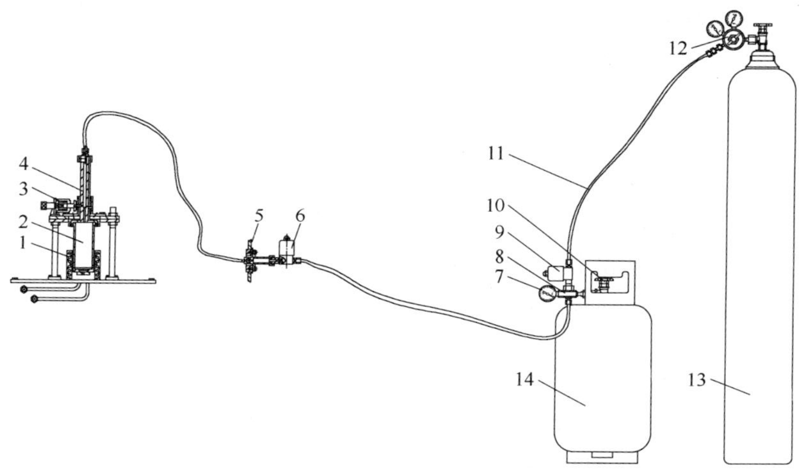

图2-9 喷射气路图

1—加热线圈；2—坩埚；3—磁体；4—滑动杆；5—真空腔剖面；6—电磁阀A；7—压力真空表；8—三通阀；9—电磁阀B；10—气门阀；11—PVC管；12—减压阀；13—氩气瓶；14—中间瓶

2.1.7 控制部分

KND-Ⅱ型单辊平面流铸快速凝固装置AI人工智能工业调节器由低压控制、温度和真空控制、阀门控制、数据记录和监视系统四部分组成，原理如图2-10所示。

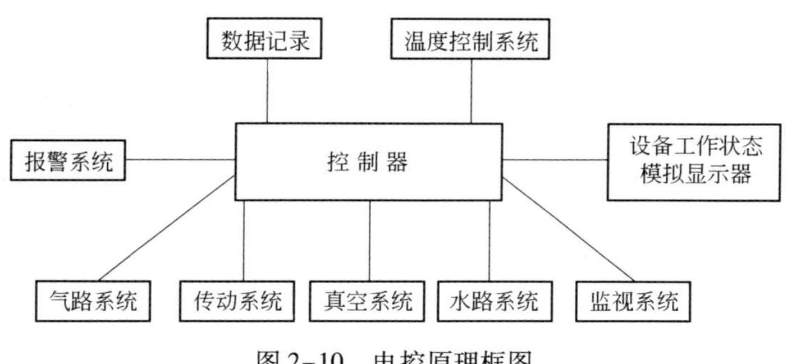

图2-10 电控原理框图

2.1.8　设备功能

KND-Ⅱ型单辊平面流铸快速凝固设备具有以下功能：

（1）单炉次熔化镁合金量为 0.5 kg；

（2）真空室极限真空度 $p_0 = 10^{-3} \sim 10^{-2}$ Pa；

（3）高频感应加热熔化；

（4）远红外检测、数字显示记录坩埚温度；

（5）坩埚具有上（熔化）下（喷射）位调节功能；

（6）紫铜辊在 0～3000 r/min 无级可调；

（7）真空腔和坩埚内的氩气压力可以分别调节；

（8）快速凝固镁合金薄带收集器与真空室真空度一致。

2.2　正挤压

正挤压装置结构如图 2-11 所示。挤压筒直径为 φ50 mm，凹模直径分别为 φ12 mm 和 φ14 mm，工作真空度小于 100 Pa。加热体由 1Cr18Ni9Ti 制成，功率 0.8 kW，加热电压 36 V，挤压工作温度 573～623 K。本书中制备材料与正挤压相关时，均采用该套挤压模具。该模具可以实现真空挤压和在大气环境下的挤压。通常，如果直接挤压铸

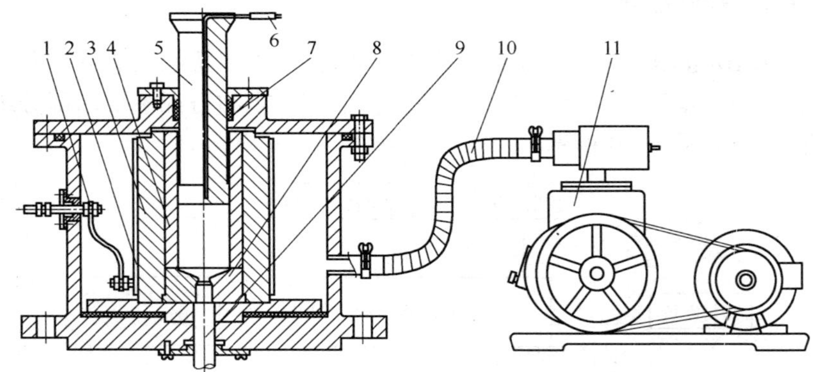

图 2-11　正挤压装置示意图

1—电力接头；2—加热器；3—外挤压筒；4—挤压筒；5—挤压杆；6—热电偶；7—密封；8—凹模；9—活塞杆；10—真空管；11—真空泵

态镁合金坯料，一般在大气环境下挤压，若挤压快速凝固薄带，一般在真空下挤压。

2.3 往复挤压

往复挤压细晶材料制备装置[6]结构如图 2-12 所示。该装置用在立式挤压机上，若去掉支架，该装置就可以用在卧式挤压机上。模具由两个挤压筒 3 和 7、凹模 10、U 形挤压杆 8 和电阻加热体 2 和 6 构成。完成一道次挤压后，模具可以通过翻转机构 1 翻转，进行反向挤压。然后，可以继续翻转，进行下一道次挤压。如此重复，可以进行 n 道次往复挤压。模具可以在室温至 600℃ 范围内工作。

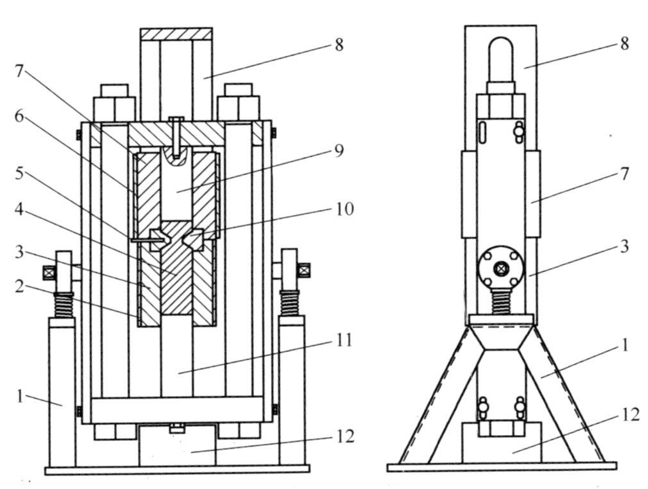

图 2-12 往复挤压装置示意图[6]

1—翻转框架；2—加热圈 B；3—挤压筒 B；4—材料；5—热电偶；6—加热圈 A；7—挤压筒 A；8—U 形挤压杆；9—挤压杆 A；10—凹模；11—挤压杆 B；12—挤压垫

模具连接装置中使用高强度合金钢作横梁及连接螺栓，通过连接螺栓不仅可以保证挤压过程中挤压筒内体积大小与被挤压材料体积大小始终相同。这样，可使往复挤压在等体积条件下进行，避免了因挤压筒内体积的改变造成被挤压材料的开裂。而且，还可以通过连接螺母来调整挤压筒内体积的大小，从而实现对不同体积大小材料的往复式挤压成形。

模具翻转机构中由连杆、支撑模具的弹簧、支架组成。当压力机压头没有压下时，支撑弹簧撑起模具，使之可以自由翻转，实现对被挤压材料不同方向的往复挤压。

使用上述装置对被挤压材料往复式挤压工艺如下：

(1) 将凹模 10(由半凹模 A 和半凹模 B 组成)压入挤压筒 A 和挤压筒 B 中进行合模。然后，在挤压筒中装入被挤压材料，在挤压杆 9 和 11 的两端加压，将被挤压材料预变形，实现材料与模具型腔等体积。

(2) 分别将挤压杆 9 和 11 的另一端固定于模具连接装置连接横梁中间，旋紧模具连接装置的螺杆螺母，然后将它们固定于模具翻转机构 1 上。在模具连接装置中，模具连接横梁下部放上挤压垫 12，在挤压筒上部放上 U 形挤压杆 8，准备挤压。

(3) 如果需要热挤压，挤压筒 A 加热体 6 和挤压筒 B 加热体 2 与电源连接，并将控温热电偶 5 插入凹模 10 中，监测加热温度及监控变形最大处的温度变化。如果进行冷挤压，也可以将热电偶插入凹模 10 中，监测变形最大处在挤压过程中的温度变化。

(4) 用压力机压下 U 形挤压杆 8 时，模具翻转机构支撑弹簧被压缩，模具连接横梁与挤压垫 12 接触。此过程中上挤压筒带动凹模及下挤压筒向下运动，在凹模下部的材料以一定挤压比被挤压变细(正挤压)，而上部的材料同时被镦粗。

(5) 当压力机压头抬起后，模具翻转机构支撑弹簧向上托起整个模具，取下 U 形挤压杆 8，将模具翻转。然后，再放入 U 形挤压杆 8，重复第 4 步工序，实现对被挤压材料同时挤压和镦粗的往复挤压过程。

(6) 达到希望的挤压道次后，可以用一个钢管支撑在上位挤压筒上，在上位挤压杆上施力到挤压筒与凹模脱离。然后，从被挤压材料上取下两半凹模。

(7) 更换不同直径的凹模，就可以方便地调整往复挤压的挤压比，从而实现不同挤压比及不同道次的往复挤压。

2.4　本章小结

平面流铸(PFMS)快速凝固设备的熔化采用高频感应电源加热，坩埚及喷嘴由 Q235 钢制成，容量为 0.5 kg 镁合金，远红外传感测温仪监测熔化温度。熔化期,工作室为氩气环境,压力 $p_1 \approx 4 \times 10^2$ Pa,喷射时压力为 $p_2 \approx 2 \times 10^4$ Pa。采用柔性、非接触式磁力传动传输动力,铜辊转速无级可调。

正挤压挤压筒直径为 ϕ50 mm,凹模直径分别为 ϕ12 mm 和 ϕ14 mm,工作真空度低于 100 Pa。往复挤压模具可以在室温至 600℃ 范围内工作,可以在立式挤压机上实现往复挤压。

参 考 文 献

[1] 周尧和,胡壮麒,介万奇.凝固技术[M].北京:机械工业出版社,1998:265.

[2] Wang G X, Matthys E F. Modeling of rapid solidification by melt spinning: effect of heat transfer in the cooling substrate [J]. Materials Science and Engineering A136. 1991: 86~97.

[3] 郭学锋,张忠明,徐春杰.真空系统非接触挠性磁联轴器[P].中国发明专利,ZL200510041954.8.

[4] 西安电炉研究所.机械工程手册(第 34 篇)[M].北京:机械工业出版社,1980.

[5] 高树林.真空物理基础[M].沈阳:东北工学院出版社,1986.

[6] 徐春杰,张忠明,郭学锋.往复挤压晶粒细化装置及其工艺方法[P].中国专利局:中国发明专利,申请号:200510041760.8.

3　铸态 Mg_2Si/Mg－Al 复合材料的组织与性能

本章主要内容包括：铸态 Mg_2Si/Mg－Al 复合材料的制备、组织、性能和材料的强化机理分析。材料制备主要包括：制备 Mg－Si 和 Al－Si 中间合金；制备含铝较低（AS42、AS44 和 AS66）和含铝较高（AS93、AS96 和 AS99）的 Mg_2Si/Mg－Al 基复合材料。

3.1　Mg－Si 和 Al－Si 中间合金

硅的熔点（1414℃）和 Mg－Si 系共晶温度（638.8℃）都较高，Si 在镁中的固溶度小，极限溶解度为 1.38%（质量分数）。Si 与镁液的性质相差较大，润湿性较差。因此，为了提高 Si 在 Mg 中的吸收率，必须配制合适的中间合金。

3.1.1　Mg－Si 中间合金

根据 Mg－Si 二元相图（图 3－1），用四种工艺制备了 Mg－Si 中间合金，如表 3－1 所示。配制 Mg－Si 中间合金，Si 的烧损比较严重，吸收率较低。

表 3－1　Mg－Si 中间合金

编号	Si 的状态	添加量（质量分数）/%	熔炼工艺	中间合金中 Si 含量（质量分数）/%
Ⅰ	粉末（<0.2 mm）	20	(870±10)℃×4h	5.2
Ⅱ	粉末（<0.2 mm）	20	(840±10)℃×1h＋(870±10)℃×1h	8.4
Ⅲ	块状（<10 mm）	20	(870±10)℃×8h	11.2
Ⅳ	块状（<10 mm）	20	(930±10)℃×7h＋(950±10)℃×1h	13.3

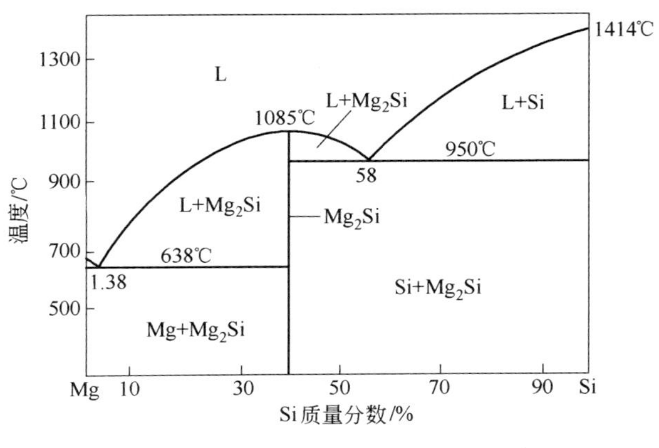

图 3-1　Mg－Si 二元相图

图 3-2 为四种熔炼方案制备的中间合金的显微组织，基体为 α－Mg，粗大的第二相为 Mg_2Si。

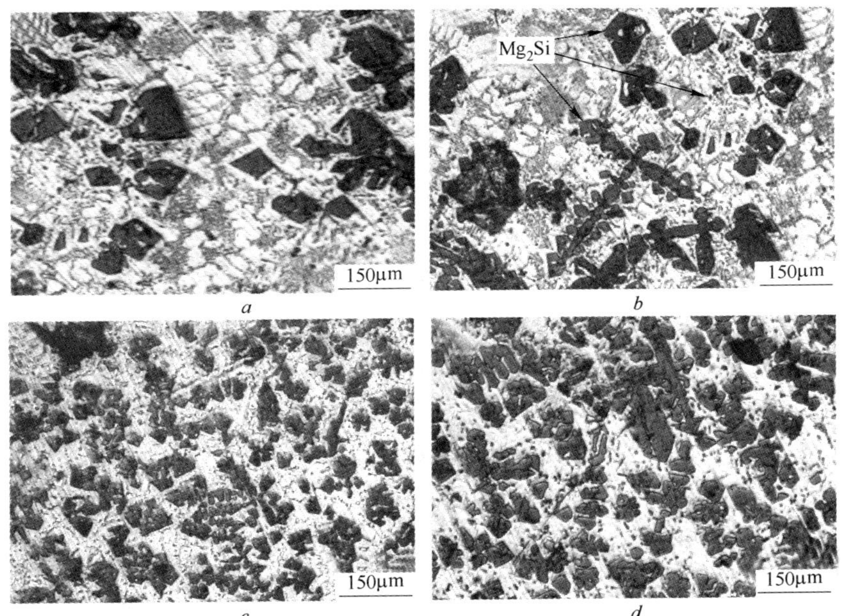

图 3-2　Mg－Si 中间合金显微组织

a—5.2% Si；*b*—8.4% Si；*c*—11.2% Si；*d*—13.3% Si

我们最近的研究结果表明，在熔融的纯 Mg 中加入高纯石英玻璃小块，可以非常方便快速地制备含 Si 高的 Mg－Si 中间合金（已经申报国家发明专利）。其反应如下：

$$2Mg_l + SiO_2 \xrightarrow{700℃} Si_s + 2MgO \tag{3-1}$$

$$Si_s + Mg_l \xrightarrow{700℃} Mg(Si)_l \tag{3-2}$$

$$Si_s + 2Mg_l \xrightarrow{700℃} Mg_2Si_s \tag{3-3}$$

3.1.2　Al－Si 中间合金

根据 Al－Si 二元相图（图 3-3），配料时，Si 的加入量均为 50%（质量分数），熔化温度选择为 1000℃。熔炼在中频感应真空炉中进行，熔炼过程中通适量氩气保护。熔炼后 Si 的含量为 49.7% Si（质量分数）。

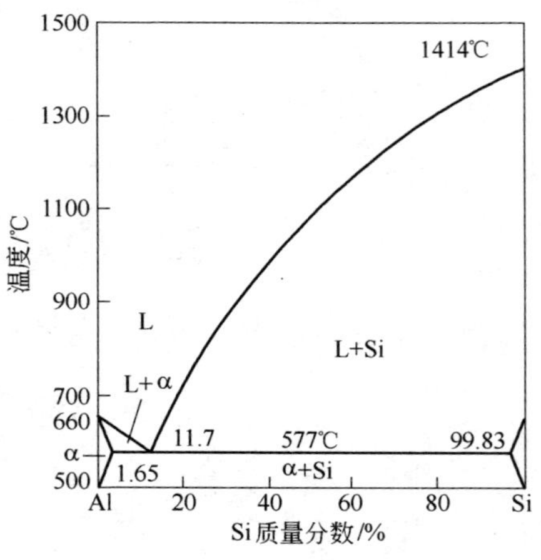

图 3-3　Al－Si 二元相图

图 3-4 为真空炉熔炼的 Al－49.7% Si（质量分数）中间合金的实物照片和显微组织。基体为 α－Al，粗大长条深灰色颗粒为初生 Si 相，细小深灰色针状和片状为共晶体 Si 相。

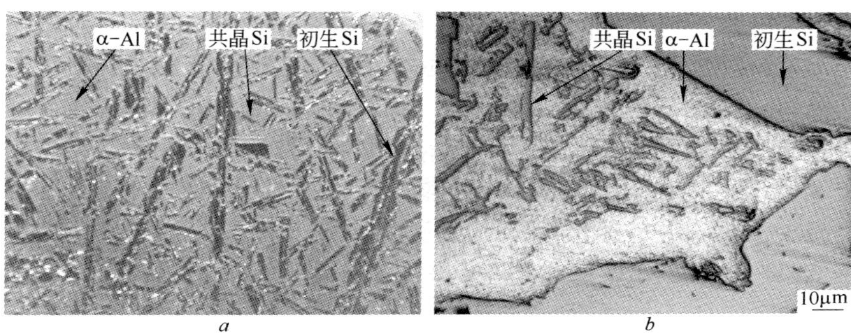

a *b*

图 3-4 Al - 49.7% Si 中间合金实物和 SEM 组织

a—普通金相照片(实物照片);*b*—SEM 显微照片

高 Si 的 Al - Si 中间合金共晶温度为 577℃,远远低于镁合金液的变质温度(730 ~ 780℃)。而且,Al 与 Mg 性质相近,润湿性好。因此,Si 以 Al - Si 中间合金形式加入 Mg 熔体中会促进 Si 的溶解吸收。

3.2 铸态 Mg_2Si/Mg - Al 复合材料的组织与性能

3.2.1 铸态 AS42、AS44 和 AS66 组织

铸态 AS42、AS44 和 AS66 合金的组织如图 3-5 ~ 图 3-7 所示。组织由灰色基体、晶界上的白色相、灰黑色汉字状和块状相组成。XRD

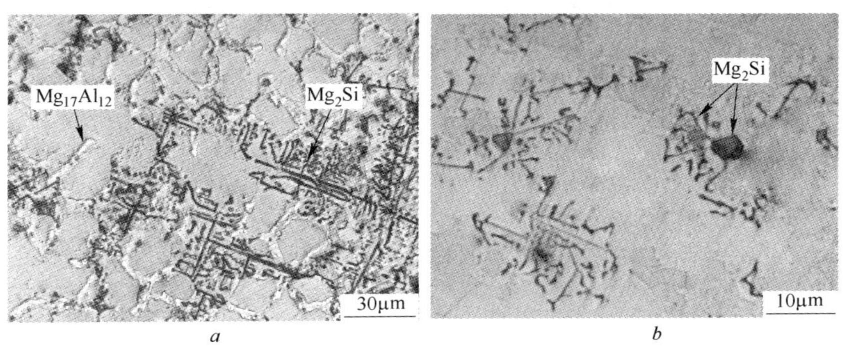

a *b*

图 3-5 铸态 AS42 合金的显微组织

a—组织中的 $Mg_{17}Al_{12}$ 和 Mg_2Si;*b*—不同形状的 Mg_2Si

衍射分析结合 EDS 分析结果表明，灰色基体为 α－Mg，晶界上的白色相为离异共晶 β－$Mg_{17}Al_{12}$，灰黑色块状为初生 Mg_2Si，灰黑色汉字状为共晶 Mg_2Si。β－$Mg_{17}Al_{12}$ 相呈网状分布于晶界上，块状 Mg_2Si 相主要分布于枝晶间或晶界上，汉字状 Mg_2Si 相贯穿数个晶粒或枝晶臂。随着 Si 含量的增加，Mg_2Si 体积分数增大，汉字状 Mg_2Si 相尺寸变小、数量减少，块状 Mg_2Si 相尺寸变大、数量增加，并呈粗大的骨骼状。图3－8 是 AS42 合金的 XRD 衍射分析结果。

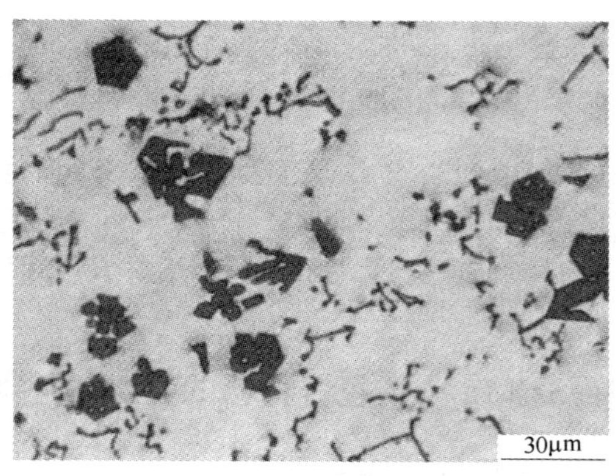

图 3－6　铸态 AS44 合金的显微组织

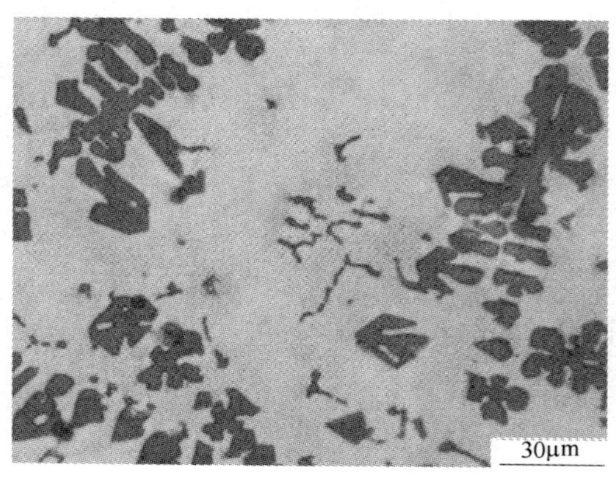

图 3－7　铸态 AS66 合金的显微组织

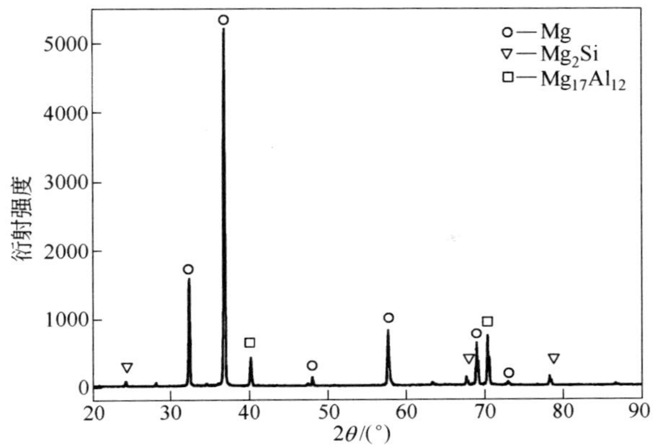

图 3-8 铸态 AS42 合金的 XRD 图谱

3.2.2 铸态 AS42、AS44 和 AS66 合金性能

铸态 AS42、AS44 和 AS66 合金的室温平均力学性能如表 3-2 所示。由表可知,随着 Si 含量的增加,Mg_2Si 相体积分数增大,合金的硬度提高。Mg_2Si 相以汉字状或块状存在于基体中,对基体不仅有割裂作用,而且 Mg_2Si 相枝晶尖端及其棱角易形成应力集中,因此,合金的强度和伸长率较低。随着 Si 含量增加,Mg_2Si 相体积分数增大,合金的强度和伸长率降低。图 3-9 为铸态 AS42 合金室温拉伸时的应力 - 应变曲线。应力 - 应变曲线中没有屈服平台。

表 3-2 铸态 AS42、AS44 和 AS66 合金的力学性能

合　金	σ_b/MPa	$\sigma_{0.2}$/MPa	δ/%	硬度 HV
AS42	114	86	4	65
AS44	109	72	3	67
AS66	98	65	2	67

图 3-10 为铸态 AS42、AS44 和 AS66 合金室温拉伸断口。断口具有两个特点:一是裂纹萌生于破碎的 Mg_2Si 相,然后扩展至基体。由前面的图 3-5 ~ 图 3-7 可知,铸态下 Mg_2Si 相呈连续的汉字状或孤立的块状。材料在受到外力拉伸过程中,Mg_2Si 相首先发生脆性断裂,在致密的材料中直接形成裂纹,Mg_2Si 相分解为数块,如图 3-10 所示;二是

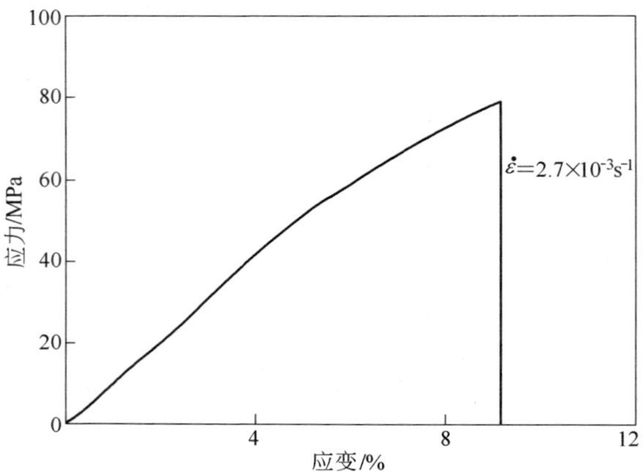

图 3-9 铸态 AS42 合金室温拉伸的工程应力－应变曲线

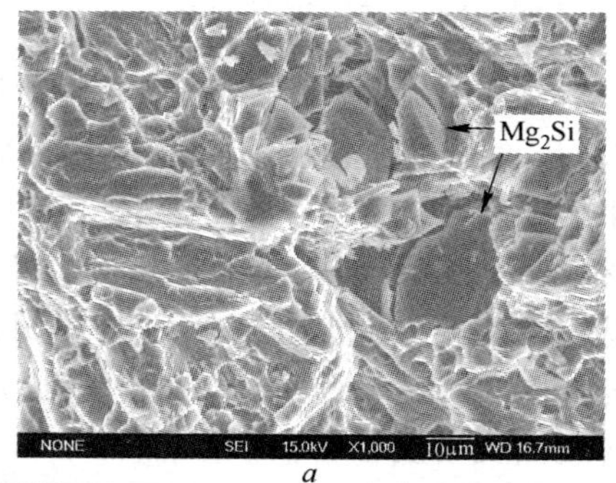

a

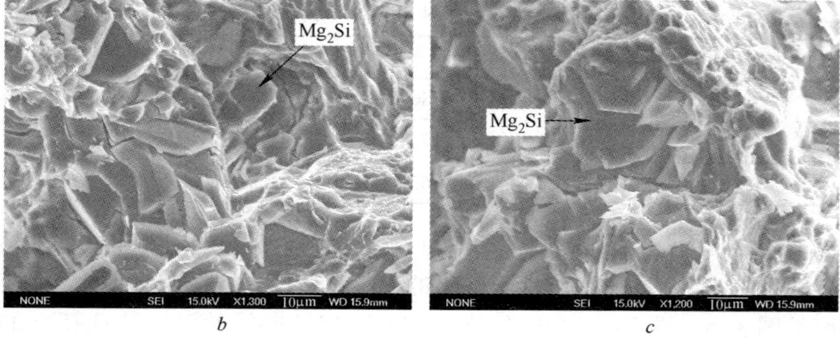

b *c*

图 3-10 铸态 Mg－Al－Si 合金拉伸断口 SEM 形貌

a—AS42；*b*—AS44；*c*—AS66

基体呈准解理断裂，断口存在许多解理台阶和撕裂棱。Si 含量增加，断口中 Mg_2Si 相断裂后"块堆积"分数增加，材料的脆性增加。由此可见，铸态 AS42、AS44 和 AS66 合金室温力学性能的控制因素在于 Mg_2Si 相的形状、大小和体积分数。通过强化或改善基体组织对改善材料的总体性能贡献不会十分显著。

3.2.3 AS93、AS96 和 AS99 铸态组织

X 射线衍射分析表明，AS93、AS96 和 AS99 有相同的相组成。图 3-11 是铸态和经 T4 处理后 AS96 复合材料的 X 射线衍射图。衍射结果表明，材料铸态组织由 α－Mg、β－$Mg_{17}Al_{12}$ 及 Mg_2Si 相组成。

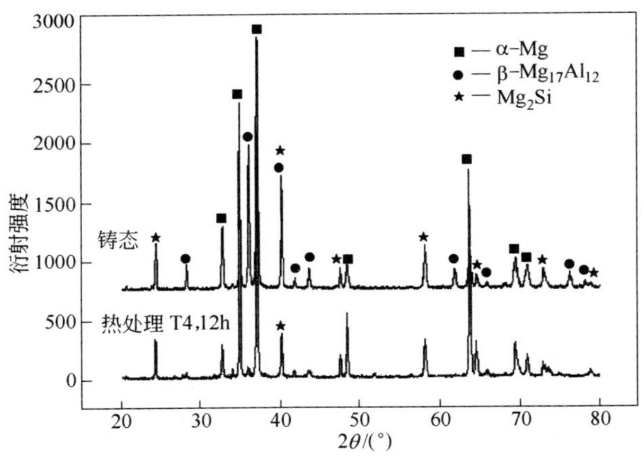

图 3-11 铸态与 T4 处理后 AS96 复合材料的 XRD 衍射图谱

图 3-12 为 AS93、AS96 和 AS99 铸态复合材料的显微组织，组织中灰白色相为 α－Mg 基体，枝晶或块状黑色相为 Mg_2Si。围绕在 α－Mg 基体周围并连成网状的灰黑色相为（α－Mg＋β－$Mg_{17}Al_{12}$）共晶。

对于 AS93，凝固过程中首先析出 Mg_2Si 相。随着温度降低，大约在 638.8℃（共晶温度）时，Si 的质量分数为 1.38% 时，发生共晶（α－Mg＋Mg_2Si）反应。共晶 Mg_2Si 依附在初晶 Mg_2Si 相上生长，形成离异共晶组织。

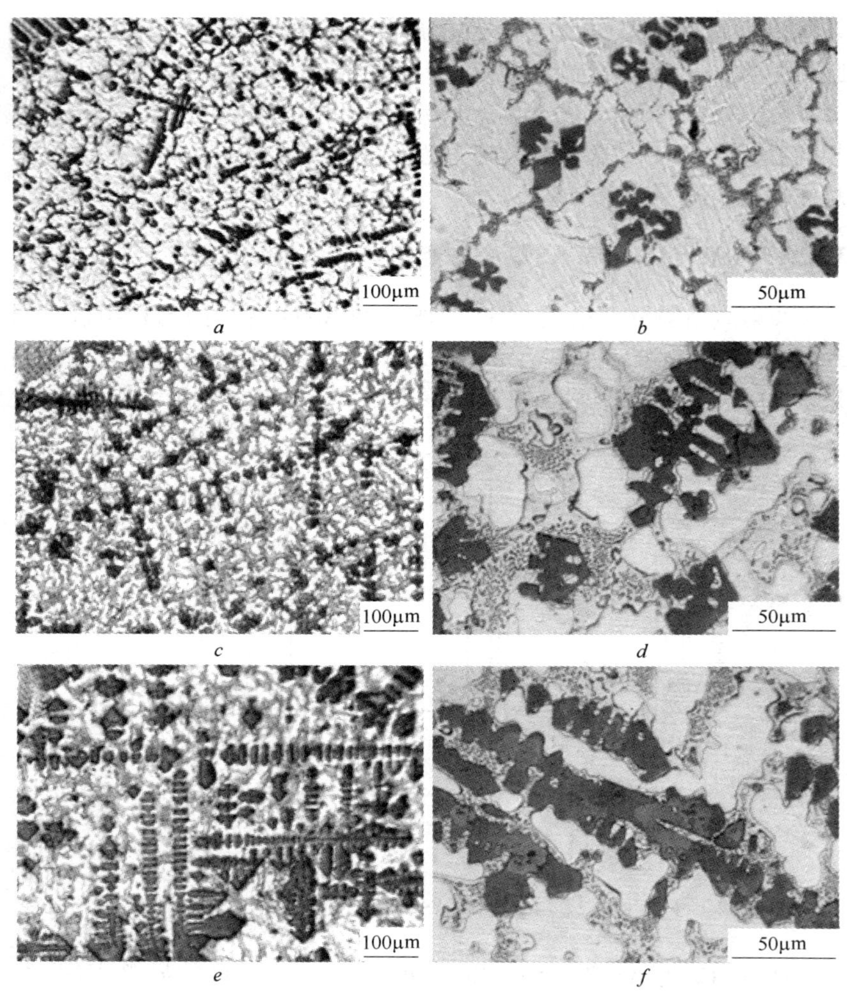

图 3－12　铸态原位自生 Mg_2Si/Mg－Al 复合材料的组织

a，*b*—AS93；*c*，*d*—AS96；*e*，*f*—AS99

对于 AS96 和 AS99，由于 Mg_2Si 相熔点为 1085℃，远高于合金的熔炼温度。因此，在熔炼过程中的保温阶段，Mg_2Si 或已经存在于合金熔液中。浇铸后，随着温度的降低，新析出的 Mg_2Si 依附在原有 Mg_2Si 相上长大，形成粗大 Mg_2Si 枝晶，部分枝晶甚至穿过几个晶粒。枝晶周围包围着($\alpha-Mg+\beta-Mg_{17}Al_{12}$)共晶。

一般认为,AZ91 中的 $\beta-Mg_{17}Al_{12}$ 相为离异共晶,以不连续的网状或块状存在[1]。由于 AS93 含 Al 量与 AZ91 相同,而 Si 含量与 AS96 和 AS99 相比较低,因此,该合金中得到的 $\beta-Mg_{17}Al_{12}$ 相与 AZ91 相似,为离异共晶。对于 AS96 和 AS99,由于硅含量高,凝固过程中,AS96 和 AS99 生成的 Mg_2Si 消耗了更多的 Mg,使得 Al 在镁基体中的相对质量分数升高到约为 10.6% 和 11.9%。Al 含量的提高,凝固后 $\beta-Mg_{17}Al_{12}$ 相对增多,$\beta-Mg_{17}Al_{12}$ 与 $\alpha-Mg$ 可以形成共生共晶,以网状形式存在并分布在 $\alpha-Mg$ 周围。

综上所述,对于 AS93、AS96 和 AS99,随着 Si 含量的增多,Mg_2Si 体积分数增多,Mg_2Si 枝晶变得粗大;$\beta-Mg_{17}Al_{12}$ 相由以离异共晶生长(AS93)变为共生共晶生长(AS96、AS99),共晶组织由不连续网状变为连续网状,$\alpha-Mg$ 基体枝晶臂尺寸变小。

由于合金中 Mg_2Si 体积分数较多,相当于 $Mg_2Si/Mg-Al$ 基自生复合材料。因此,在后续内容中,对于 AS42、AS44 和 AS66、AS93、AS96 和 AS99 材料也用 $Mg_2Si/Mg-Al$ 基复合材料描述。

3.3 铸态 $Mg_2Si/Mg-Al$ 复合材料的热处理

3.3.1 AS42、AS44 和 AS66 热处理态组织

图 3-13 为 AS42 铸态和固溶处理后的 XRD 衍射图。由图可知,固溶处理不改变合金的相组成,组织均由 $\alpha-Mg$、$\beta-Mg_{17}Al_{12}$ 和 Mg_2Si 相组成。图 3-14 为 AS42 合金铸态和固溶处理后的显微组织。与铸态组织中粗大的 Mg_2Si 相比,热处理后汉字状 Mg_2Si 相发生了球化,而块状 Mg_2Si 相除在锐角处发生一定程度的钝化外,并无显著改变。

由固溶处理后合金的显微组织可以看出,一定温度下,随着固溶时间的延长,汉字状 Mg_2Si 相逐步球化。例如,在 420℃ 下固溶处理,粗大汉字状 Mg_2Si 树枝晶保温 4h 后局部出现断裂和球化(图 3-14*b*);保温 10h 后,绝大部分已断裂并球化(图 3-14*c*);保温 12h 后,全部球化,呈细小、弥散分布(图 3-14*d*)。

在相同固溶时间下,提高温度有利于汉字状 Mg_2Si 相的球化,见图 3-14*c*、*e* 和 *f*。

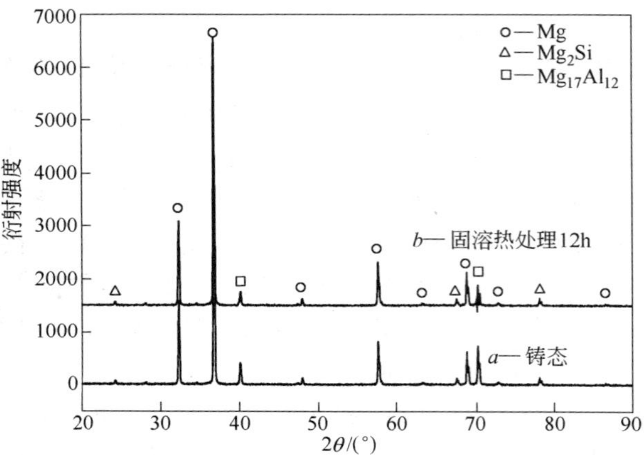

图 3－13　AS42 合金的 XRD 衍射图

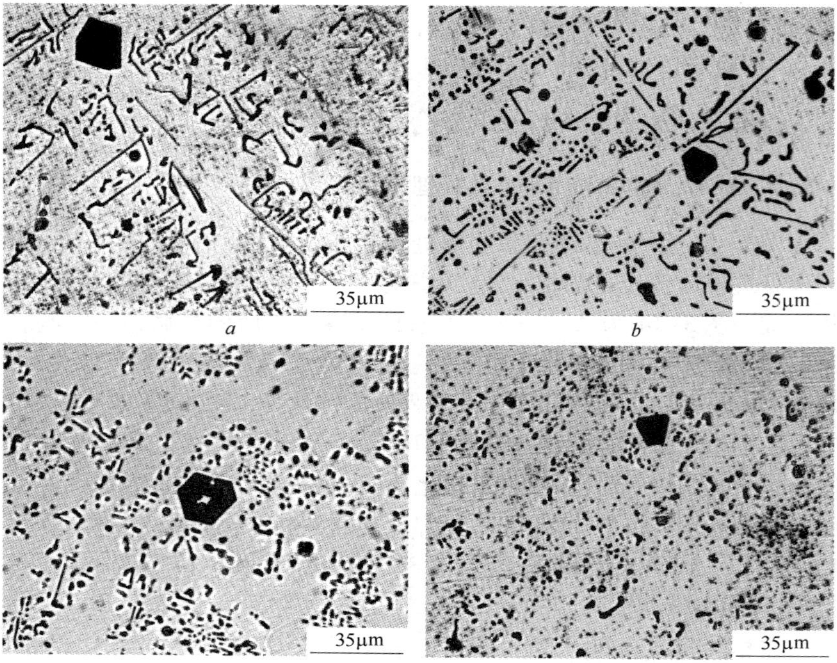

35μm

a

35μm

b

35μm

c

35μm

d

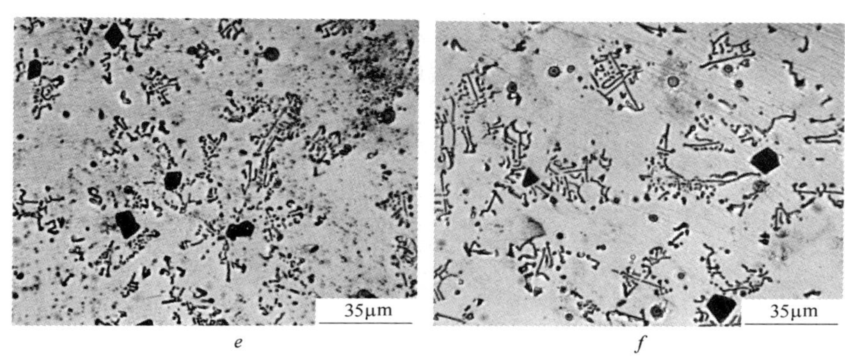

图 3-14 AS42 合金铸态和固溶处理态的显微组织

a—铸态;*b*—420℃ ×4h 固溶;*c*—420℃ ×10h 固溶;*d*—420℃ ×12h 固溶;
e—380℃ ×10h 固溶;*f*—300℃ ×10h 固溶

3.3.2 AS42、AS44 和 AS66 热处理态性能

与铸态合金相比,由于固溶处理使合金的组织发生了球化,因此,抗拉强度和屈服强度有较大提高,伸长率也有所提高,如表 3-3 所示。经过 420℃ ×12h 固溶处理后,合金的抗拉强度、屈服强度和伸长率均达到最大,分别为 213 MPa、183 MPa 和 7%。比铸态分别提高了 87%、113% 和 59%。

表 3-3 AS42 合金在不同状态下的力学性能

工 艺		σ_b/MPa	$\sigma_{0.2}$/MPa	δ/%	硬度,HV
铸 态		114	86	4	65
T4	300℃ ×10h	159	133	4	44
	380℃ ×10h	167	140	5	47
	420℃ ×4h	169	122	5	58
	420℃ ×10h	177	143	5	65
	420℃ ×12h	213	183	7	65

固溶处理后,由于粗大汉字状 Mg_2Si 树枝晶球化,而没有数量上的改变,因此,合金的平均硬度变化不大。

图3-15为铸态AS42合金经过420℃×4h固溶处理后的拉伸断口形貌。与铸态合金拉伸断口形貌(图3-10)相比,固溶处理态合金拉伸断口总体上还属于脆性解理断裂。然而,由于 Mg_2Si 呈短棒或球状,基体组织中河流花样减少,断口出现少许韧窝。

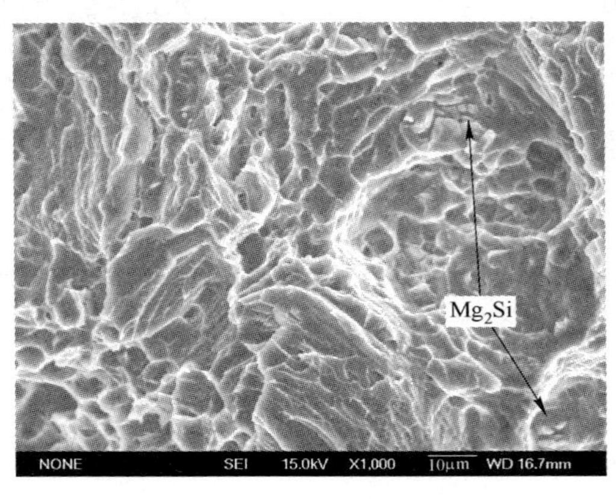

图3-15　铸态AS42固溶处理后试样SEM拉伸断口形貌

β－$Mg_{17}Al_{12}$ 相在AS42合金中体积分数约为2.1%,Mg_2Si 相的体积分数为4%。与β－$Mg_{17}Al_{12}$ 相比,Mg_2Si 的形貌、数量、大小与分布对合金力学性能有着重要影响。经固溶处理后,AS42合金组织中汉字状 Mg_2Si 相形貌主枝发生了溶断并趋于球化,有利于减小 Mg_2Si 相对基体的割裂程度、消除尖端应力,大大减小拉伸过程中微裂纹的形成几率,从而提高合金的强度和伸长率。由此可见,对于AS系列镁合金,进行合理的固溶处理,使 Mg_2Si 相发生球化,是提高其力学性能的一种方法。

热处理对AS44和AS66性能的影响与AS42基本相同。

3.3.3　AS93、AS96和AS99热处理态组织

镁合金的不足之一就是合金硬度较低,耐磨性能较差。若仅从耐磨性能而言,引入硬质相(如 Mg_2Si)则可以改善其性能。然而,虽然铸态复合材料的硬度很高,但强度和伸长率较低。而且,随 Mg_2Si 含量的增多伸长率逐渐降低。Mg_2Si 相以粗大棱状枝晶或不规则多

边形块状存在于基体中，对基体有很强的割裂作用。同时 Mg_2Si 相枝晶及其棱角尖端存在应力集中造成该合金较脆。因此，通过热处理，改善 Mg_2Si 相的形态，在保证材料硬度情况下，可以适当提高材料的塑性。

图 3－16 为铸态 AS96 复合材料 DTA 分析结果。复合材料在 600℃以下，出现两个主要吸热峰。第一个吸热峰的开始温度约在 433℃，该峰为共晶（α－Mg＋β－$Mg_{17}Al_{12}$）熔化吸热峰；第二个吸热峰的开始温度为 531℃，该峰对应着液相线温度。根据 DTA 分析结果，考虑到固溶温度一般应该低于第一相变点 10～20℃，因此，选取 AS96 固溶处理温度为 415℃，时效温度为 175℃。

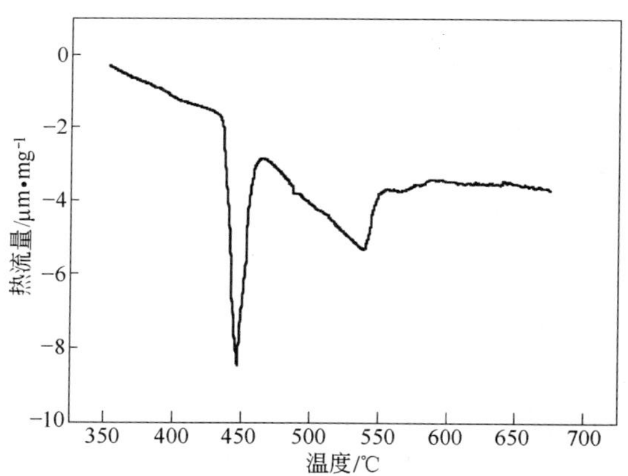

图 3－16 铸态 AS96 复合材料的升温 DTA 曲线

图 3－17 为 Mg_2Si/Mg－Al 基复合材料硬度与热处理时间的变化关系。随 T4 处理时间延长，硬度降低。

对于 T6 工艺，若选取固溶时间为 12h，发现随时效时间的延长，材料硬度升高，16h 时效后硬度达到最大值，继续延长时效时间材料硬度不再变化。

根据 DTA 分析结果与硬度的变化，对于铸态 AS96 复合材料，推荐 T4 工艺为 415℃ ×12h，T6 工艺为“415℃ ×12h＋水淬，175℃ ×16h＋空冷”。

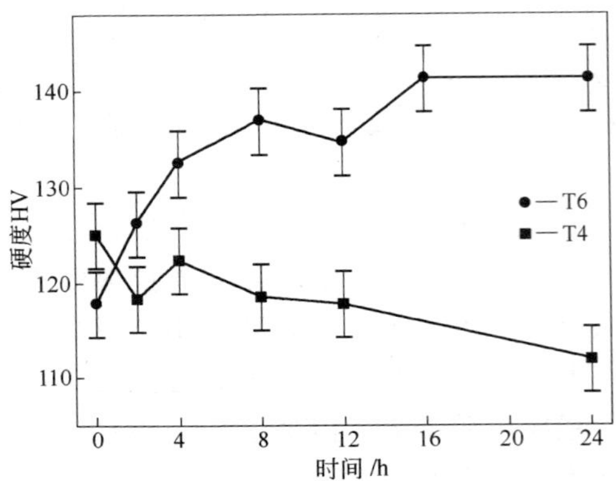

图 3-17　AS96 硬度随固溶和时效时间的变化
（0 对于 T4 为铸态，对于 T6 为 415℃ ×12h + 水淬态）

图 3-18 是 AS96 复合材料经 415℃，保温 2 ~ 24h（T4）处理后的组织。与铸态相比，保温 2h 时，除了 Mg_2Si 尖角处有些钝化（图 3-18*a*）外，整体形貌基本没变；保温 8h，枝晶开始溶断，Mg_2Si 开始粒化（图 3-18*b*）；保温 12h，粗大棱状枝晶不复存在，Mg_2Si 相转变为不规则粒状（图 3-18*c*）；保温 24h，除少量条块状 Mg_2Si 外，Mg_2Si 绝大多数已经粒化，且分布均匀，Mg_2Si 相的尺寸约为 10 ~ 30 μm（图 3-18*d*）。

在 T4 处理过程中，保温时间小于 12h，材料中仍有少量 β - $Mg_{17}Al_{12}$ 相。当保温时间大于 12h 后，材料中的 β - $Mg_{17}Al_{12}$ 相基本全部溶入到 α - Mg 基体中，如图 3-11 的 XRD 衍射结果所示。

延长固溶处理时间，α - Mg 相会发生长大，如图 3-18 所示。因此，T4 处理温度和时间选取 415℃ ×12h 较有利。

图 3-19 为经 T6（415℃ ×12h + 水淬，175℃ ×16h + 空冷）处理后的组织。由于 Mg_2Si 相的熔点很高，时效处理对其形貌和分布没有影响。时效处理主要是 β - $Mg_{17}Al_{12}$ 相的脱溶过程。在 175℃ 时效中，颗粒状 β - $Mg_{17}Al_{12}$ 相不经“GP”区和过渡相直接沿晶界非连续析出[2~4]。随时效时间的延长，析出相数量增加，直到 16h 后其数量基本不再发生变化。从晶界开始的非连续析出进行到一定程度后，晶内产生不连续析出。形态则经历由颗粒状、块状与胞状共存到向晶内蔓延的胞状组织发展[2]。

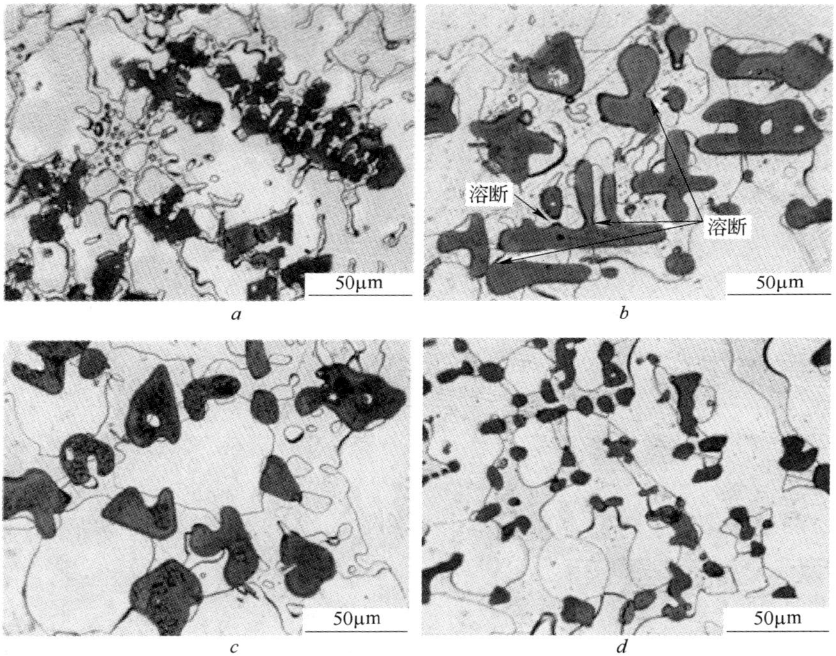

图 3-18　不同时间 T4 处理后 AS96 的组织

a—2h；*b*—8h；*c*—12h；*d*—24h

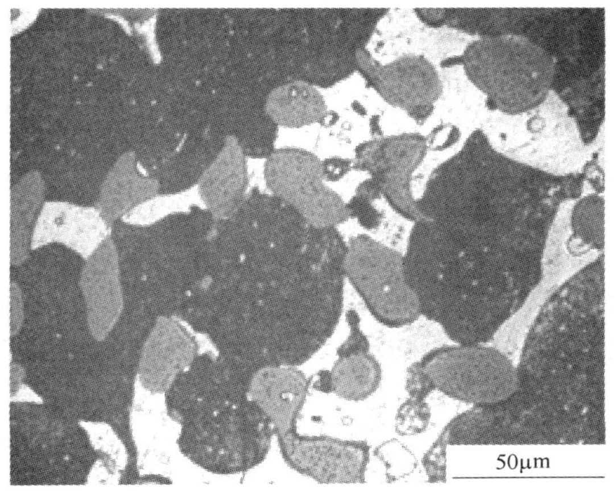

图 3-19　T6 处理后 AS96 复合材料的组织

AS93 和 AS99 复合材料经过 T4 和 T6 处理后的组织如图 3-20 所示。

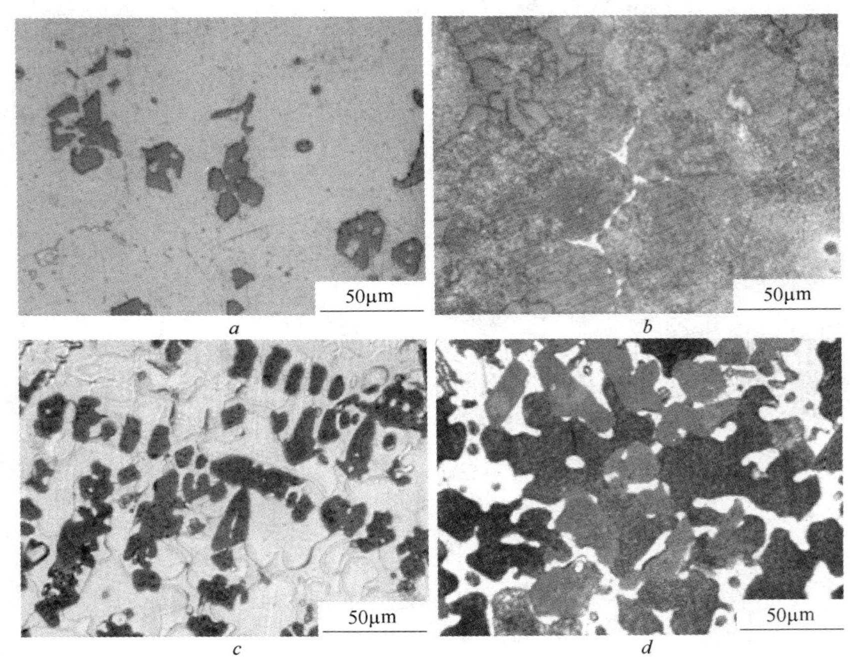

图 3-20　AS93 和 AS99 复合材料热处理后的显微组织

a—AS93-T4；*b*—AS93-T6；*c*—AS99-T4；*d*—AS99-T6

3.3.4　AS93、AS96 和 AS99 热处理态性能

铸态 AS96 复合材料室温拉伸试样断口形貌如图 3-21 所示。断口中的小刻面是晶粒解理面，为典型脆性材料的晶状断口[5]。从断口中完整的 Mg_2Si 枝晶和枝晶间缩松可知，裂纹首先从 Mg_2Si 枝晶形核（或直接由缩松处）扩展到整个基体。由此可见，铸态 AS96 复合材料的力学性能主要受粗大的 Mg_2Si 枝晶和枝晶间缩松控制，通过细化和钝化 Mg_2Si 枝晶，消除枝晶间的缩松是提高力学性能的关键。

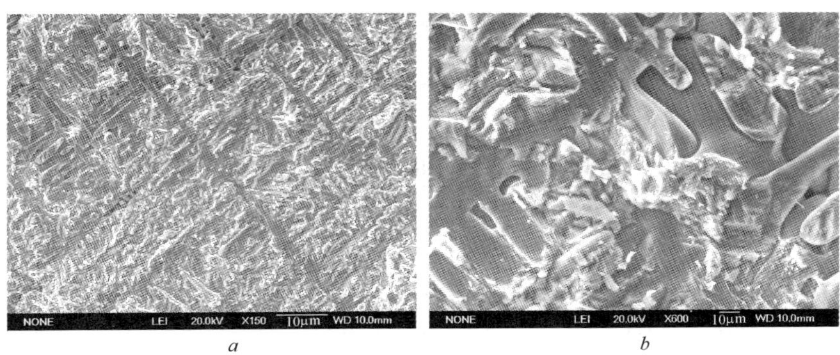

a　　　　b

图 3-21　铸态 AS96 复合材料拉伸断口形貌

a— ×150；*b*— ×600

经热处理后的室温拉伸试样断口如图 3-22 所示。热处理后，Mg_2Si 相有棱角钝化、枝晶溶断球化发生。Mg_2Si 相对基体的切割作用和其尖端应力集中降低，因此，材料的强度、尤其是屈服强度升高。但是，由于 Mg_2Si 相本身为硬脆相，即使通过热处理使其球化，但程度有限，Mg_2Si 相颗粒仍然粗大。室温断口上明显的平滑小晶界面表明，断裂特征仍为典型的准解理断裂。因此，材料的塑性不会有明显改善。

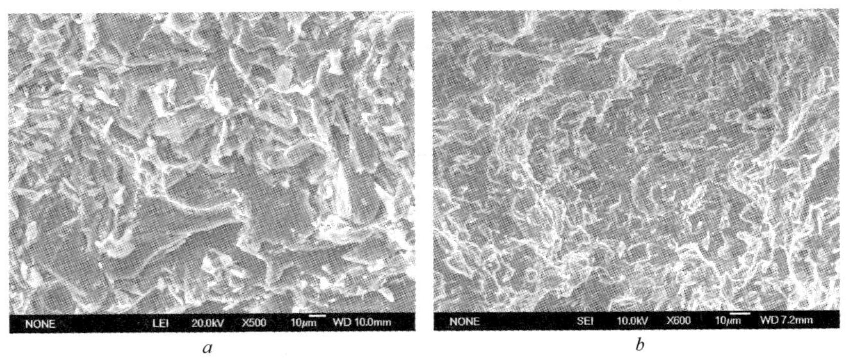

a　　　　b

图 3-22　热处理后 AS96 复合材料拉伸断口形貌

a—T4；*b*—T6

表 3-4 给出了铸态、T4 和 T6 处理后复合材料的力学性能。随着 Si 含量的提高，组织中 Mg_2Si 含量的增多，复合材料硬度提高，强

度和塑性降低。与铸态相比，经过 T6 处理后，材料的塑性基本没有改变，但材料的强度和屈强比（$\sigma_{0.2}/\sigma_b$）明显提高，材料的硬度显著提高。

表 3-4　不同状态 $Mg_2Si/Mg-Al$ 基复合材料的力学性能

力学性能	铸态			T4			T6		
	AS93	AS96	AS99	AS93	AS96	AS99	AS93	AS96	AS99
σ_b/MPa	184	138	92	131	160	63	213	172	94
$\sigma_{0.2}$/MPa	171		59	89	102	54	204	139	66
δ/%	4	3	1	5	3	1	3	2	
硬度，HV	81	123	150	77	118	149	112	141	192

3.4　Mg_2Si 相的球化及其对力学性能的影响

3.4.1　Mg_2Si 相对力学性能的影响

铸态，Mg_2Si 相和 $\alpha-Mg$ 基体晶粒尺寸相当，类似“聚合型”合金。合金的屈服强度取决于两相的相对性质和体积分数[6]。即合金的力学性能除与 $\alpha-Mg$ 基体组织有关外，在很大程度上取决于 Mg_2Si 相颗粒的形态、大小、数量和分布。大量粗大的 Mg_2Si 相颗粒多数分布于晶界处，在应力作用下，微裂纹的产生有两种可能：一是容易沿 Mg_2Si 相与 $\alpha-Mg$ 基体的界面处扩展；二是合金在外加载荷的作用下，由于相邻晶粒的取向不同，位错滑移至晶界附近的脆性化合物处受阻而发生堆积，从而产生应力集中。当应力达到一定程度时，脆性化合物发生开裂。根据 Orowan-Griffith 裂纹扩展理论[7,8]，如果材料中存在长度为 C 的裂纹，其扩张的临界应力 σ_c 为：

$$\sigma_c=\sqrt{\frac{4PE}{(1-\nu^2)\pi C}} \tag{3-4}$$

式中　P——断口表面单位面积的形变能；

E——弹性模量；

ν——泊松比。

从断口可以看出，裂纹源于 Mg_2Si 相，Mg_2Si 相的长度或宽度为

裂纹长度 C。因此,Mg_2Si 相的尺寸决定着合金中裂纹产生和扩展的难易程度。Mg_2Si 相越粗大,裂纹就越容易产生和扩展,合金的强度就越低。当位错在裂纹应力场中的运动速度小于裂纹本身的传播速度时,产生脆性断裂。因此,在控制合适的 Mg_2Si 相分数的前提下,从材料制备工艺上改变 Mg_2Si 相的形状与分布,是提高此类材料性能的关键。

3.4.2 Mg_2Si 相的球化

固态相变时新相形核长大导致系统自由能的变化为[9]:

$$\Delta F = \Delta V F_v + S\sigma + \Delta f_\varepsilon + \Delta f_d \tag{3-5}$$

式中 F_v——形成单位体积新相的化学自由能;

$S\sigma$——表面能(S 为新相表面积,σ 为比表面能);

Δf_ε——新相形成时消耗的弹性应变能;

Δf_d——晶体缺陷的存在引起的系统自由能的减少。

$f_v = \Delta V F_v$ 为形成 ΔV 体积的新相时的化学自由能。

Mg_2Si 的体积一定时,Mg_2Si 相由树枝状向球状转化是一个自发过程。

Mg_2Si 球化取决于 Si 和 Mg 在基体中的扩散,而合金元素在基体中的溶解度是影响扩散的重要因素。Si 在镁合金中的固溶度仅为 0.003%(原子分数),因此,它在 Mg - Al - Si 合金中扩散非常困难。然而,在固溶处理温度下,原子的振动能和扩散系数得以提高[10],晶界上大量缺陷的存在,使得 Si 沿晶界和相界面的短路扩散更容易进行。因此,Mg_2Si 球化过程中,Mg/Mg_2Si 界面扩散起到了非常重要的作用。

界面扩散过程可以用吉布斯 - 汤姆逊定理阐述[11],即枝晶在生长过程中由于温度场和溶质场的波动,枝晶表面存在曲率的波动。大曲率处对应的基体中溶质浓度高。因此,Mg_2Si 相大曲率处对应基体中 Si 浓度较高,可表示为[12]:

$$\ln(C_\alpha(r)/C_\alpha(\infty)) = \frac{2\sigma\nu_B}{k_B T r} \tag{3-6}$$

式中 $C_\alpha(r)$——与曲率半径为 r 的 Mg_2Si 相对应的基体中的 Si 浓度;

$C_\alpha(\infty)$——与 Mg_2Si 平界面处相对应的基体中的 Si 浓度;

σ——表面张力；

ν_B——Si 原子体积；

T——绝对温度；

k_B——与界面形状有关的系数。

由式 3-6 可见，曲率越大，Si 浓度越高。加热促使 Si 从高浓度向低浓度的平界面处扩散，结果破坏了该处局部 Si 浓度平衡。为保持 Si 浓度平衡，大曲率处的 Mg_2Si 相发生分解以补充 Si 浓度的不足，而在平界面处 $\alpha-Mg$ 基体中因 Si 的过饱和析出 Mg_2Si。如此不断进行，Mg_2Si 相首先在尖角处溶解钝化、断裂和球化。

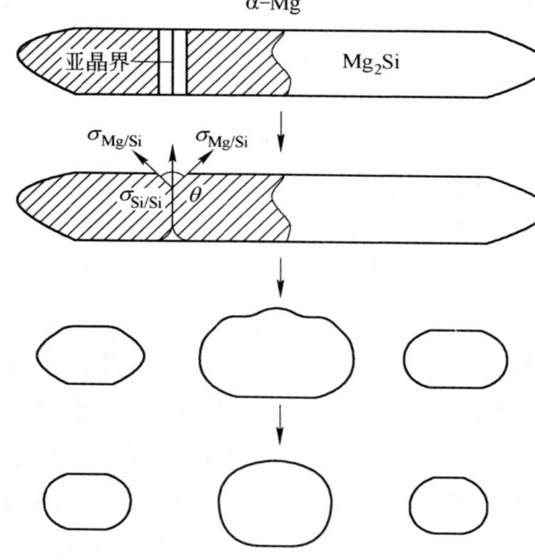

图 3-23 汉字状 Mg_2Si 球化过程示意图

如果将 Mg_2Si 枝晶的枝晶臂看成为一小段枝晶，Mg_2Si 段内的晶体缺陷对其球化起着非常重要的作用[10]。如图 3-23 所示，Mg_2Si 段中存在着亚晶界或者是晶界（简称为界面），在界面与基体交界处，由于扩散，开始会形成微小的沟槽。在沟槽的汇聚点处，$\alpha-Mg$ 与 Mg_2Si 界面间的界面张力 $\sigma_{Mg/Si}$ 与 Mg_2Si 之间的界面张力 $\sigma_{Si/Si}$ 保持着瞬间的平衡：

$$\sigma_{Si/Si}=2\sigma_{Mg/Si}\cdot\cos\frac{\theta}{2} \tag{3-7}$$

式中 $\sigma_{Si/Si}$——Mg_2Si 之间界面张力；

$\sigma_{Mg/Si}$——$\alpha-Mg$ 与 Mg_2Si 界面张力；

θ——$\alpha-Mg$ 与 Mg_2Si 界面间的界面张力之夹角。

在界面棱角处，由于 Mg_2Si 具有较大的曲率。因此，Si 在其周围基体 $\alpha-Mg$ 中的溶解度大于该温度下界面上的平衡浓度。$\alpha-Mg$ 基体中的高 Si 浓度区域就不断输运 Si 原子到低 Si 浓度的区域，界面棱角

处 Mg_2Si 将发生溶解，使 Mg_2Si 段沿界面两侧形成更大的沟槽。此时，式 3-7 界面处的平衡关系被破坏。为恢复平衡，Mg_2Si 曲率前沿又不断溶解，则下式成立：

$$\sigma_{Si/Si} > 2\sigma_{Mg/Si} \cdot \cos\frac{\theta}{2} \tag{3-8}$$

由此可见，使沟槽不断加深加宽直至断裂而形成 Mg_2Si 颗粒的驱动力是 Mg_2Si 的界面张力 $\sigma_{Si/Si}$。这也预示着，通过变形产生 Mg_2Si 相的破碎和棱角，有利于通过热处理形成圆整的 Mg_2Si 相。

在 Mg_2Si 球化过程中，固溶处理的加热温度和保温时间对球化程度有很大的影响。提高加热温度，球化速度加快；延长保温时间，球化进行得更充分，更细小、弥散。

3.5 合金元素对 Mg_2Si/Mg - Al 复合材料的组织与性能的影响

本节主要分析微合金化对普通凝固 AS42、AS44、AS66 和 AS93、AS96、AS99 组织与力学性能的影响规律，探讨合金化对组织细化的影响机制。

3.5.1 Sb 变质对铸态 AS42、AS44 和 AS66 组织的影响

在 AS42、AS44 和 AS66 合金中分别加入（质量分数）0.25% Sb，0.5% Sb，0.75% Sb，1.0% Sb 和 1.25% Sb，分析 Sb 变质对材料组织的影响。

3.5.1.1 AS42 - Sb

铸态 AS42 - Sb 合金的组织如图 3-24 所示。未加 Sb 时，Mg_2Si 相呈粗大汉字状，平均尺寸约 30 μm（图 3-24*a*）。加入 0.25% Sb，Mg_2Si 颗粒细化，平均尺寸约 5 μm（图 3-24*b*）；与加入 0.25% Sb 时相比，加入 0.5% ~1.25% Sb，Mg_2Si 相颗粒尺寸变化不大。

未加 Sb 时，α - Mg 平均尺寸约 100 μm 左右（图 3-25*a*）；加入 0.25% ~0.75% Sb，随着 Sb 的增加，α - Mg 晶粒细化（图 3-25*b* ~ *d*）。其中，加入 0.75% Sb 后，基体晶粒尺寸达到最小，平均约 20 μm 左右；继续增加 Sb 含量，组织发生粗化（图 3-25*e* ~ *f*）。由此可见，对于 AS42 合金，加入 0.75% Sb 形成 AS42 - 0.75% Sb 合金，可以获

得最好的组织。

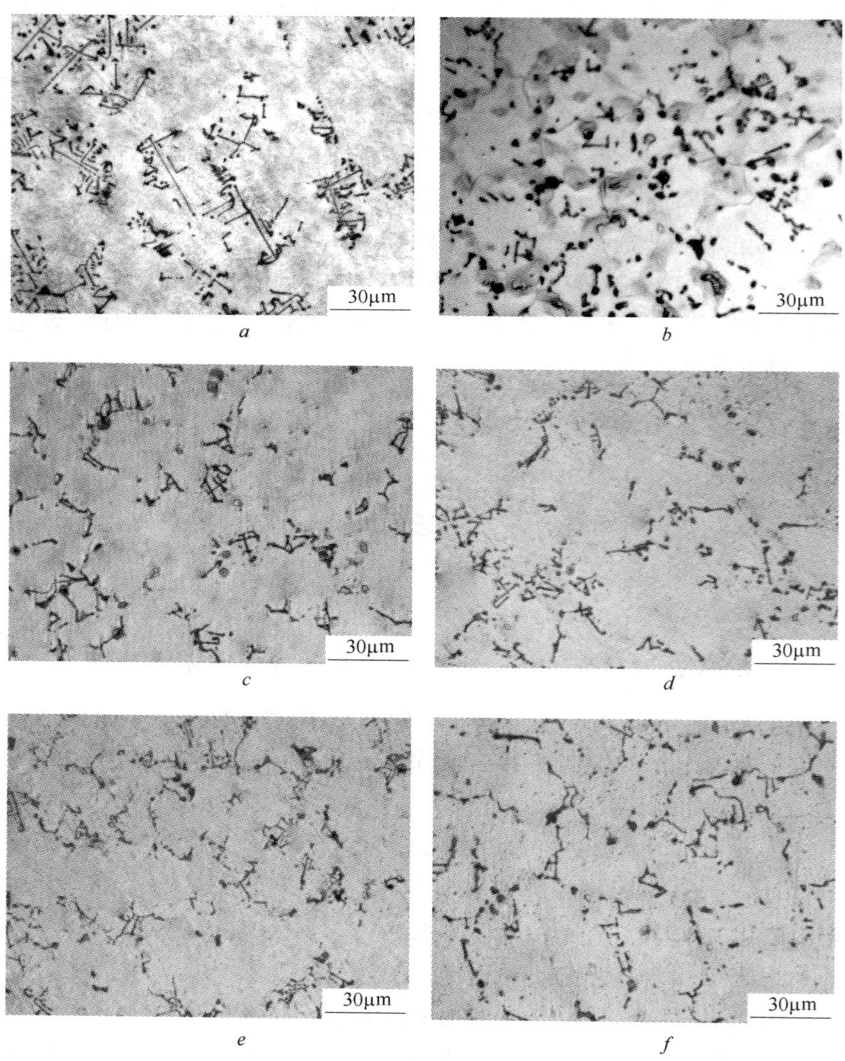

a　*b*　*c*　*d*　*e*　*f*

图 3-24　Sb 对铸态 AS42 合金第二相的影响

a—AS42；*b*—AS42－0.25% Sb；*c*—AS42－0.50% Sb；*d*—AS42－0.75% Sb；*e*—AS42－1.0% Sb；*f*—AS42－1.25% Sb

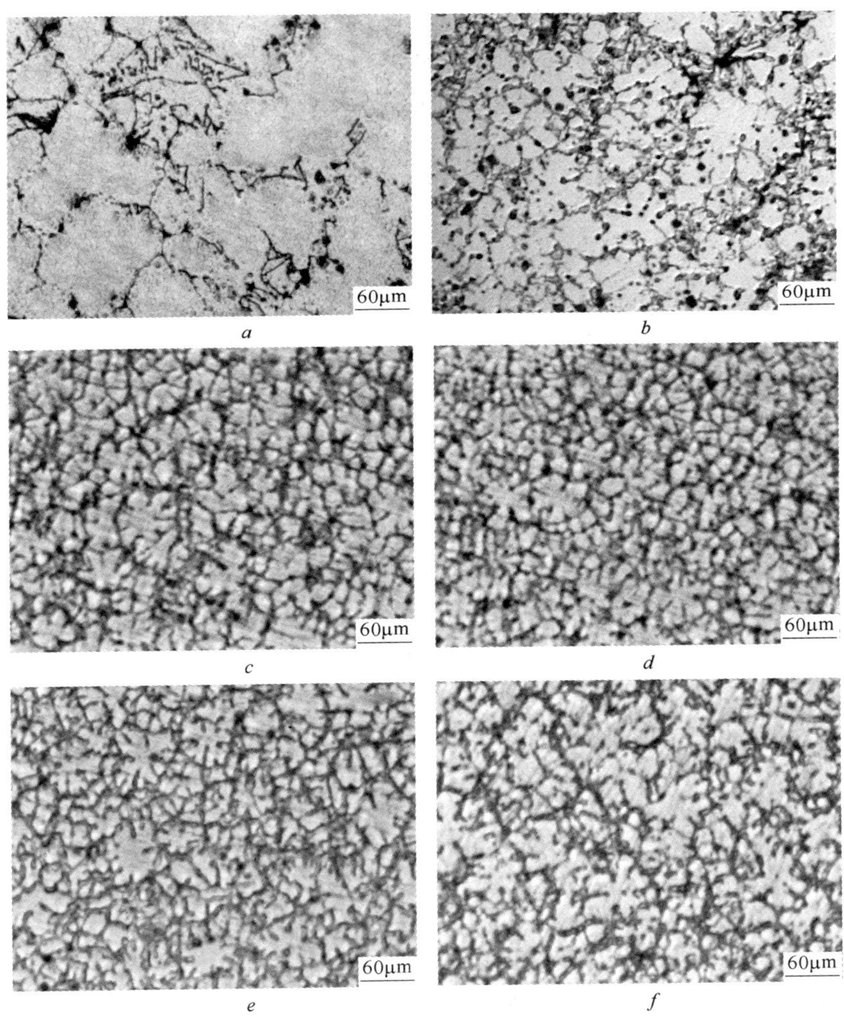

图 3-25 Sb 对铸态 AS42 合金基体组织的影响

a—AS42；*b*—AS42－0.25% Sb；*c*—AS42－0.5% Sb；*d*—AS42－0.75% Sb；
e—AS42－1.0% Sb；*f*—AS42－1.25% Sb

3.5.1.2 AS44－Sb 和 AS66－Sb

铸态 AS44－Sb 合金的组织如图 3-26 所示。未加 Sb 时，Mg_2Si 相为粗大汉字状（图 3-26*a*）；随 Sb 含量的增加，枝晶状 Mg_2Si 相减少，而且向孤立的多边形块状发展；同时，汉字状 Mg_2Si 相的数量增多，并且发生了显著细化。当 Sb 含量增加到 1.25% 时，枝晶状 Mg_2Si 消失，Mg_2Si 几乎全部由汉字状演化为颗粒相（图 3-26*f*）。

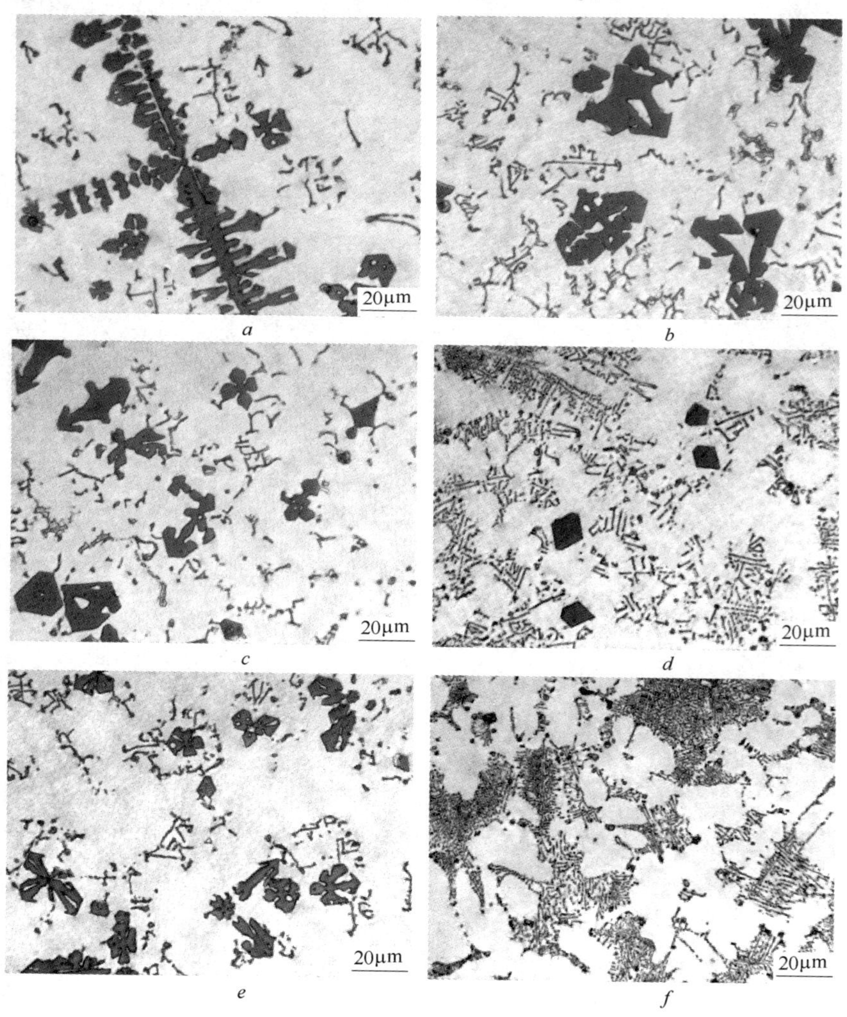

图 3-26　Sb 对铸态 AS44 合金组织的影响

a，*b*—AS44；*c*—AS44－0.5% Sb；*d*—AS44－0.75% Sb；*e*—AS44－1.0% Sb；*f*—AS44－1.25% Sb

铸态 AS66 - Sb 合金的组织如图 3-27 所示。随 Sb 含量的增加，组织的变化与铸态 AS44 - Sb 合金基本相同。

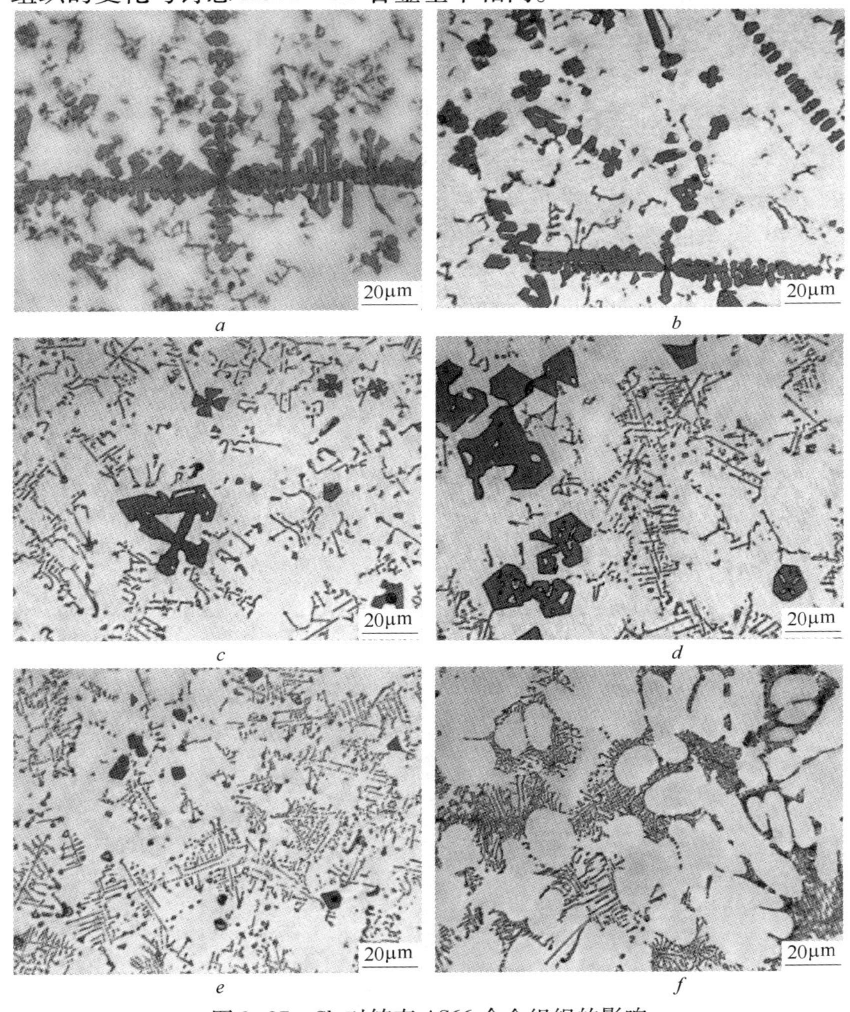

图 3-27 Sb 对铸态 AS66 合金组织的影响

a,*b*—AS66;*c*—AS66 - 0.5% Sb;*d*—AS66 - 0.75% Sb;
e—AS66 - 1.0% Sb;*f*—AS66 - 1.25% Sb

由此可见,对于 AS44 和 AS66 合金,仅从对第二相细化的角度看,加入 1.25% Sb 变质后形成合金,可以获得第二相细化效果最好的组织。

根据 Mg－Sb 二元合金相图[13]和已有的研究结果[14]，加入 Sb 后，合金中会形成 D52 六方形结构的 Mg_3Sb_2 相。AS42－0.75% Sb 合金的 XRD 衍射谱表明，合金由 α－Mg 基体、Mg_2Si 相、β－$Mg_{17}Al_{12}$ 相和 Mg_3Sb_2 相组成，如图 3-28 所示。Mg_3Sb_2 相的衍射峰强度较低，一方面是由于其含量较低；另一方面则是其作为非均质形核核心被 Mg_2Si 包裹所致，如图 3-29 所示。TEM 揭示出，Mg_2Si 相存在一个核心，EDS 表明，该核心是富含 Mg、Sb 的化合物。根据 TEM、EDS 和 XRD 的分析和袁广银等[15]的研究结果，可以推定该核心应该为 Mg_3Sb_2。

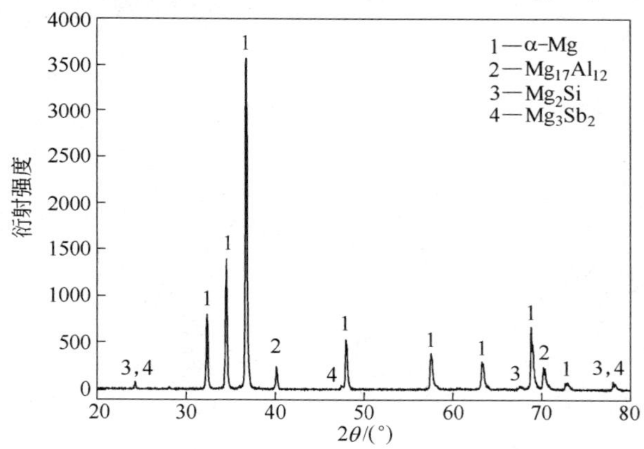

图 3-28　铸态 AS42－0.75% Sb 合金 XRD 衍射谱

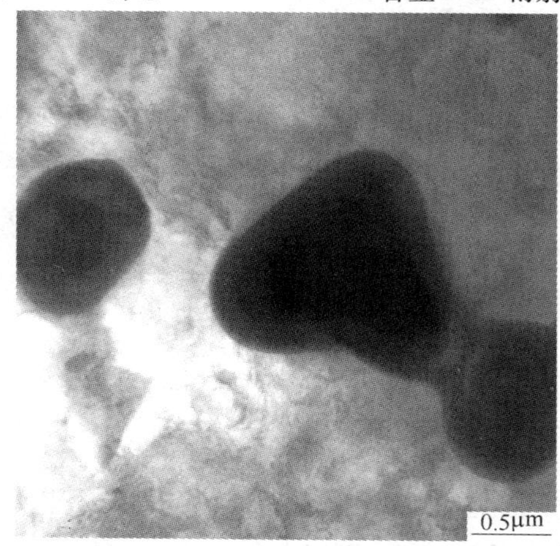

图 3-29　AS42－0.75% Sb 合金中 Mg_2Si 颗粒的 TEM 形貌

3.5.2 Sb 变质对铸态 AS42、AS44 和 AS66 性能的影响

铸态合金的力学性能如表3-5 所示。对于 AS42 - Sb，当 $w(\mathrm{Sb}) <$ 0.75%时，增加 Sb，强度升高，伸长率变化不大。AS42 - 0.75% Sb 抗拉强度与屈服强度分别为 227 MPa 和 213 MPa。但是，$w(\mathrm{Sb}) >$ 0.75%，合金的抗拉强度与屈服强度则降低。

表 3-5 Sb 对铸态 AS42、AS44 和 AS66 合金的力学性能的影响

Sb 质量分数/%	σ_b/MPa			$\sigma_{0.2}$/MPa			δ/%		
	AS42	AS44	AS66	AS42	AS44	AS66	AS42	AS44	AS66
0	114	109	98	86	72	65	4	3	2
0.25	213	159	N/A	177	135	N/A	3	3	N/A
0.5	225	160	127	195	127	106	3	4	2
0.75	227	172	150	213	136	1146	3	3	3
1.0	160	161	152	147	117	124	2	4	3
1.25	112	181	172	63	132	129	1	4	3

对于 AS44 - Sb 和 AS66 - Sb，增加 Sb，强度和伸长率均升高。AS44 - 1.25% Sb 抗拉强度与屈服强度分别为 181 MPa 和 132 MPa，伸长率为 4%。AS66 - 1.25% Sb 抗拉强度与屈服强度分别为 172 MPa 和 129 MPa，伸长率为 3%。

以上结果表明，性能与组织变化完全相一致。

3.5.3 Ce、Sb、Y 对 AS96 复合材料组织的影响

图 3-12*c*，*d* 为铸态 AS96 复合材料的组织。铸态组织中的 Mg_2Si 相为粗大棱状枝晶。Mg_2Si 相的一次轴长约为 100 ~ 300 μm。

图 3-30 分别为经 Ce、Sb、Y 合金元素变质处理后 AS96 复合材料显微组织。基体晶粒细化，枝晶臂尺寸变小。除了少量枝晶外，Mg_2Si 相基本转变成了条块状。较长的条约 100 μm，块状 Mg_2Si 相直径小于 30 μm。说明合金化处理抑制了凝固过程中 Mg_2Si 枝晶的生长。其中，Ce 对 Mg_2Si 相的细化效果最好。合金化处理后，共晶组

织由连续网状转变为断续网状或块状。

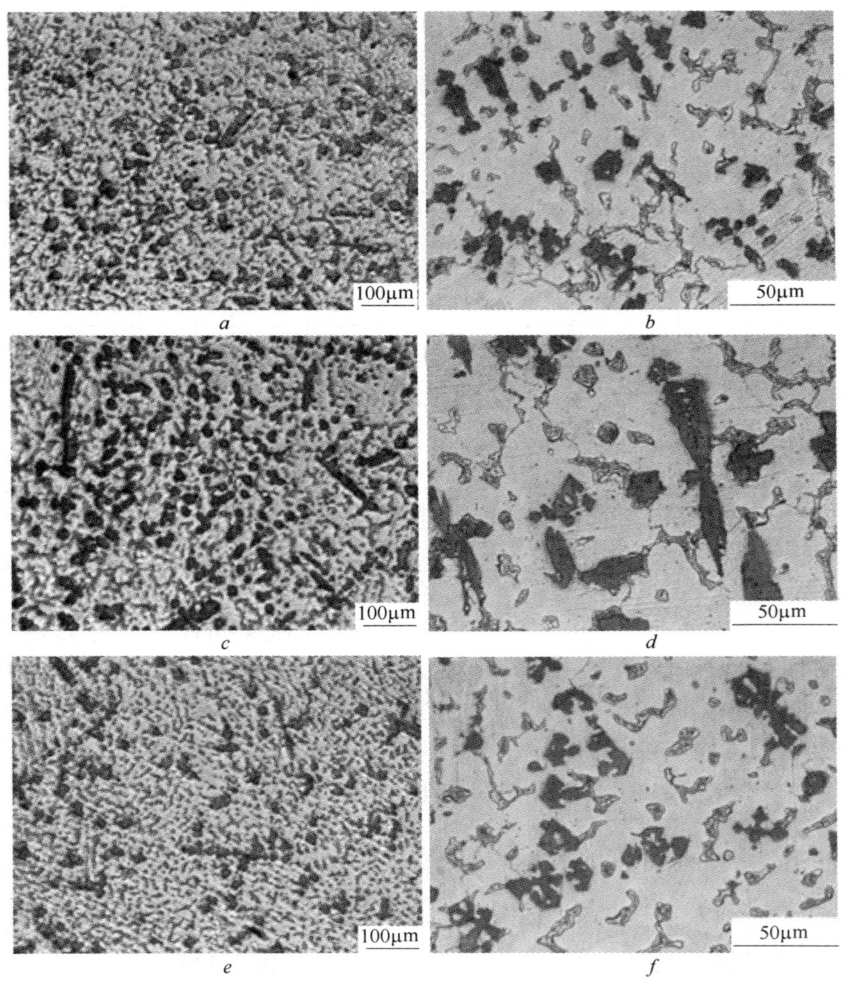

图 3-30　变质处理 AS96 复合材料的铸态组织

a,*b*—0.8% Ce;*c*,*d*—0.8% Sb;*e*,*f*—0.6% Y

溶质元素的作用效果可用生长抑制因子(Growth Restriction Factor, *GRF*)表示:

$$GRF = \sum m_i C_{0,i}(k_i - 1) \tag{3-9}$$

式中 m_i——二元相图中液相线斜率；

$C_{0,i}$——合金中溶质元素的原始含量；

k_i——溶质分配系数。

一般而言，*GRF* 值越大，则晶粒细化效果越好。Ce、Sb、Y 在镁合金中的生长抑制系数[10] $m_i(k_i-1)$ 分别为 2.74、1.03、1.70，因此，Ce 和 Y 的 *GRF* 值较 Sb 大，从而细化效果较 Sb 好。

Ce、Sb、Y 都是具有表面活性的元素。加入合金熔液后，易吸附在 Mg_2Si 相表面，抑制了 Mg_2Si 相的长大，从而改变 Mg_2Si 相的形貌，起到了变质的效果。

3.5.4 Ce、Sb、Y 对 AS96 复合材料性能的影响

表 3-6 所列为 AS93、AS96 和 AS99 复合材料铸态的力学性能。由表可知，随 Mg_2Si 含量的增多，复合材料硬度有较大幅度的提高。

表 3-6 铸态 Mg_2Si/Mg - Al 基复合材料的力学性能

材 料	σ_b/MPa	$\sigma_{0.2}$/MPa	δ/%	硬度，HV
AS93	183.8	171.1	4	81.1
AS96	137.5		2.9	123
AS99	92.1	58.5	0.5	150

镁合金的不足之一就是合金硬度较低，耐磨性能较差。若仅从耐磨性能而言，引入硬质相（如 Mg_2Si）则可以改善其性能。随 Mg_2Si 含量的增多抗拉强度、屈服强度及伸长率降低。

3.6 本章小结

在 Mg 中加 Si 熔炼制备 Mg - Si 中间合金，需要较高的熔炼温度。即使在(930 ± 10)℃ × 7h + (950 ± 10)℃ × 1h 工艺下，中间合金中 Si 含量也只有 13.3%（质量分数）。若制备 Al - Si 中间合金，加入镁合金中，是一条有效的方法。在 1000℃ 熔炼时，中间合金的 Si 含量可以达到 49.7%（质量分数）。

通过 Mg 与石英玻璃反应制备 Mg－Si 中间合金是一条行之有效的方法，有关该方法的具体工艺，可以查看公布的相关专利。

铸态 AS42、AS44 和 AS66 合金由 α－Mg 基体、β－$Mg_{17}Al_{12}$相和 Mg_2Si 相三部分组成。AS42 中，Mg_2Si 相呈现两种形态：一是粗大的汉字状，沿晶界或穿晶分布；二是粗大的多边形块状，随机分布于基体组织中。随着 Si 含量的增加，汉字状 Mg_2Si 相尺寸变小、数量迅速减少，块状 Mg_2Si 相尺寸变大、数量增加，并呈骨骼状。

铸态 AS42 合金经 T4 处理后，粗大的汉字状 Mg_2Si 相发生溶解、溶断，出现球化现象。与铸态相比，合金屈服强度和伸长率有较大幅度的提高。提高 T4 处理温度，球化速度加快，延长 T4 保温时间，球化物以更加细小、弥散的形态分布于基体内。形成 Mg_2Si 颗粒的驱动力是 Mg_2Si 的界面张力 $\sigma_{Si/Si}$。

AS42 合金中加入适量的合金元素 Sb 能使粗大的汉字状 Mg_2Si 相转变为较细小的颗粒状并分布于晶界上。Sb 加入合金后，形成了 Mg_3Sb_2 相。它可以成为 Mg_2Si 相的非均质形核核心，达到细化第二相组织的目的。Sb 质量分数为 0.75% 时，AS42 合金第二相的细化效果最佳。Sb 质量分数为 0.75% 时，强度最高。超过 0.75% 后，Mg_2Si 相发生粗化，合金力学性能下降。AS44 合金中加入的 Sb 质量分数为 1.25% 时，粗大的枝晶状 Mg_2Si 相全部转变为汉字状 Mg_2Si 相颗粒。AS66 合金中加入 Sb 后，Mg_2Si 相发生两方面变化。随 Sb 含量的增加，一是粗大的枝晶状 Mg_2Si 相颗粒转变为多边形块状；二是汉字状 Mg_2Si 相数量明显增多。当 Sb 质量分数为 1.25% 时，枝晶状 Mg_2Si 相颗粒全部转变为汉字状 Mg_2Si 相颗粒，此时合金的抗拉强度、屈服强度和伸长率最好。

AS93、AS96、AS99 镁基复合材料的组织由 α－Mg 基体，枝晶或块状 Mg_2Si 相和 β－$Mg_{17}Al_{12}$相组成。AS93 材料中，Mg_2Si 相枝晶较小且被 α－Mg 基体包围。β－$Mg_{17}Al_{12}$相以不连续的网状或块状离异共晶形式存在。AS96 和 AS99 中，Mg_2Si 相枝晶粗大，其周围是（α－Mg＋β－$Mg_{17}Al_{12}$）共生共晶。

Ce、Sb、Y 变质处理 AS96 复合材料的基体晶粒明显细化，Mg_2Si 相形貌由枝晶状向条状和块状转变，而且分布趋于均匀。共晶组织由连续网状转变为断续网状和块状且较均匀地分布在晶界上。Ce 对 Mg_2Si 相的细化效果最好,块状 Mg_2Si 相小而多。Y 对共晶组织的细化效果较佳,细化后网状共晶消失,完全变为块状或颗粒状 $Mg_{17}Al_{12}$ 相均匀分布在基体上。

T4 固溶处理能显著改善 AS96 复合材料中 Mg_2Si 相的形貌与分布。

参考文献

[1] 黄正华,郭学锋,张忠明,等. 铈对铸造镁合金 AZ91D 显微组织与力学性能的影响[J]. 稀有金属,2004,28(4):683 ~ 686.

[2] 刘正,张奎,曾小勤. 镁基轻质合金理论及其应用[M]. 北京:机械工业出版社,2002,120 ~ 141.

[3] 王越,吴伟,刘正,等. AZ91HP 非连续析出的组织转变特点[J]. 沈阳工业大学学报,2000,22(6):465 ~ 470.

[4] 刘正,刘重阳,王中光,等. 固溶和时效对压铸 AZ91HP 合金力学性能的影响[J]. 金属学报,1999,35(8):869 ~ 873.

[5] 褚武扬,乔利杰,陈奇志,等. 断裂与环境断裂[M]. 北京:科学出版社,2000,25.

[6] 董尚利,杨德庄,江中浩. 短纤维增强铝基复合材料强化机制评述[J]. 材料科学与工程,2000,18(1):121 ~ 125.

[7] 吴承建,陈国良,强文江. 金属材料学[M]. 北京:冶金工业出版社,2000,282 ~ 308.

[8] 刘全坤. 材料成形基本原理[M]. 北京:机械工业出版社,2005,278 ~ 280.

[9] 俞汉清,陈金德. 材料成形基本原理[M]. 北京:机械工业出版社,2004,1 ~ 5.

[10] 陈振华. 变形镁合金[M]. 北京:化学工业出版社,2005,180 ~ 295.

[11] 陈振华,夏伟军,严红革,等. 镁合金材料的塑性变形理论及其技术[J]. 化工进展,2004,23(2):127 ~ 134.

[12] 陈振华,严红革,陈吉华,等. 镁合金[M]. 北京:化学工业出版社,2004,246 ~ 278.

[13] [日]长崎诚三,林平直 编著. 刘安生 译. 二元合金状态图集[M]. 第一版. 北京:冶金工业出版社,2004,201.

[14] 袁广银,孙扬善,王震. Sb 低合金化对 Mg - 9Al 基合金显微组织和力学性能的影响[J]. 中国有色金属学报,1999,9(4):779 ~ 784.

[15] 袁广银,刘满平,王渠东,等. Mg - Al - Zn - Si 合金的显微组织细化[J]. 金属学报,2002,38(10):1105 ~ 1108.

4 Mg－Zn－Y－Ce合金的凝固组织与性能

Mg－Zn系是最常用的镁合金系之一。Y是Mg－Zn系主要的强化元素，尤其可以提高材料的高温性能。但是，它也是较昂贵的稀土金属，含量高必然提高材料的成本。本章主要分析在ZK60合金基础上，通过加入少量合金元素Y和Ce对材料的组织和性能的影响规律。

为了叙述方便，节省篇幅，本书内在合金表达式前加CT代表合金为铸态。如CT－ZK60，表示铸态ZK60镁合金。同样，在合金表达式前加RS代表合金为快速凝固状态。如RS－ZK60表示快速凝固状态ZK60镁合金。

本书中，将$Mg_{94.6}Zn_{4.8}Y_{0.6}$合金简写为A1，$Mg_{92.5}Zn_{6.4}Y_{1.1}$合金简写为B1。

4.1 铸态Mg－Zn－Y－Ce合金的组织

4.1.1 铸态Mg－5.4%Zn合金的组织

图4-1为铸态Mg－5.4%Zn(质量分数)二元合金的组织。该组织由等轴α－Mg枝晶和枝晶间共晶产物组成。等轴枝晶平均晶粒尺寸约为150 μm。背散射BSE金相组织清楚地表明，在等轴晶周边或枝晶臂周边，Zn含量较高，如图4-2所示。EDS分析证明，枝晶中心成分含有2.3%Zn(质量分数)，而枝晶周边含有6.3%Zn(质量分数)。

枝晶周边的组织经SEM放大后，可以清楚地看出是共晶组织，如图4-3所示。EDS分析表明，共晶中金属间化合物相含有66%～74.6%Mg(原子分数)和34%～25.4%Zn(原子分数)。从成分上可以初步判断为Mg_7Zn_3相。

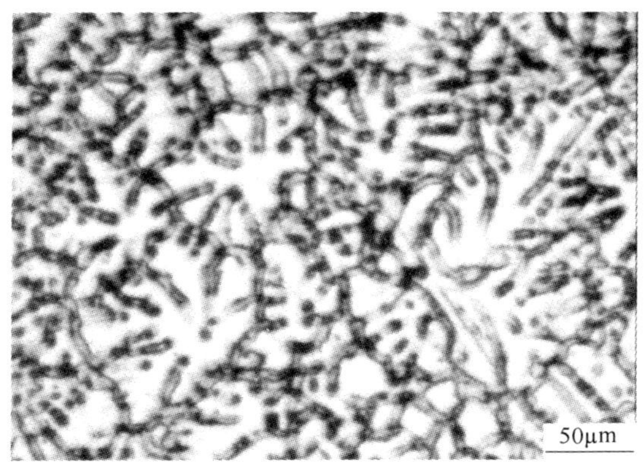

图 4-1 铸态 Mg－5.4% Zn 二元合金的组织图

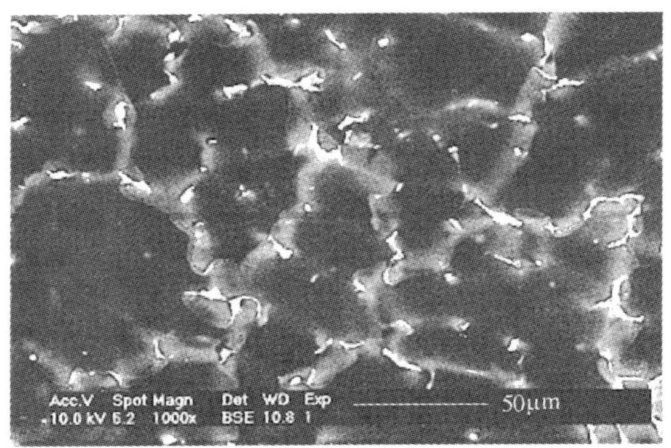

图 4-2 铸态 Mg－5.4% Zn 合金二次电子背散射组织

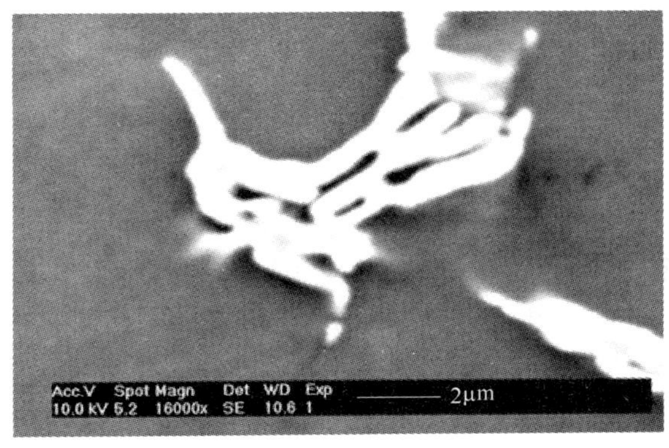

图 4-3 铸态 Mg－5.4% Zn(质量分数)合金晶界共晶组织

由 Mg - Zn 二元平衡相图可知，Mg - 5.4% Zn（质量分数）合金含有 2.1% Zn（原子分数），与 Zn 在 Mg 中的极限溶解度 2.4% Zn（原子分数）非常接近，如图 4-4 所示。该成分的合金在平衡凝固过程中，应该为 α - Mg 枝晶，而不会生成共晶组织。然而，由于非平衡凝固的原因，溶质 Zn 的偏析导致在晶界上出现了共晶产物。从相图可以看出，在 340℃平衡共晶产物应该是（α - Mg + Mg_7Zn_3）。随着温度的降低，平衡共晶在 325℃发生共析反应，共晶组织转变为（α - Mg + MgZn）。但是，由于凝固过程速度较快，该反应一般不能进行。因此，凝固的最终组织为 α - Mg +（α - Mg + Mg_7Zn_3）。

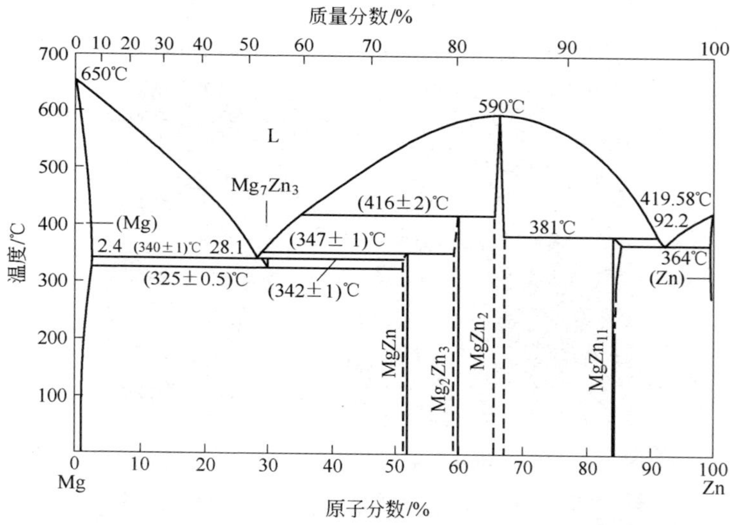

图 4-4　Mg - Zn 二元合金平衡相图

4.1.2　铸态 ZK60 的组织

CT - ZK60 合金组织中含有 α - Mg、MgZn、$MgZn_2$、Mg_2Zn_3、Mg_7Zn_3（$Mg_{51}Zn_{20}$）和少量的 Zr - Zn 相[1~4]。图 4-5 为 CT - ZK60 合金的金相组织。从图中可以看出，铸态组织的晶粒尺寸约为 150 μm，共晶产物沿晶界或枝晶边界连续分布，在晶内有少量黑色质点。与前面 Mg - 5.4% Zn（质量分数）二元合金相比，ZK60 合金的成分中含有 5.5% Zn（质量分数）和≥0.45% Zr（质量分数）。

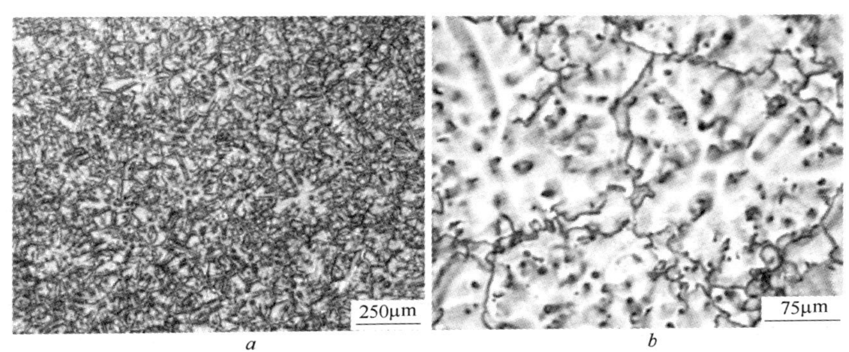

图 4-5 铸态 ZK60 合金金相组织
a—ZK60 合金组织;*b*—图 *a* 的放大组织

有研究者[2]把每个晶粒分为 3 个区域,并对试样表面进行电子探针成分分析,分析表明在核心区和核周区 Zr 的浓度高,中心有 Zr 质点存在,非核区 Zr 的含量很低。Zn 在核周区的浓度高于核心区,在非核区 Zn 的浓度也很低。这是由于 Zn 在平衡状态下的 Mg - Zn 体系中合金平衡分配系数 $k_0 < 1$,所以在凝固过程中随着枝晶干的长大,在凝固界面前沿不断有 Zn 原子被排出,富集在晶界或枝晶的边界,最终通过后续的匀晶反应($L \rightarrow \alpha - Mg$)、脱溶反应($\alpha - Mg \rightarrow \alpha' - Mg + Mg_7Zn_3$)、共析反应($Mg_7Zn_3 \rightarrow MgZn + \alpha' - Mg$)和再次脱溶反应($\alpha' - Mg \rightarrow \alpha'' - Mg + MgZn$)生成大量的 MgZn 相[5]。

研究表明,CT - ZK60 合金晶界富 Zn 相存在多种形态的可能性:张少卿等人发现晶界上有大块的聚集相,在富 Zr、Zn 区也有大块相聚集,用电子衍射测定为 Zn_2Zr_3 和 $MgZn_2$ 相[2];L. Y. Wei 等人[3]研究表明在晶界和枝晶边界大量块状物主要是 Mg_7Zn_3($Mg_{51}Zn_{20}$)相,而 Mg_7Zn_3($Mg_{51}Zn_{20}$)在 325 ~ 317℃之间会发生分解,分解产物为薄片状的 MgZn 相、颗粒状的 $MgZn_2$ 相和 α - Mg。MgZn 相在分解前期形成,$MgZn_2$ 相和 α - Mg 在分解后期形成。根据 Mg - Zn 平衡相图(见图 4-4),只有 Zn 在 Mg 中的含量≥60%(质量分数)时才会形成 $MgZn_2$ 相,而 ZK60 合金中的 Zn 含量远低于该水平。目前的研究结果表明,$MgZn_2$ 相在凝固过程中就已经形成,有文献对此给予了解释[1,3,6]。

4.1.3 铸态 Mg－Zn－Y 合金的组织

研究发现，当 Zn 含量在 5.5%～6.5%（质量分数）范围，加入 1%～3.2% Y（质量分数）可以获得适量的 W（$Mg_3Y_2Zn_3$）强化相。如果 Y 含量继续升高，凝固过程中，合金组织中会出现 X（$Mg_{12}YZn$）相，形成 α－Mg＋W＋X 三元共晶，共晶温度约为 520℃，降低合金的高温性能。因此，一般情况下，选择加入约 1% Y。

图 4-6 和图 4-7 分别为 CT－Mg－6.2% Zn－1.3% Y（质量分数）合金的普通金相和扫描电镜组织。该组织由等轴 α－Mg 枝晶和枝晶间共晶产物组成。与 CT－Mg－5.4% Zn 二元合金的组织相比，等轴枝晶平均晶粒尺寸和共晶片间距变小。由此可见，在 Mg－5.4% Zn 二元合金中添加合金元素 Y，不仅可以细化铸态初生枝晶，而且可以细化共晶组织。

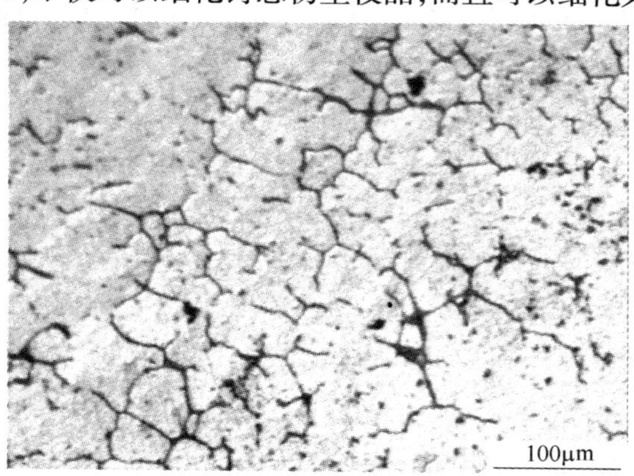

图 4-6 CT－Mg－6.2% Zn－1.3% Y 合金的组织

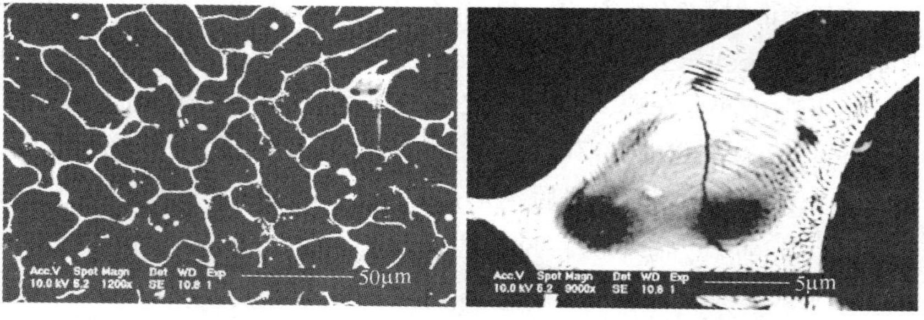

图 4-7 CT－Mg－6.2% Zn－1.3% Y 合金的扫描电镜组织

CT－A1 和 CT－B1 合金的金相组织如图 4-8 所示。组织由白色枝晶 α－Mg 和枝晶间层片共晶或灰白色的枝晶间化合物组成。实验成分条件下，Zn、Y 含量增加，组织细化。

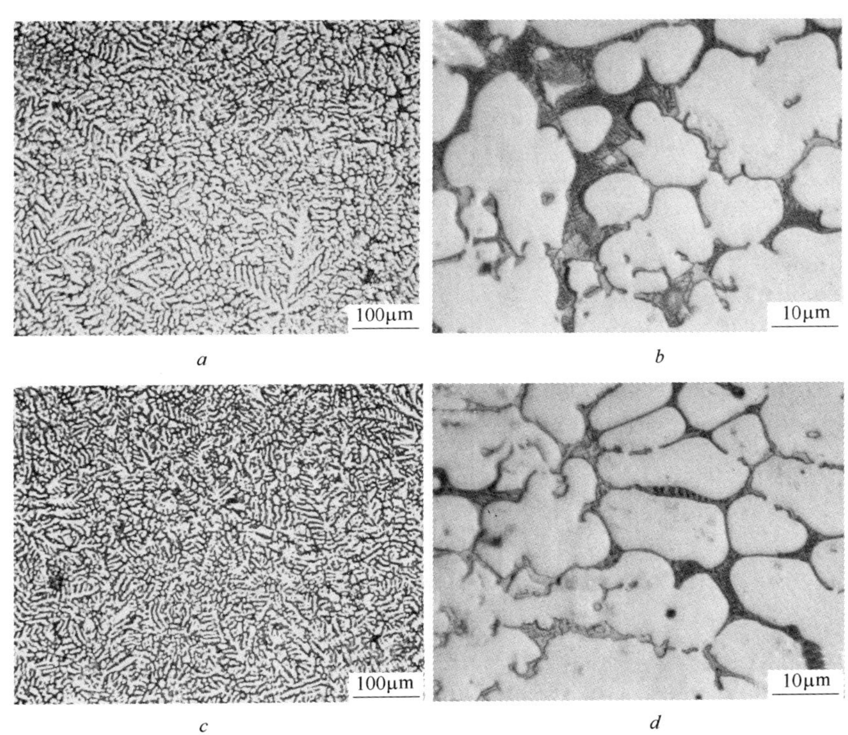

a *b* *c* *d*

图 4-8 CT－Mg－Zn－Y 合金的组织

a，*b*—CT－A1；*c*，*d*—CT－B1

XRD 衍射分析结果表明，CT－A1 合金组织由 α－Mg 和 Z（Mg_3YZn_6）相组成。CT－B1 合金组织由 α－Mg、W（$Mg_3Y_2Zn_3$）和 Z 相组成，如图 4-9 所示。其中，W 相为立方结构[7,8]，Z 相为二十面体准晶结构[9]。CT－A1 和 CT－B1 组织中基体和枝晶间化合物的 EDS 成分分析结果如表 4-1 所示。两种合金基体组织中均不含 Y 元素，而枝晶间化合物中含有较多的 Y 元素。

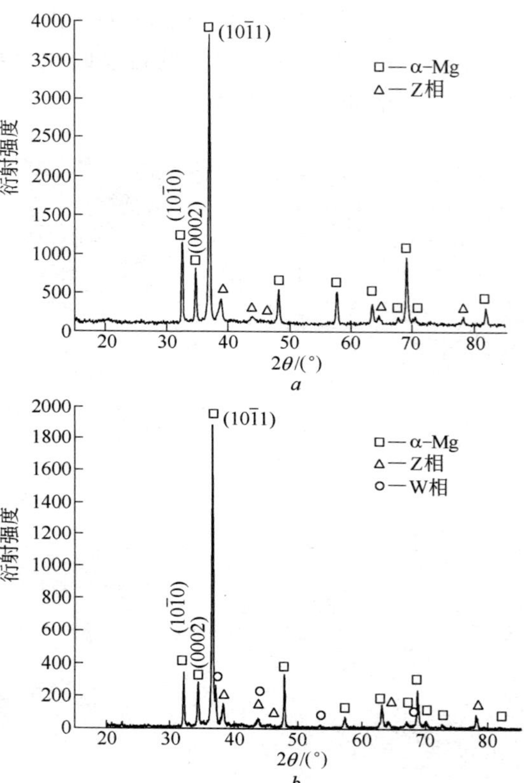

图 4-9 CT - Mg - Zn - Y 合金的 XRD 衍射谱

a—CT - A1;*b*—CT - B1

表 4-1 枝晶和枝晶间组织的 EDS 分析结果(质量分数,%)

合 金	扫描位置	Mg	Zn	Y
A1	α - Mg 晶内	93.1	6.9	
A1	枝晶间的混合物	54.19	37.68	8.13
B1	α - Mg 晶内	94.07	5.93	
B1	枝晶间的混合物	78.48	18.07	3.45

对于 Mg - Zn 和 Mg - Y 二元系,Zn 和 Y 在 Mg 中最大固溶度(质量分数)分别是 6.2% 和 12.5%[10]。普通凝固(如铸造)条件下,由于 Zn 和

Y 元素的活性及两者之间的强相互作用[11]，当原子比 Y/(Y + Zn) ≤0.3 时，可生成 Z 相。在相同 Y/(Y + Zn)原子比情况下，生成 Z 相的分数随 Zn 含量和 Y 含量的增加而增加[12,13]。张少卿等人[14]对铸态 MB25 中的稀土相鉴定发现，铸态 MB25 合金晶界上存在准晶 Z 相，其电子衍射谱为 5 - 3 - 2 次对称，为二十面体准周期有序结构[9]。S. Yi 和 S. Parke 等人[15,16]在研究 Mg - Zn - Y 系合金中也发现了 Z 相，并指出获得准晶的条件是 Zn 和 Y 的比为 6:1。凝固过程中，组元 Zn 和 Y 因溶质再分配而偏析到晶界，为形成三元化合物 Z 相和 W 相提供了成分上的条件。也就是说，是否满足形成准晶成分条件，应该与凝固期间结晶前沿的瞬时成分有关。凝固过程中，除少量 Zn 溶于基体，其余 Zn 原子富集于晶界，与 Y 及 Mg 通过冶金过程，如共晶或包晶形成化合物，包括 Z 相。当 Zn 与 Y 原子比为 2:1 时，完全析出 W 相，当 Zn 与 Y 原子比为 1:2 时，则形成了 X 相[15,16]。凝固过程中，是否形成金属间化合物，是形成 W 相或是形成 Z 相主要取决于合金凝固过程中结晶前沿 Zn 与 Y 的原子比。

结合图 4-9 的 XRD 和表 4-1 的 EDS 分析，在合金中，Zn 和 Y 元素含量较低情况下，在凝固初期会首先析出枝晶 α - Mg。在凝固后期的枝晶间形成片层组织，片间距为 1 μm 左右，如图 4-10 所示。

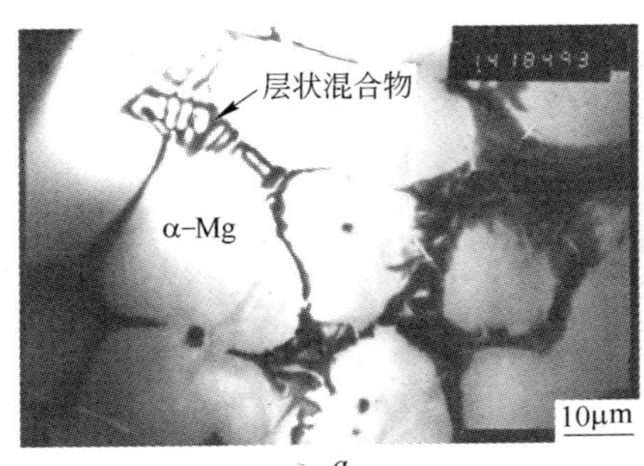

a

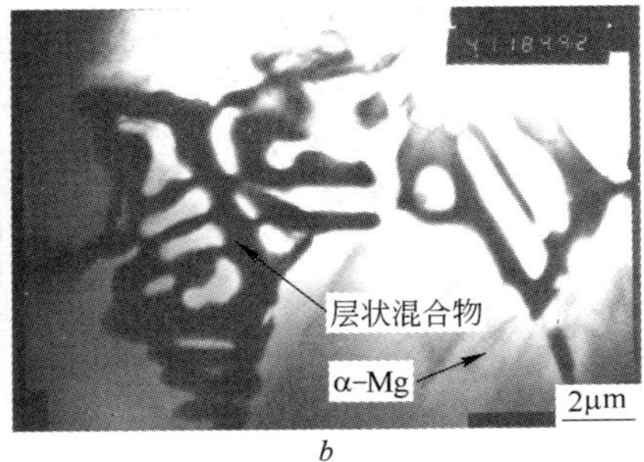

b

图 4-10 CT - B1 合金透射电镜组织形貌

a—CT - B1 合金组织；*b*—图 *a* 的放大组织

由于目前尚无完整的 Mg - Zn - Y 三元合金相图，但是，本书中所分析的合金靠近纯镁一角，如图 4-11 所示。合金的凝固过程与 Mg - 17% Y(质量分数)和 Mg - 30% Zn(质量分数)构成的变温截面的凝固过程完全相似。结合 550℃和 300℃的 Mg - Zn - Y 三元等温截面投影图 4-12 和(Mg - 17% Y) - (Mg - 30% Zn)构成的变温截面图 4-13 中的阴影部分的成分,可以分析合金的相变过程。

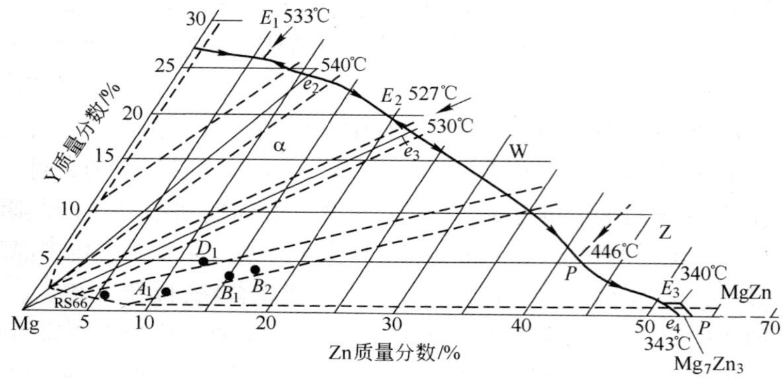

图 4-11　Mg - Zn - Y 三元相图液相面投影图[17]

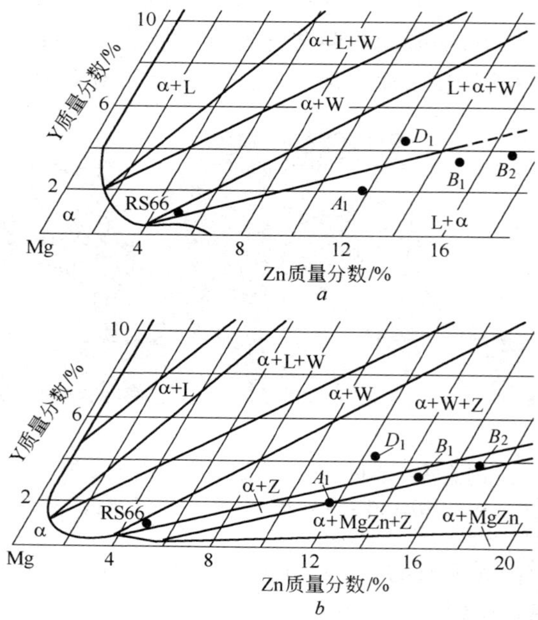

图 4-12　Mg - Zn - Y 合金相图 550℃(a)和 300℃(b)等温面的投影截面[17]

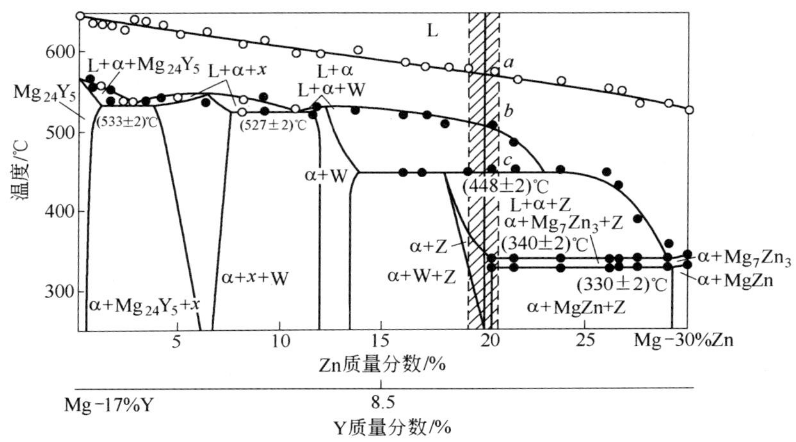

图 4-13 贯穿 Mg－17%Y，Mg－30%Zn 的 Mg－Zn－Y 三元变温截面相图[17]

A1 合金凝固过程接近图 4-13 中 Zn 含量 20% 的成分凝固过程，温度降至 *a* 点，即 585.6℃时首先从液相中析出 α－Mg。温度降到 *b* 点，即 527℃左右，发生的反应是：

$$L + \alpha_{\mathrm{I}} - Mg \xrightarrow{527℃} \alpha_{\mathrm{II}} - Mg + W \qquad (4\text{-}1)$$

接着温度降至 *c* 点，448℃时残余 L 相和 W 相发生包晶反应，生成了 Z 相，发生的反应是：

$$L + W \xrightarrow{448℃} Z + \alpha - Mg \qquad (4\text{-}2)$$

在 Y 含量超过 4%（质量分数）的区域，Z 相是通过包晶反应形成的。否则，Z 相直接从合金溶液中生成。据报道[18]，由于准晶相形核能低，在多数情况下 Z 相从液体中形核先于晶体相，但 Z 相生长速率很小[19]。本书中研究的合金 Y 含量在 4%（质量分数）左右，Z 相有可能直接从液相形核并生长。由于本研究凝固速度相对比较快，凝固界面前沿可能会因溶质富集而使 Y 含量均高于 4%，因此，Z 相也有可能由包晶反应生成。

B1 合金含 Zn 和 Y 元素较 A1 高，其凝固过程为：596.7℃时首先从液相中析出 α－Mg，温度降到 527℃左右，发生式 4-1 的反应获得 W 相，接着在 448℃时残余液相和 W 相发生式 4-2 的部分包晶反应，生成了 Z 相，但 W 相还有部分保留下来。温度再降低将发生后续固态相变，最终组织组成为 α－Mg、Z、W 和 MgZn 相。

4.1.4　铸态 Mg－6.3%Zn－1.5%Y－1.0%Ce 合金的组织

由于前期的研究报告中，都将 Mg－6.3% Zn－1.5% Y－1.0% Ce（质量分数）和 Mg－6.3% Zn－1.5% Y－1.0% Ce－～1% Zr（质量分数）合金取名为 66 合金，并以 CT66 表示铸态 Mg－6.3% Zn－1.5% Y－1.0% Ce 和 Mg－6.3% Zn－1.5% Y－1.0% Ce－～1% Zr 合金，以 RS66 表示快速凝固 Mg－6.3% Zn－1.5% Y－1.0% Ce 和 Mg－6.3% Zn－1.5% Y－1.0% Ce－～1% Zr 合金。为了与前期的研究工作相一致，本书中也采用相同的简写方式。图 4-14 和图 4-15 分别为 CT66（Mg－6.3% Zn－1.5% Y－1.0% Ce）合金的普通金相和扫描电镜组织。

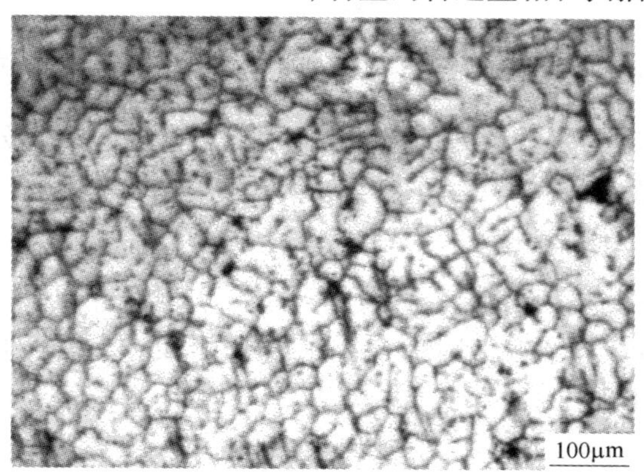

图 4-14　CT66（Mg－6.3% Zn－1.5% Y－1.0% Ce）合金的组织

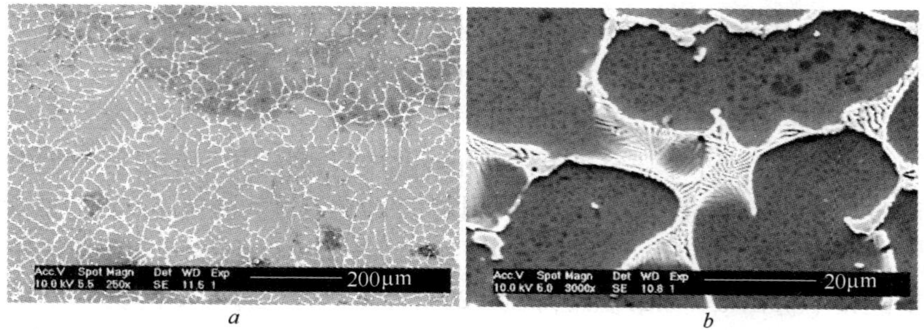

图 4-15　CT66（Mg－6.3% Zn－1.5% Y－1.0% Ce）合金的扫描电镜组织

a—250×；*b*—3000×

该组织同样由等轴 α - Mg 枝晶和枝晶间共晶产物组成。与 CT - Mg - 5.4% Zn 二元合金和 CT - Mg - 6.2% Zn - 1.3% Y 的组织相比,等轴枝晶平均晶粒尺寸和共晶片间距变得更加细小。因此,在 Mg - 6.2% Zn - 1.3% Y 合金中添加合金元素 Ce,可以进一步获得细化的铸态组织。

图 4-16 为 Mg - Ce 二元合金平衡相图,由图可见,固态 Mg 中不能溶解 Ce,Mg 和 Ce 可以在高温形成共晶,共晶组织为($Mg + Mg_{12}Ce$)。虽然 Zn 和 Y 分别在 Mg 中有较大的溶解度,如图 4-4 和图 4-17 所示。但是,Ce 加入 Mg - 6.2% Zn - 1.3% Y 合金后,由于合金元素的相互作用,凝固过程中,Y 和 Zn 倾向于偏析到枝晶臂间和晶界处形成金属间化合物。而 Ce 同样不溶入 Mg,如图 4-18 所示 EDS 线扫描分析。因此,Ce 加入后,液态金属在凝固过程中,合金元素(尤其是 Ce)被排挤到结晶前沿,形成溶质富集。这层溶质富集层,阻碍了枝晶的生长。因此,枝晶得以细化。加入少量 Ce,机理上如同变质效果,可以显著细化初生枝晶和共晶组织。

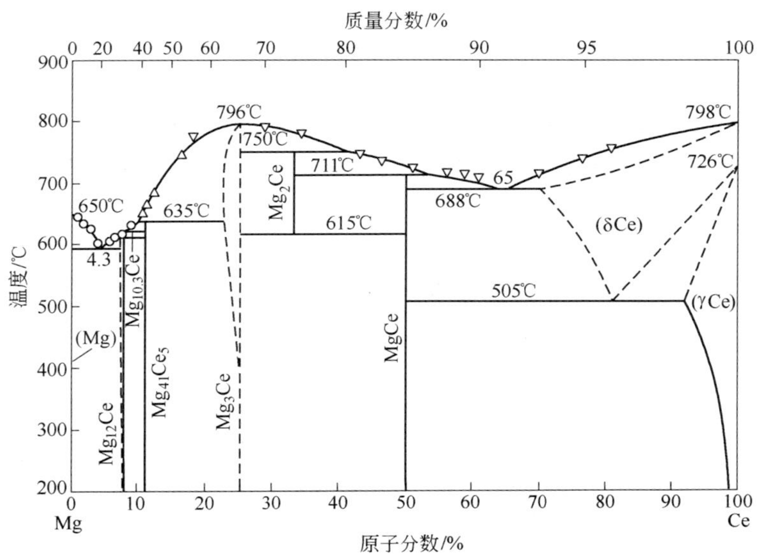

图 4-16 Mg - Ce 二元合金平衡相图

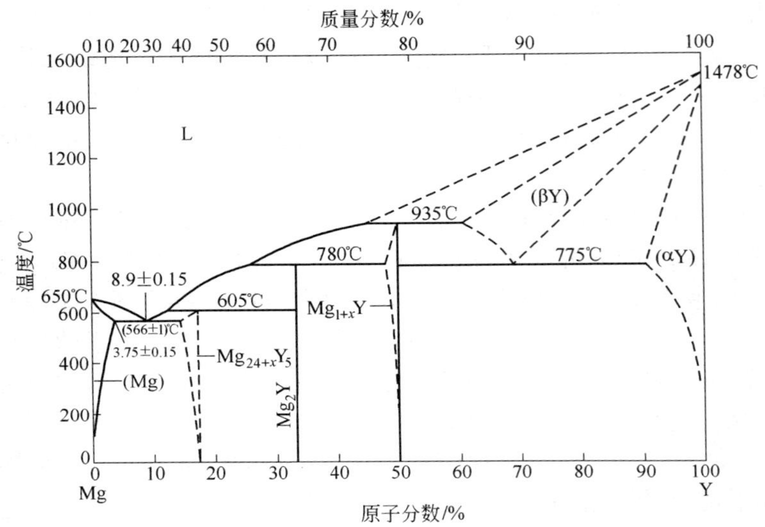

图 4–17　Mg – Y 二元合金平衡相图

既然 Ce 不溶于 Mg，它与 Mg 在高温下形成金属间化合物，在凝固过程中首先析出。如果是这样的情况，Ce 的加入也不会显著改变枝晶间的共晶产物。有关这部分内容在后面快速凝固分析中有详细论述。

由于 Y 和 Mg 均为密排六方晶格，且二者的晶格常数很接近[20]。按照晶粒形核核心的“晶面共格对应”原则，如果熔体中存在 Y 微粒或团状偏聚，Y 可以成为 α – Mg 的结晶核心。因此，与 ZK60 相比，添加合金元素 Y 组织会进一步细化[21,22]。由于 Zn、Y 和 Ce 等添加元素在 Mg 中的固溶度都很低，在合金凝固过程中因溶质分凝作用，Zn、Y 和 Ce 等溶质原子被排到凝固界面前沿，使凝固界面前沿溶质富集，阻碍二次枝晶臂的生长，最终与 Mg 形成低熔点共晶组织，并在晶界处呈网状分布，抑制微孔的形成[23]。

从图 4–18 的 CT66 横截面组织来看，从中心到边缘组织均匀，共晶组织沿晶界呈网状分布，晶粒内部没有沉淀相，用截线法测得树枝晶尺寸约为 45 μm。图 4–19 为 CT66 经 300℃ ×100h 退火后的显微组织。300℃ ×100h 退火后，晶粒尺寸基本保持不变，但在晶粒内部发现均匀弥散分布的沉淀相。这是在铸造过程中，由于非平衡凝固使得部分 Zn、Y 等原子不能及时排出，从而在退火过程中以沉淀相的形式析出。

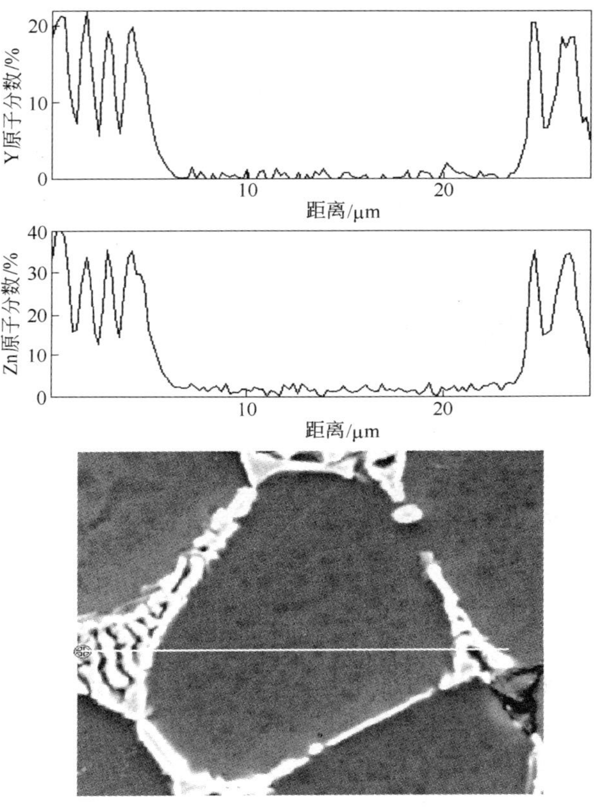

图 4-18 CT66 合金晶粒内 EDS 线扫描

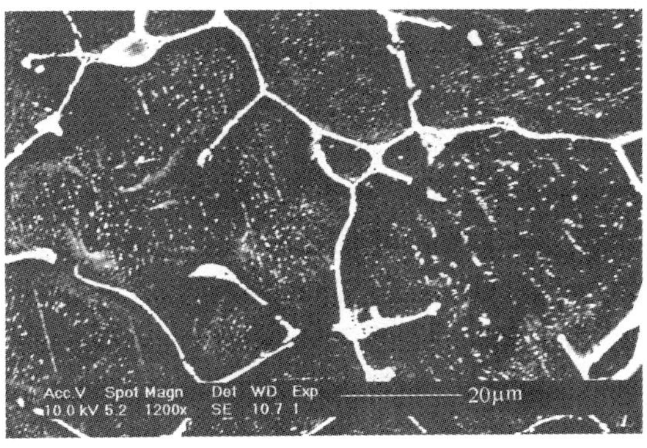

图 4-19 CT66 合金 300℃ ×100h 退火后 SEM 组织

4.1.5　Mg－Zn－Y－Ce－Zr 铸态组织

加入约1% Zr对Mg－6.3%Zn－1.5%Y－1.0%Ce合金的组织没有显著影响，如图4-20所示。因此，在CT66合金中加入Zr，对显微组织影响不大。为此，在本书中，即使在CT66合金中加入了微量Zr元素，仍然被称做CT66合金。

图4-20　CT66合金的扫描电镜组织

a—636×；*b*—7789×

4.2　快速凝固(RS)Mg－Zn－Y合金的组织

4.2.1　RS薄带的宏观特征

随着单辊快速凝固辊速的升高，快速凝固薄带的宽度变窄、厚度变薄，如图4-21和表4-2所示。宏观上，薄带近辊面比较光滑，而自由面较粗糙。根据制备合金材料的目的不同，可以选择不同的快速凝固辊速。例如，如果要是制备晶态快速凝固高强度镁合金材料，并不要求太高的辊速；如果要是制备非晶态快速凝固镁合金材料，可以提高辊速。

表4-2　RS薄带宽度及厚度和辊速之间的关系

编　号	辊面线速度/m·s^{-1}	厚度/μm	宽度/mm
1	18	100～150	约12
2	27	50～90	约6
3	35	20～40	约3

图 4-21 不同辊速快速凝固薄带宏观形貌

a—18 m/s；*b*—27 m/s；*c*—35 m/s

4.2.2 RS－Mg－5.4%Zn 合金的组织

RS－Mg－5.4%Zn(质量分数)合金薄带截面上的组织为单相 α－Mg。截面在组织上可以分为三层。靠近辊面的急冷层,由于极高的冷速,晶粒细小。远离急冷辊面的自由层,晶粒也比较细小。在两层细小晶粒之间的夹层,晶粒比较粗大,如图 4-22*a* 所示。用 SEM 仔细分析微观组织发现,晶粒内部存在着蜂窝状偏析,如图 4-22*b* 所示。EDS 分析发现,蜂窝墙含有较高的 Zn,SEM 组织中呈现为白色,为快速凝固过程中先凝固的部分。蜂窝心部呈现为黑色,Zn 含量较低,为快速凝固后期的凝固组织,如图 4-22*c* 所示。这种组织表明,虽然快速凝固可以在很大程度上改善凝固组织的偏析,但是,只要凝固速度达不到无偏析凝固速度,局域微观偏析总是存在的。

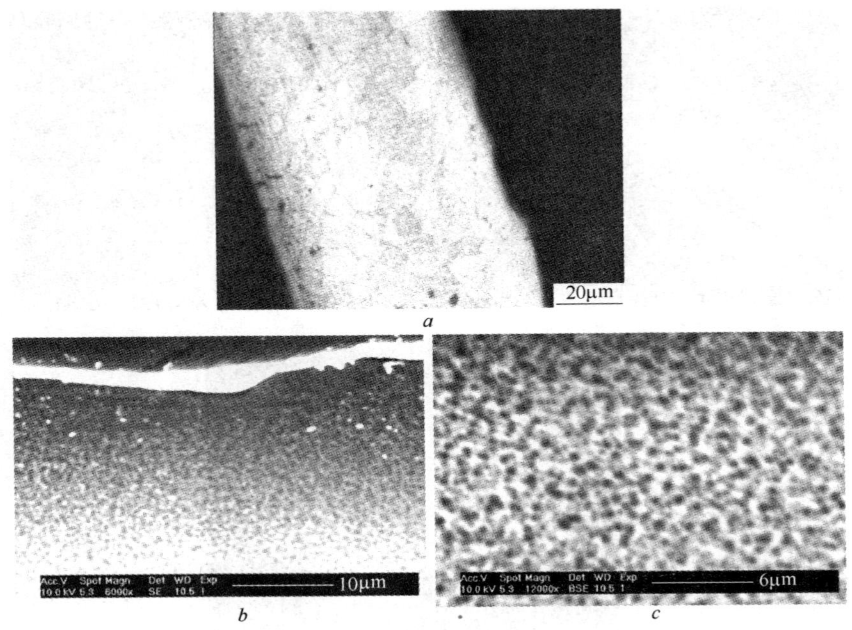

图 4-22　RS－Mg－5.4% Zn 薄带的组织

a—普通金相照片；*b*—SEM 照片；*c*—高放大倍数 SEM 照片

4.2.3　RS－ZK60 薄带的组织

RS－ZK60 薄带由 α－Mg 和 $MgZn_2$ 相组成，如图 4-23 所示。α－Mg 衍射峰有一定程度右移，这表明薄带中 α－Mg 固溶体中含有原子半径较小的 Zn 溶质原子，形成了过饱和的 α－Mg 固溶体。纯镁最强衍射峰在 $(10\bar{1}1)$ 晶面，而 RS－ZK60 薄带最强衍射峰为（0002）晶面，这可能是由于在急冷和辊轮剪切力的作用下，薄带表面有（0002）晶面纤维织构。

图 4-24 为辊速为 27 m/s 时 RS－ZK60 薄带的金相组织。晶粒特征尺寸（粒状晶晶粒或柱状晶的直径）均在 10 μm 以下，和铸态组织相比晶粒明显细化。

沿着凝固方向有三个组织不同的区域，分别是近辊面细晶区（1 区）、中间部分柱状晶区（2 区）和自由面较粗大的等轴晶区（3 区）。1

区厚度约为10 μm，晶粒大小为1～3 μm，组织为均匀细小的等轴晶；2区厚度约为25 μm，由柱状晶组成；3区厚度约为20 μm，由较1区粗大的等轴晶组成，晶粒大小为3～6 μm。

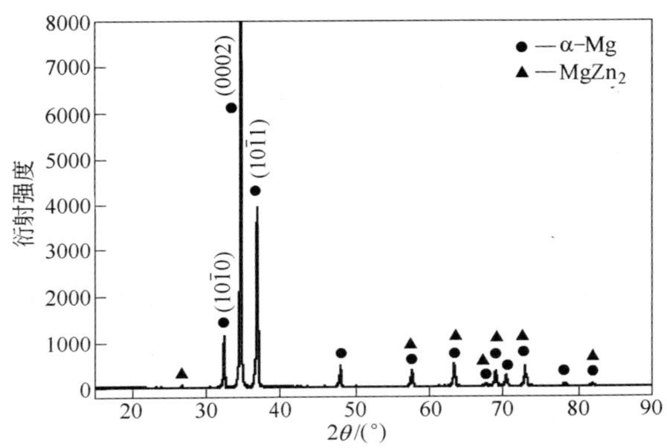

图4-23 RS－ZK60薄带的XRD谱图

为方便分析，可将图4-24中薄带的晶体生长过程分为四个阶段。

第一阶段是近辊面的细晶形核生长过程。在这一阶段，合金熔体直接接触铜辊，受到铜辊激冷的作用最大。结晶潜热通过铜辊迅速释放，产生很大的冷却速度，冷却速度和形核率的关系如下[24]：

$$I=\frac{\dot{T}}{3V} \tag{4-3}$$

式中 I——形核率；

$\dot{T}$——冷却速度；

V——试样的体积。

试样中单位体积中晶粒数目 Z 与凝固过程中形核率和长大速度 G 之间的关系为[25]：

$$Z=0.9(I/G)^{\frac{3}{4}} \tag{4-4}$$

由式4-4可见，在一定范围内，冷却速度较大时，形核率也较大，而晶粒大小随形核率的增大而减小。因此，1区凝固时的过冷度很大，晶粒没有完全长大就已经凝固，所以晶粒明显细化。

第二阶段是柱状晶生长阶段。因为1区结晶潜热的释放和凝固层热阻的作用，冷却速度有所减缓。热量通过已凝固部分向铜辊单向传热，形成自辊面指向自由面的温度梯度，晶体逆热流方向强制生长，因而形成了内部柱状组织，如图 4-24 所示。在定向凝固柱状晶生长过程中，液相原子易于向固相原子排列密度较小的晶面堆放，所以垂直于这些晶面的方向长大速度较大，原子排列密度小的晶面，原子配位数较小，易于以粗糙界面形式出现，长大按粗糙界面的连续长大方式进行，因此长大速度很快。对于六方晶系来说，长大方向为 $<10\bar{1}0>$[26]。但是在急冷和辊剪切力的作用下，$<10\bar{1}0>$ 生长方向是否被抑制还有待进一步研究。

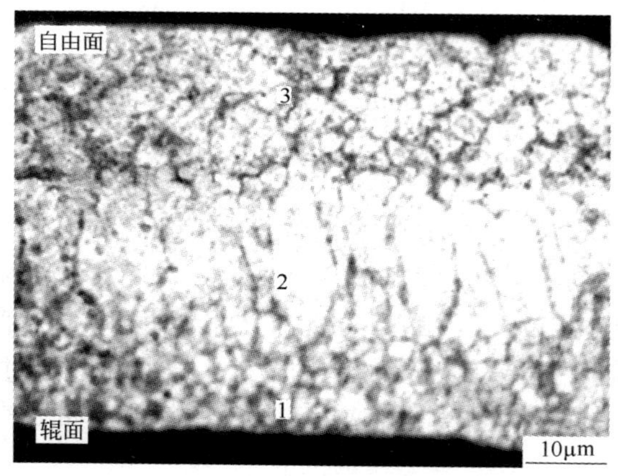

图 4-24　辊速为 27 m/s 时 RS－ZK60 薄带的组织

在快速凝固的初期阶段（一、二阶段），熔体获得了较大的过冷度，使得溶质原子无法充分扩散，α－Mg 和 $MgZn_2$ 相会发生竞争形核，优先形核的相可以根据瞬态形核理论来判断[26]：

$$\tau = \frac{7.2Rf(\theta)}{1-\cos\theta}\frac{a^4}{d_a^2 x_{L\cdot eff}}\frac{T_r}{D\Delta S_m \Delta T_r^2} \tag{4-5}$$

$$\Delta T_r = 1 - T_r$$

$$T_r = T/T_m$$

式中　a——原子跃迁距离；

d_a——形核固相的平均直径；

T_m——平衡液相线温度；

D——液相中 Mg 的自扩散系数；

ΔS_m——摩尔熔化熵；

R——气体常数；

θ——非均质形核时的接触角；

$x_{L.eff}$——有效合金含量。

$x_{L.eff}$对于 A－B 二元系，当晶核富 A 时 $x_{L.eff}$为 $x_{L.A}/x_{S.A}$，当晶核富 B 时 $x_{L.eff}$为 $x_{L.B}/x_{S.B}$总是一个≤1 的数值，$x_{L.eff}$越接近 1，表示形核固相的成分越接近合金熔体成分。

$$f(\theta) = 0.25[2 - 3\cos\theta] + \cos^3\theta$$

在同一熔体中，主要考虑 $x_{L.eff}$和 ΔS_m 对形核孕育时间的影响，式 4-5 可变为：

$$\tau = K \frac{1}{x_{L.eff}\Delta S_m} \qquad (4-6)$$

式中，K 为常数。在快速凝固初期，α－Mg 相的 $x_{L.eff}$远大于 $MgZn_2$ 的 $x_{L.eff}$，所以 α－Mg 优先形核。因此，图 4-24 中薄带的 1 区和 2 区几乎为单一的过饱和 α－Mg 固溶体。

第三阶段是在柱状晶生长的末期。随着凝固进行，结晶潜热迅速释放，但结晶潜热已不能有效地通过已经凝固的 2 区和 1 区向铜辊传热，而主要向液体传热，从而使熔体温度升高，部分较粗大的枝晶被加热，并熔化，成为 3 区等轴晶的生长核心。同时由于铜辊剪切应力的作用，有利于破碎枝晶在熔体中的游离。

第四阶段是游离枝晶段长大而形成等轴晶。

图 4-25 为辊速为 35 m/s 时薄带的金相组织。从图中可以看出，薄带组织为单一的等轴晶，近辊面晶粒大小为 1～4 μm，自由面晶粒为 3～8 μm。在大过冷度下，凝固速率也较大，结晶潜热迅速通过铜辊释放，凝固速率还没有降低时凝固过程就已经完成，最终形成单一的等轴晶。

RS－ZK60 薄带的微细组织 TEM 的分析结果如图 4-26 所示。图 4-26a 视场对应于近辊面，为 2～3 μm 的细小等轴晶，晶界狭窄平直，夹角近 120°。组织中存在孪晶，如图 4-26b 所示。球状二次相颗粒尺寸约为 45～160 nm。有少量针状相，并与基体保持一定的取向关系。

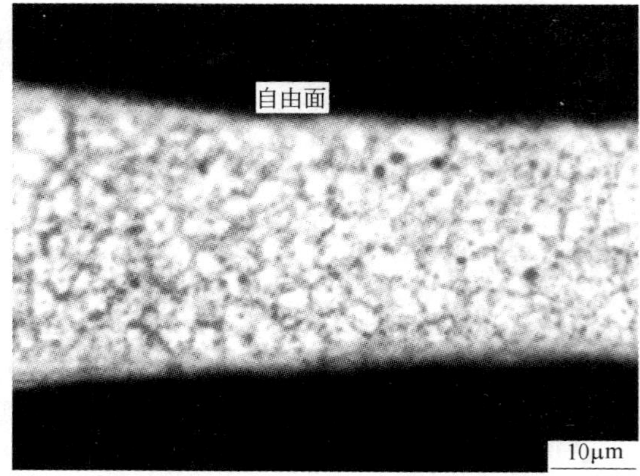

图 4-25　辊速为 35 m/s 时 RS－ZK60 薄带组织

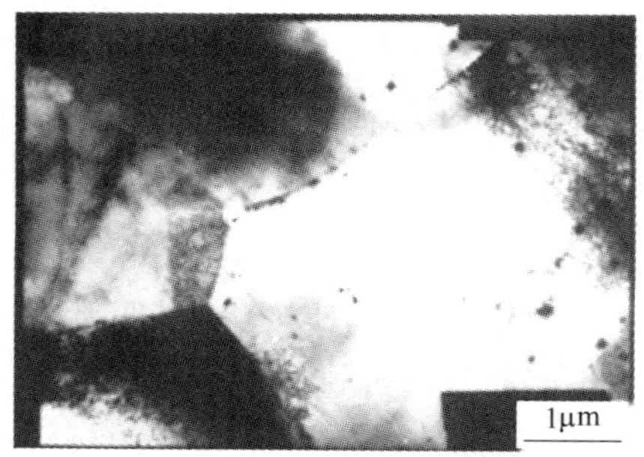

a

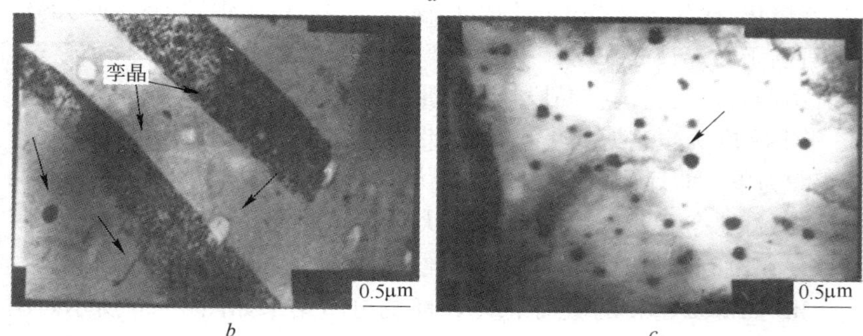

b　　*c*

图 4-26　RS－ZK60 薄带的 TEM 照片

a—近辊面晶粒形貌；*b*—孪晶及二次相形貌；*c*—晶内球状颗粒相

4.2.4 RS66 薄带的组织

通常 RS66 薄带组织可以分为 4 个组织不同的区域，如图 4-27 所示。近辊面的 1 区为非常薄的非晶层，非晶层中含有弥散分布的沉淀相。经 EDS 和 XRD 分析表明，该沉淀相为 $Mg_{17}Ce_2$（见图 4-28*a*），相

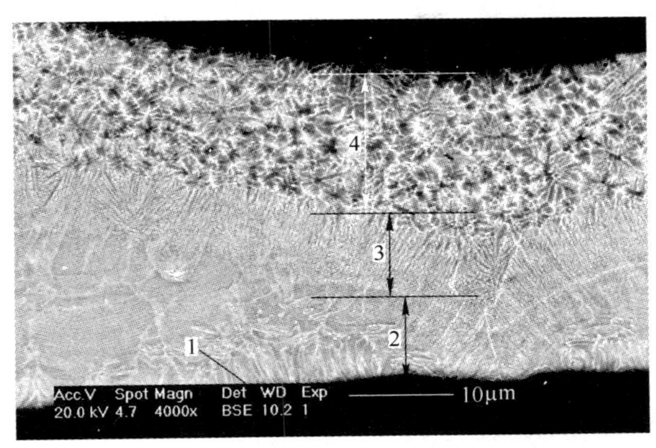

图 4-27 RS66 薄带横截面 SEM 照片

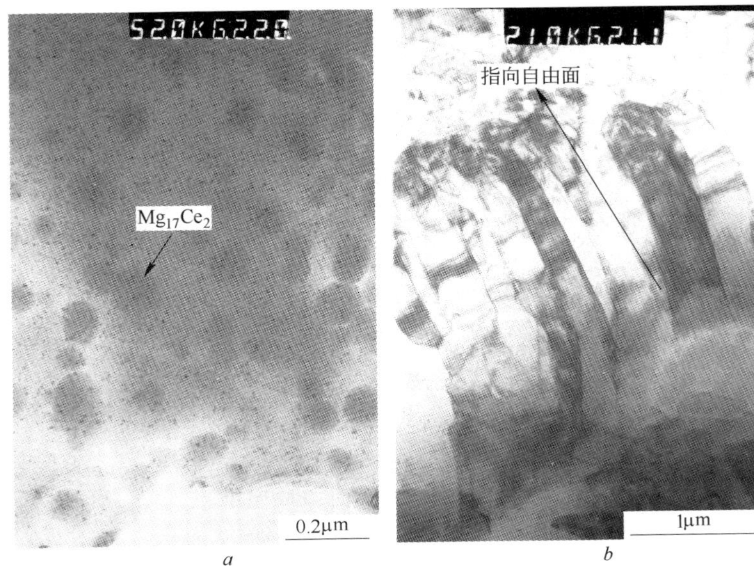

a *b*

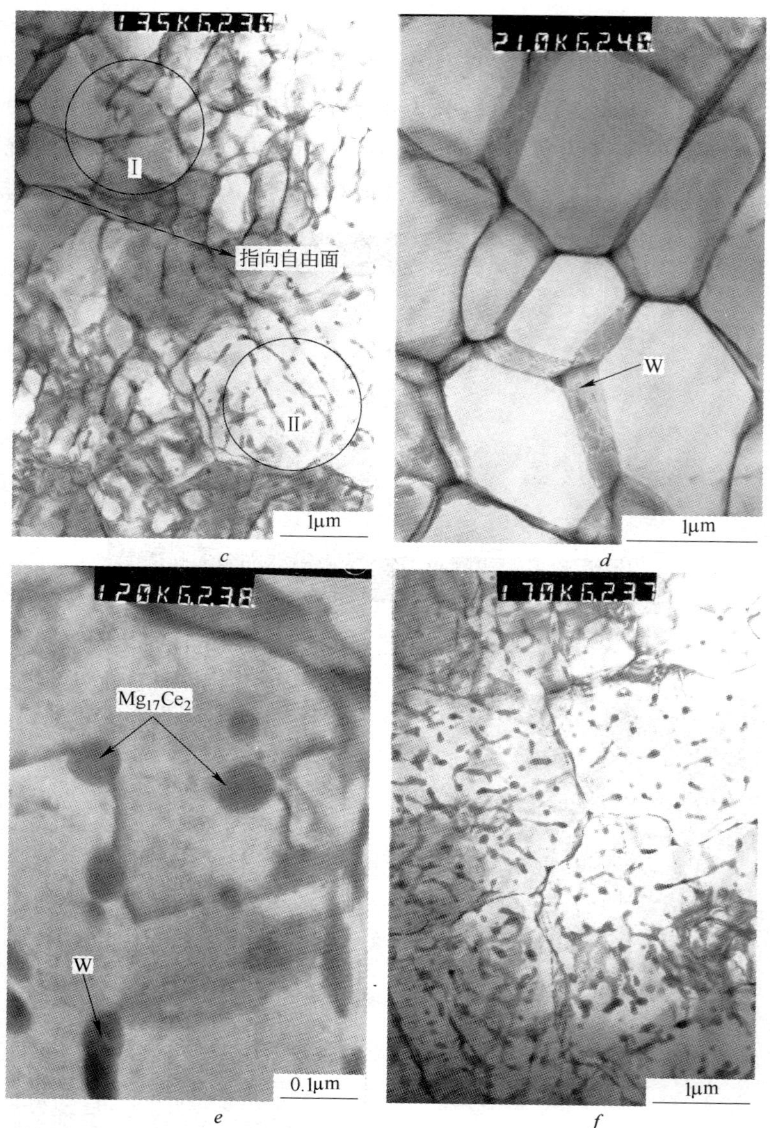

图 4-28　RS66 横截面 TEM 照片

a—含有颗粒相的辊面非晶层；*b*—晶内不含二次相的粒状和柱状晶；*c*—六方和柱状枝晶，含有二次相；*d*—图 *c* 中Ⅰ区放大；*e*—图 *c* 中Ⅱ区放大；*f*—枝晶及二次相

当于图4－16相图中的$Mg_{41}Ce_5$，其生成温度高于635℃。$Mg_{17}Ce_2$是在高温熔体发生凝固前生成的高温金属间化合物，在后续急冷快速凝固中被均匀地截留在非晶态凝固层中。2区由粒状晶和柱状晶组成，晶粒/枝晶臂直径平均尺寸<0.5 μm。在2区中，没有发现沉淀相颗粒存在(图4－28*b*)。这可能是由于预先存在的$Mg_{17}Ce_2$相被凝固的枝晶推到了凝固界面前沿的熔体中的缘故。3区由六方晶粒和晶粒边界的网状物(图4－28*c*、*d*)以及部分不规则柱状晶组成。六方晶粒平均尺寸约为1 μm。在柱状树枝晶枝晶臂中有两种沉淀相，见图4－28*c*、*e*。EDS分析结果表明，网状物和椭圆形的颗粒相成分非常接近W相，圆形颗粒成分非常接近$Mg_{17}Ce_2$。这与XRD分析结果相一致，见图4－29。自由表面的4区由柱状树枝晶以及枝晶臂内的W和$Mg_{17}Ce_2$组成。枝晶臂间距<0.5 μm，见图4－28*f*。

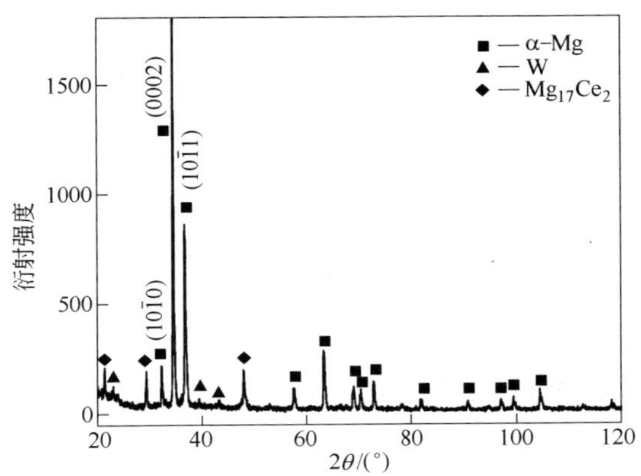

图4－29 RS66薄带自由面XRD衍射谱图

与前面的二元和三元合金系相比，RS66合金系更复杂，容易形成非晶。RS66合金熔体刚接触铜辊，受到急冷作用最大，实验中薄带非晶层厚度小于2 μm。在高的冷却速度下，合金熔体过冷至玻璃转化温度T_g而凝固，避免了结晶过程，形成非晶。由于凝固速度过快，非晶层中的$Mg_{17}Ce_2$相不可能在极短的时间内形成。因此，快速凝固喷射之前$Mg_{17}Ce_2$相可能在铸态合金或者熔体中就已经存在。由于$Mg_{17}Ce_2$其熔点较高，合金重熔过程中熔化时间较短，熔化温度较低，所以

$Mg_{17}Ce_2$ 并没有完全溶解，而在 RS 过程中保留下来，被非晶层捕获。

随着凝固过程的进行，冷却速度的降低，RS66 薄带组织依次向柱状晶、柱状树枝晶过渡。

图 4-29 为图 4-28 薄带自由面的 XRD 衍射谱。由图可知，RS66 薄带由 α - Mg、W 相和 $Mg_{17}Ce_2$ 组成。与纯镁 XRD 谱对比，α - Mg 的峰值有一定程度右移。这表明 RS 下结晶的 α - Mg 固溶体为过饱和固溶体。纯镁在平衡或近平衡条件凝固时获得的材料，$(10\bar{1}1)$ 晶面在 36.604°的衍射峰最强。然而，与 RS - ZK60 薄带 XRD 谱相似，RS66 薄带 XRD 最强的衍射峰在(0002)晶面的 34.53°。这可能是由于在急冷和辊轮剪切力的作用下，薄带表面形成了(0002)晶面纤维织构。

单辊甩带过程中，辊面的线速度、喷射压力、熔体温度、辊轮温度、喷嘴与辊面间距等微小的波动都会影响到薄带的组织形貌[27]。所以，即使在同一次实验中，薄带也可能呈现出迥异的组织特征。图 4-30 为实验中发现的另一种典型的 RS66 薄带组织，由等轴晶组成。从图

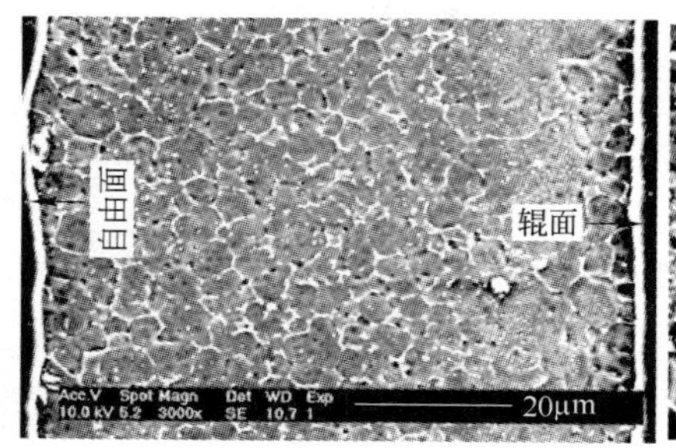

a

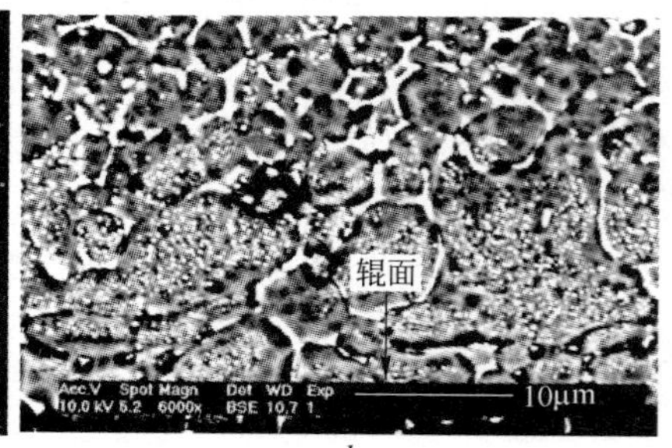

b

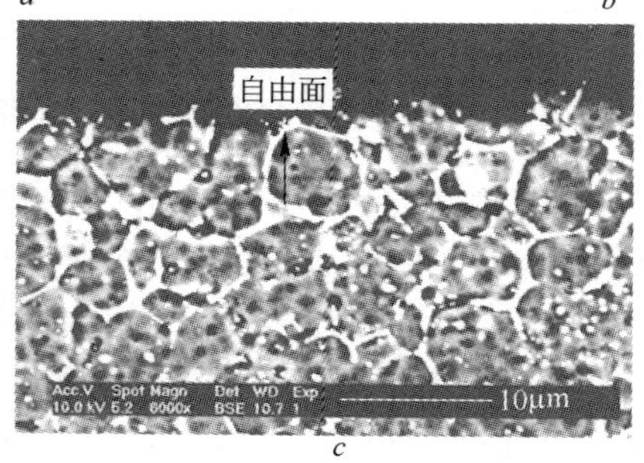

c

图 4-30　RS - 66 薄带 SEM 组织

a—纵截面全貌；*b*—辊面一侧；*c*—自由面一侧

中可以看出,薄带自辊面到自由面有3个组织不同的区域。近辊面1区,晶区厚度小于10 μm,由2~3个沿辊轮转动方向被拉长的晶粒组成,生长方向垂直于自由面,该区晶粒平均尺寸小于5 μm。高密度、细小弥散的沉淀相颗粒均匀分布在晶内和晶界。近自由面3区,晶区厚度约为60 μm,晶粒平均尺寸约为5 μm。与近辊面组织相似,该区域内,沉淀相颗粒分布在晶内和晶界,晶内分布密度较低。在自由面与近辊面之间的2区,由粗大的晶粒组成,晶粒尺寸约为20 μm,细小的沉淀相颗粒在晶内和晶界均匀分布,且晶内的沉淀相分布密度比1、3区高。经过深度腐蚀的试样通过HRSEM观察,发现在晶内和晶界分布的沉淀相颗粒均小于100 nm,见图4-31。

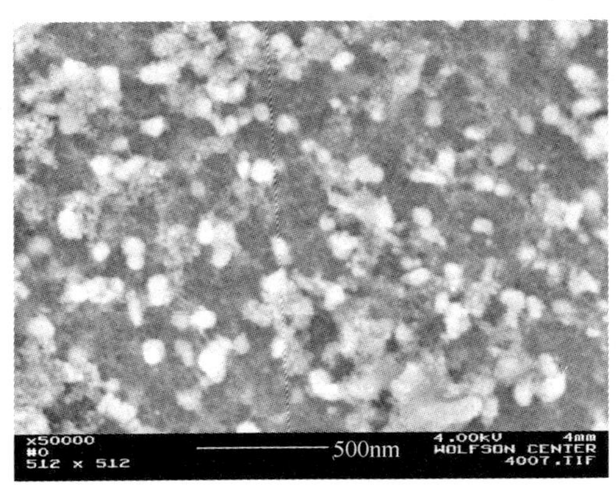

图4-31 深度腐蚀后RS66薄带的HRSEM照片

4.2.5 热处理对RS66薄带组织的影响

与未进行热处理的薄带组织对比,经过300℃×4h退火后,RS66薄带组织中的沉淀相基本上没有变化。经过400℃×4h退火后,沉淀相有长大趋势,如图4-32所示。因此,RS66薄带第二相稳定性温度在300℃(0.74T_e)和400℃(约0.87T_e)之间(T_e为DTA测试的该合金的共晶温度)。因为Mg或者Mg合金中Mg具有很大的自扩散系数,镁合金组织的高温稳定性主要取决于晶界的运动。为了提高组织的稳定性,在晶粒界面上形成稳定性高的第二相,以阻碍晶界的运动,是提高镁合金组织稳定性的最有效途径之一。因此，基体组织的稳定性在很大程度上取决于第二相的稳定性。对于 RS66 薄带稳定性温度，我们认为也介于 $0.74T_e$ 和 $0.87T_e$ 之间。RS66 合金薄带的高温稳定性主要是稀土元素 Y 和 Ce 在晶界形成了细小的金属间质点，阻碍晶粒长大。

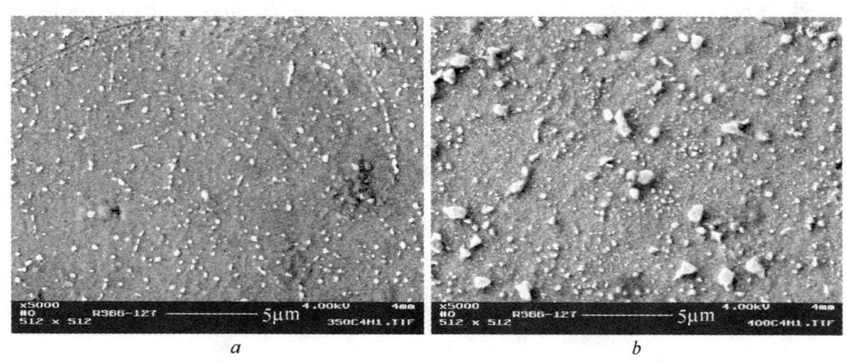

图 4-32　不同温度下退火热处理后 RS66 的 HRSEM 照片

a—300℃ ×4h；*b*—400℃ ×4h

4.3　热处理对快速凝固薄带组织与性能的影响

本节主要以 RS－ZK60 薄带为例，分析热处理对快速凝固组织和性能的影响。

图 4-33 为 RS－ZK60 薄带在不同温度保温 2 h 后的显微组织。可以看出，保温温度为 300℃时，薄带的显微组织与未进行热处理的薄带（见图 4-25）的显微组织相比较变化不大。晶粒尺寸仍保持在 8 μm 以下，晶界为平直界面。保温温度为 350℃时，晶界已由直线转化为曲线，部分晶粒已在 10 μm 以上。保温温度为 400℃时，可以观察到晶粒之间互相吞并长大，大部分晶粒尺寸约为 15 μm。保温温度为 450℃时，晶粒尺寸约为 20 μm。保温温度达到 500℃时，最大晶粒尺寸达到 30 μm，晶界夹角趋近 120°。

RS－ZK60 薄带在进行热处理之前，其显微硬度平均值为 HV50，不同温度下保温 2 h 后测得的显微硬度平均值见图 4-34。由图可知，温度低于 300℃时，薄带的显微硬度随着温度的升高而提高。温度为

300℃时,薄带的显微硬度达到峰值。温度高于300℃时,显微硬度随着温度的升高而下降。温度为500℃时,显微硬度降低至HV50,与未进行热处理的薄带硬度相当。

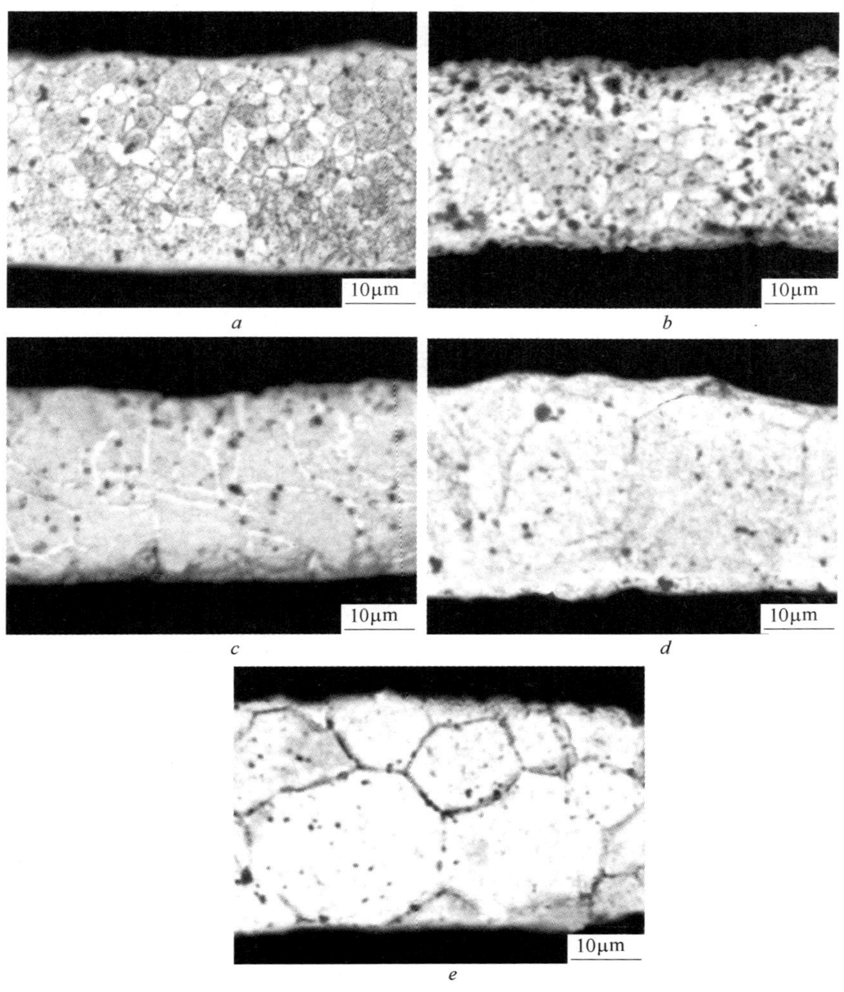

图4-33 RS-ZK60薄带不同温度退火组织

a—300℃ ×2h;*b*—350℃ ×2h;*c*—400℃ ×2h;*d*—450℃ ×2h;*e*—500℃ ×2h

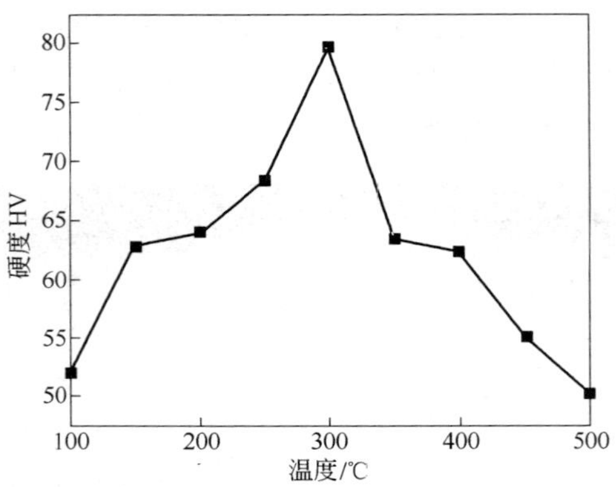

图 4-34　RS－ZK60 薄带退火 2h 后的显微硬度

温度低于 300℃时，随着温度的升高，α－Mg 过饱和固溶体逐渐分解，二次相逐渐从过饱和的 α－Mg 固溶体中析出。图 4-35 为 RS－ZK60 薄带在 300℃保温 2h 后的 TEM 照片。与图 4-26*c* 对比可知，以球状分布的亚稳态 MgZn′相已转变为稳定的矩形状的 MgZn 相，同时大量针状 $MgZn_2$ 相从基体中析出，与 MgZn 相和未发生转变的 MgZn′相相间分布[28～30]。

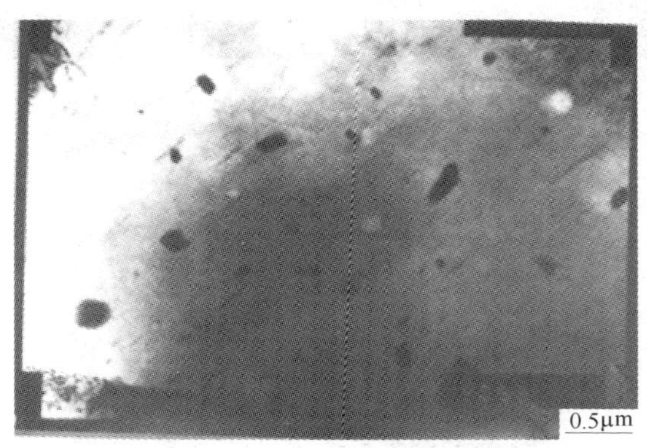

图 4-35　RS－ZK60 薄带 300℃退火 2 h 的 TEM 照片

高温热处理过程中，析出相不断从过饱和的 α－Mg 固溶体中夺取溶质原子，使基体过饱和度不断下降，固溶强化作用削弱，合金呈现出软化倾向。同时,析出相弥散分布于基体内部,使合金获得一定程度的沉淀强化,合金的强度和硬度由这两种机制共同来决定。最初的热处理,由于沉淀强化的增加速度大于固溶强化的削减速度,所以,薄带的硬度值持续升高。而且,析出相能有效钉扎晶界,阻碍晶粒长大[31]。因此,温度为300℃时,薄带的晶粒大小仍保持在8 μm以下。温度为100℃时,原子活动率低,析出相较少,所以析出相的强化效果并不明显。随着温度升高,析出相增多,析出相的强化作用越来越明显,温度为300℃时,强化效果最好,显微硬度达到最高。根据报道[32],金属间化合物 $MgZn_2$ 在室温下的显微硬度为HV252,结合透射电镜分析结果可以说明,热处理后RS-ZK60薄带的主要强化相是矩形状MgZn相和针状 $MgZn_2$ 相。

图4-36为保温温度为300℃时,RS-ZK60薄带显微硬度随时间变化的曲线。由图可知,300℃下,保温1 h硬度达到HV68,保温2 h显微硬度最高。由于过时效的原因[33],当保温时间大于2 h,随着保温时间的延长,薄带的显微硬度逐渐减低。

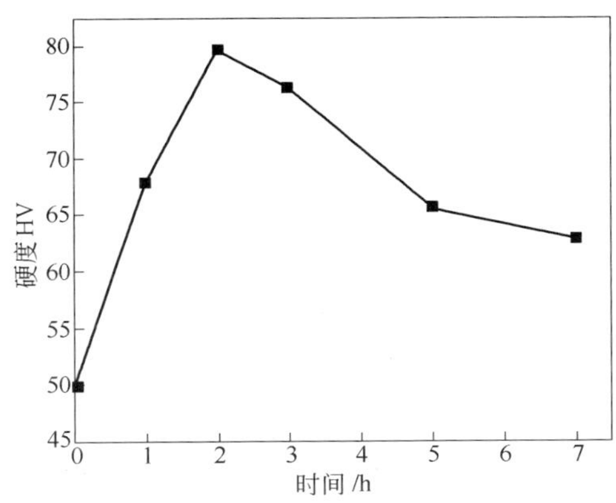

图4-36 RS-ZK60薄带300℃退火后的显微硬度

从整体来看,保温温度高于300℃时,晶粒长大的驱动力是晶粒长大前后的界面能差,细晶粒的晶界多,界面能高,粗晶粒的晶界少,界面能低。所以,晶粒长大成为粗晶粒是金属自由能降低的自发过程。保温温度为350℃时,相邻晶粒的晶界开始由曲折线变成为光滑的曲线,以降低体系界面能，示意图如图 4-37 所示。在晶粒长大阶段界面的驱动力与界面能成正比，而与界面的曲率成反比。所以在晶粒长大过程中，所有晶界的新位置都是向着晶界的曲率方向。温度高于 350℃时，原子有足够的扩散能力时，原子就由界面的凸侧晶粒向凹侧晶粒扩散，而界面则向曲率中心方向移动（如图 4-37 中箭头所示），结果使凹面一侧晶粒不断长大，而凸面一侧的晶粒不断缩小直至消失。随着晶界的迁移，界面逐步由曲面转变为平界面，晶界的夹角趋向于 120°。

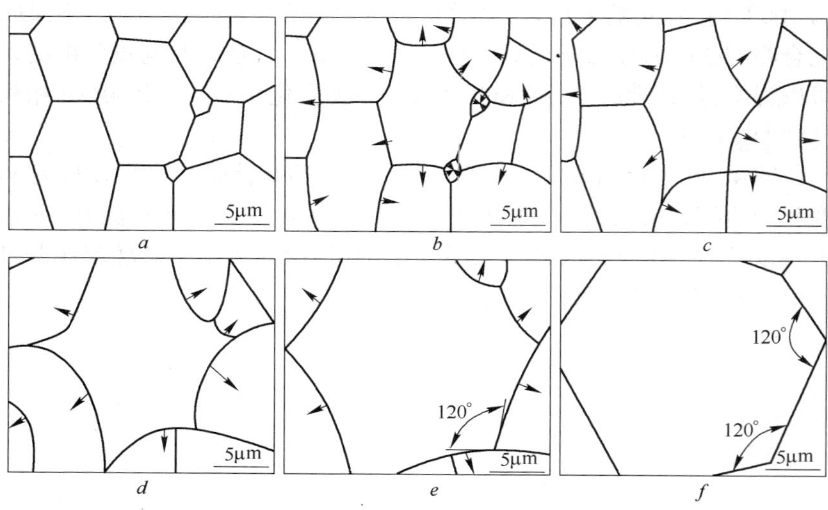

图 4-37　晶粒长大示意图

a—快速凝固晶粒示意图；*b*—高温下晶界变为光滑的曲线；*c*—晶界向着曲率的移动方向；*d*，*e*—晶粒长大方向；*f*—形成新的平衡晶粒

4.4　本章小结

铸态 Mg - 5.4% Zn（质量分数）二元合金的组织为 α - Mg +（α - Mg + Mg_7Zn_3）。ZK60 合金普通凝固组织中含有 α - Mg、MgZn、$MgZn_2$、Mg_2Zn_3、Mg_7Zn_3（$Mg_{51}Zn_{20}$）和少量的 Zr - Zn 相。

Zn 含量在 5.5% ~6.5%（质量分数）范围时，Mg - Zn - Y 合金加入约 1% Y 可以获得适量 W（$Mg_3Y_2Zn_3$）强化相。

凝固过程中强化相形成的成分条件与结晶前沿瞬时成分有关。

CT－A1 合金组织由 α－Mg 和 Z 相组成，其中 Z 相可能直接从液相形成，也有可能由包晶反应生成。CT－B1 合金组织由 α－Mg、W（$Mg_3Y_2Zn_3$）、Z 和 MgZn 相组成，Z 相由包晶反应生成。

Ce 可以显著细化 Mg－Zn－Y 合金组织。加入约 1% Zr，对 Mg－6.3% Zn－1.5% Y－1.0% Ce 合金的组织没有显著影响。

RS－Mg－5.4% Zn 合金薄带截面上的组织为单相 α－Mg，晶粒内存在蜂窝偏析。RS－ZK60 薄带由 α－Mg 和 $MgZn_2$ 相组成，薄带表面有(0002)生长织构。RS66 薄带近辊面的 1 区为非常薄的非晶层，非晶层中含有弥散分布的 $Mg_{17}Ce_2$ 沉淀相；2 区晶粒/枝晶臂直径平均尺寸小于 0.5 μm；3 区由六方晶粒和晶粒边界的网状 W 相以及部分不规则柱状晶组成，六方晶粒平均尺寸约为 1 μm。在柱状树枝晶枝晶臂中有 W 和 $Mg_{17}Ce_2$ 两种沉淀相；自由表面由柱状树枝晶以及枝晶臂内的 W 和 $Mg_{17}Ce_2$ 组成，枝晶臂间距小于 0.5 μm。RS66 薄带强化相稳定性温度在 300℃（0.74T_e）和 400℃（约 0.87T_e）之间。

参 考 文 献

[1] 麻彦龙，左汝林，汤爱涛，等．ZK60 镁合金铸态显微组织分析［J］．重庆大学学报，2004，27(8)：52～55.

[2] 张少卿．MB15 镁合金的相组成及其微观形态［J］．金属学报，1989，25(6)：A346～A351.

[3] Wei L Y，Dunlop G L，Westengen H. The intergranular microstructure of cast Mg－Zn and Mg－Zn－Rare earth alloys［J］. Metallurgical and Materials Transaction，1995，26A：1947～1955.

[4] Xu D K，Liu L，Xu Y B，et al. The effect of precipitates on the mechanical properties of ZK60－Y alloy［J］. Materials Science and Engineering A，2006，420：322～332.

[5] 王维青．金属元素对 ZK60 镁合金第二相的影响［D］．重庆：重庆大学，2005：23～79.

[6] He S M，Peng L M，Zeng X Q，et al. Comparison of the microstructure and mechanical properties of a ZK60 alloy with and without 1.3wt.% gadolinium addition［J］. Meterials Science and Engineering A，2006，433：175～181.

[7] Suzuki M，Kimura T，Koike J，et al. Strengthening effect of Zn in heat resistant Mg－Y－Zn solid solution alloys［J］. Scripta Materialia. 2003，48(8)：997～1002.

[8] Singh A，Tsai A P. On the cubic W phase and its relationship to the icosahedral phase in Mg

- Zn - Y alloys[J]. Scripta Materialia, 2003, 49(2): 143 ~ 148.

[9] Singh A, Watanabe M, Kato A, et al. Formation of icosahedral-hexagonal H phase nanocomposites in Mg - Zn - Y alloys[J]. Scripta Materialia. 2004, 51(10): 955 ~ 960.

[10] 《轻金属材料加工手册》编写组. 轻金属材料加工手册:上册(第一版)[M]. 北京:冶金工业出版社,1980:172 ~ 180.

[11] Luo Z, Zhang S, Tang Y, et al. Thermody namics of Mg - Zn - RE system solutions forming stable quasicrystals[J]. Scr Metall Mater, 1994, 30:393 ~ 398.

[12] Luo Z, Zhang S, Tang Y, et al. On the stable quasicrystals in slowly cooled Mg - Zn - Y alloys[J]. Scripta Metall Mater, 1995, 32(9): 1411 ~ 1416.

[13] Lee J Y, Kim D H, Lim H K, et al. Effects of Zn/Y ratio on microstructure and mechanical properties of Mg - Zn - Y alloys. Materials Letters, 2005, 59: 3801 ~ 3805.

[14] 张少卿,罗治平. MB25 镁合金中的准晶体与晶体相的研究[J]. 分析测试学报,1994,13(6):35 ~ 37.

[15] Yi S, Parke S, Okj B, et al. (Icosahedral phase + α - Mg) two phase microstructures in the Mg - Zn - Y ternary system[J]. Mater Sci Eng A, 2001, 300(1 ~ 2):312 ~ 315.

[16] Yi S, Parke S, Okj B, et al. Quasicrystals and related approximant phase in Mg - Zn - Y [J]. Micron, 2002, 33(6): 565 ~ 570.

[17] Байкоа A A. Magnesium Alloys with Yttrium[J], Science, Moscow, 1979: 76 ~ 86.

[18] Langsdorf A, Ritter F, Assmus W. Determination of the primary solidification area of the icosahedral phases in the ternary phases diagram of Zn - Mg - Y[J]. Philo Mag Let, 1997, 75(6): 381 ~ 387.

[19] 董闯. 准晶材料的形成机制、性能及应用前景[J]. 材料研究学报,1994,8(6):483.

[20] 郑水云. Mg - Zn - Y 合金的组织与力学性能研究 [D]. 西安:西安理工大学,2006:14 ~ 47.

[21] Luo Z P, Song D Y, Zhang S Q. Strengthening effects of rare earths on wrought Mg - Zn - Zr - RE alloys[J]. Journal of Alloys and Compounds, 1995, 230: 109 ~ 114.

[22] Guo Xuefeng, Remennik Sergei, Xu Chunjie, et al. Development of Mg - 6Zn - 1Y - 0.6Ce - 0.6Zr magnesium alloy and its microstructural evolution during processing. Materials Science and Engineering A, 2008, 473: 266 ~ 273.

[23] 陈振华. 变形镁合金[M]. 北京:化学工业出版社,2005.

[24] Liu R P, Volkmann T, Herlach D M. Undercooling and solidification of Si by electromagnetic levitation[J]. Acta mater. 2001, 49(3): 439 ~ 444.

[25] 陈绪宏,丁培道,杨春楣. 双辊快速凝固 AZ31 镁合金薄带试验研究[J]. 轻合金加工技术. 2003,31(5):19 ~ 21.

[26] 胡汉起. 金属凝固原理(第二版)[M]. 北京:机械工业出版社,2000:128 ~ 271.

[27] 陈倬麟. 单辊快速凝固装置与 Mg - 5% Zn 合金快速凝固组织 [D]. 西安:西安理工大学,2003:36 ~ 45.

[28] Maeng D Y, Kim T S, Lee J H, et al. Microstructure and strength of rapidly solidified and extruded Mg – Zn alloys[J]. Scripta mater, 2000, 43: 385 ~ 389.

[29] 麻延龙,左汝林,汤爱涛等. 时效 ZK60 镁合金中的金相探索[J]. 重庆大学学报(自然科学版),2004,17(12):91 ~ 94.

[30] Gu Mingyuan, Wu Zhengan, Jin Yanping. The interfacial reaction and microstructure in a ZK60 – based hybrid composite[J]. Journal of Materials Science, 2000, 35: 2499 ~ 2505.

[31] Wang R M, Eliezer A, Gutman E. Microstructures and dislocations in the stressed AZ91D magnesium alloys[J]. Materials Science and Engineering A, 2002, 344: 279 ~ 287.

[32] 波尔特诺伊,列别杰夫. 镁合金手册[M]. 北京:冶金工业出版社,1959:135.

[33] Govind, Suseelan Nair K, Mittal M C, et al. Development of rapidly solidified(RS) magnesium-aluminium-zinc alloy[J]. Materials Science and Engineering A, 2001, 304 ~ 306: 520 ~ 523.

5　往复挤压 $Mg_2Si_p/Mg-Al$ 复合材料的组织与性能

大变形技术制备的材料具有优异的力学性能[1,2]。往复挤压是一种大变形工艺,挤压前后试样的形状保持不变,可往复多次挤压变形,获得超细晶组织。本章用往复挤压工艺对铸态 Mg - Al - Si 合金进行大变形加工,通过在大变形过程中对树枝晶状、块状和汉字状 Mg_2Si 的破碎,基体组织的细化,从而获得以颗粒状 Mg_2Si 增强的 Mg - Al 合金。本章中,Mg - Al - Si 合金经过往复挤压后,材料中 Mg_2Si 以颗粒状存在,因此,采用 $Mg_2Si_p/Mg-Al$ 表示复合材料,以示其增强相为颗粒相。本章重点分析往复挤压组织的细化机制,以及 Mg_2Si 相颗粒对基体组织细化的影响。分析往复挤压后材料的力学性能的变化规律。

为了描述方便和与过去发表的文献和论文的表述统一,用英文缩写、数字和合金牌号一起表示不同工艺下的合金状态。如 RE - n - EX - AS 42,表示 AS 42 合金经过 n 道次往复挤压(RE),然后经过一次正挤压(EX);RE - n - AS 42,表示 AS 42 合金经过 n 道次 RE;EX - AS 42,表示 AS 42 合金经过一次 EX。

5.1　往复挤压 AS 42、AS 44 和 AS 66 的组织

XRD 分析表明,RE - n - AS 42、RE - n - AS 44 和 RE - n - AS 66 的组织由 $\alpha-Mg$、Mg_2Si 和 $\beta-Mg_{17}Al_{12}$ 相三部分组成。往复挤压只能够改变组织形态和组织组成的比例,并不能改变组织组成物的结构。

5.1.1　Mg_2Si 和 $Mg_{17}Al_{12}$ 相的细化

研究过程中,为了后续金相组织分析和材料力学性能分析的方便,对 RE 后的材料又进行了一次正挤压(EX)。虽然 EX 对 RE 的组织形态和性能有一定的影响,但是,考虑到 RE 的变形程度远远大于 EX,因

此,在分析过程中主要强调了 RE 对材料组织和性能的影响,而忽略了 RE 后 EX 的作用。

图 5-1 为 RE - n - EX - AS 42 横截面上 Mg_2Si 相的细化过程。铸

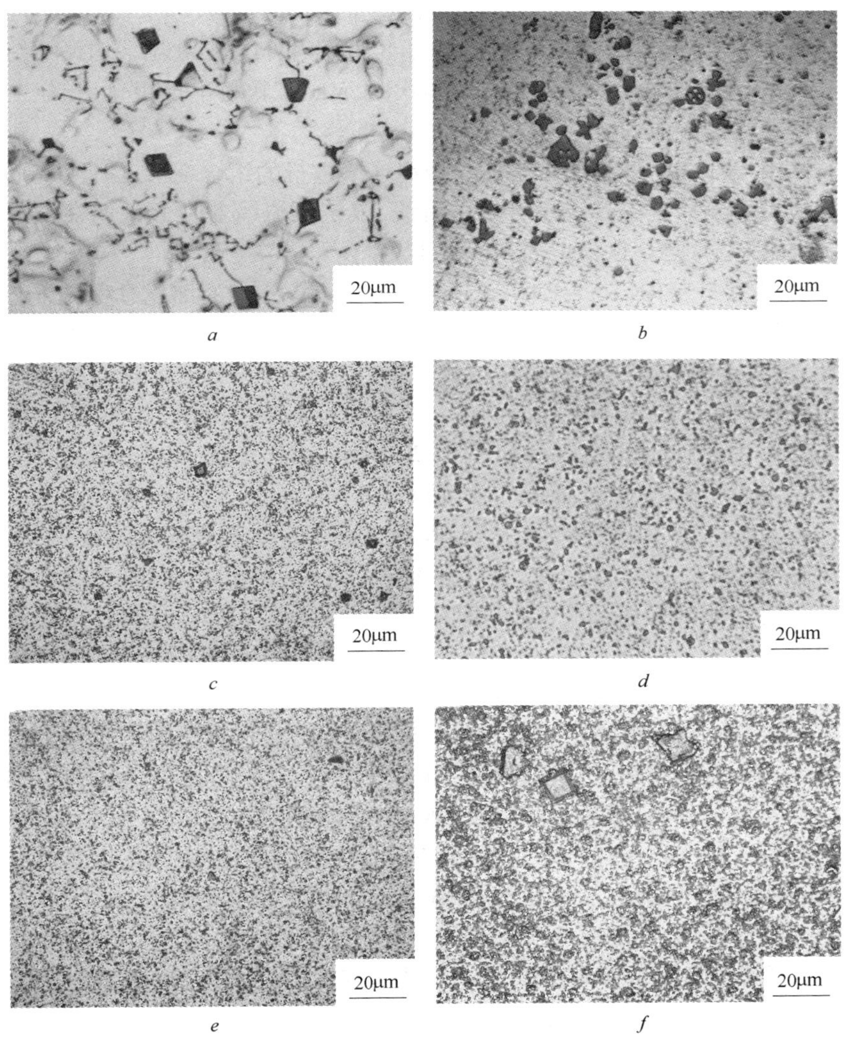

a *b* *c* *d* *e* *f*

图 5-1 RE - n - EX - AS 42 合金横截面组织

a—铸态;*b*—n = 2;*c*—n = 4;*d*—n = 6;*e*—n = 8;*f*—n = 11

态材料中汉字状与多边形块状 Mg_2Si 颗粒均比较粗大，如图 5-1*a* 所示；挤压 2 道次，汉字状 Mg_2Si 被细化，多边形块状 Mg_2Si 颗粒也得到初步破碎，最大尺寸约 10 μm，如图 5-1*b* 所示；挤压 4 道次时，Mg_2Si 颗粒平均尺寸约 1.6 μm，如图 5-1*c* 所示；挤压 6 道次时，Mg_2Si 颗粒平均尺寸约 1.4 μm，如图 5-1*d* 所示；挤压 8 道次时，Mg_2Si 颗粒平均尺寸约 1.3 μm，如图 5-1*e* 所示；挤压 11 道次时，Mg_2Si 颗粒出现粗化，颗粒平均尺寸约 1.8 μm，如图 5-1*f* 所示。

由于往复挤压是一个挤压与镦粗连续进行的组合变形，因此，变形后组织中不易观察到或没有挤压流线，或挤压流线非常紊乱而在常规条件下不易观察，纵横截面组织基本相同。

图 5-2 为 RE－*n*－EX－AS 44 合金中 Mg_2Si 相的细化过程。铸态 AS 44 合金中块状 Mg_2Si 相颗粒非常粗大，如图 5-2*a* 所示；挤压 4 道次，试样边缘 Mg_2Si 相颗粒已较为细小，如图 5-2*b* 所示，心部尚有少量比较粗大的 Mg_2Si 颗粒，如图 5-2*c* 所示；挤压 8 道次时，试样边缘 Mg_2Si 相得到进一步细化，如图 5-2*d* 所示，试样心部 Mg_2Si 相也基本上得到了完全的细化，如图 5-2*e* 所示。

图 5-3 为 RE－*n*－EX－AS 66 合金中 Mg_2Si 相颗粒的细化过程。铸态 Mg_2Si 颗粒呈骨骼状，如图 5-3*a* 所示；挤压 4 道次，试样边缘和心部骨骼状 Mg_2Si 相颗粒已经被破碎细化，如图 5-3*b*、*c* 所示；挤压 8 道次时，试样中除了中心少量比较大的 Mg_2Si 颗粒外，Mg_2Si 相在很大程度上被细化，如图 5-3*d*、*e* 所示。

在第 3 章中已经论述过，随着 Si 含量的增加，铸态 AS 镁合金中 Mg_2Si 体积分数增大，汉字状 Mg_2Si 相尺寸变小、数量减少，块状 Mg_2Si 相尺寸变大、数量增加，并呈粗大的骨骼状，如图 5-1 ~ 图 5-3 所示。与 AS 42 合金相比，随着 Si 含量的增大，AS 44 和 AS 66 组织中骨骼状 Mg_2Si 的细化相对比较困难，组织中残余的块状 Mg_2Si 相对增多。这也给人以启发，如果能够通过适当的合金化或其他先进的凝固技术，将粗大的骨骼状 Mg_2Si 相转变为相对尺寸比较细的汉字状 Mg_2Si 相，那么，在经过后续的 RE 技术，可以得到更加细小的颗粒状 Mg_2Si 增强体。关于这一论题，在 3.5.1 节中有过论述，但是，至今没有人进行过后续 RE 的研究工作。

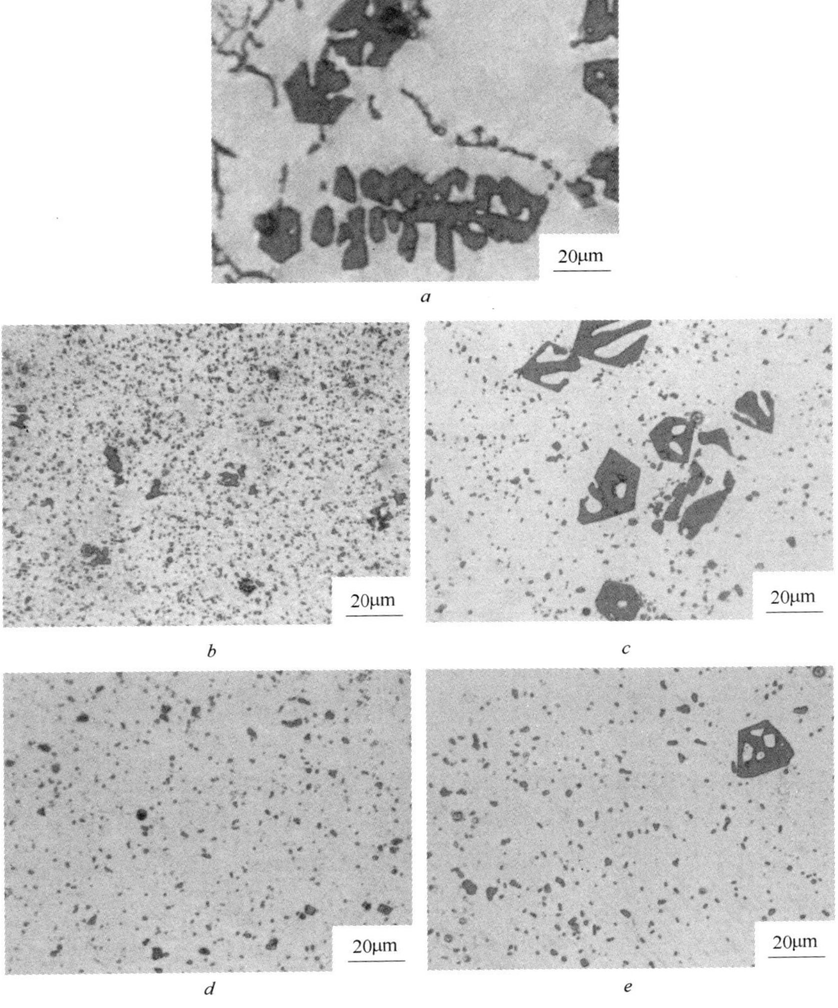

图 5-2 RE - n - EX - AS 44 合金的横截面组织

a—铸态；b—n = 4 边缘；c—n = 4 中心；d—n = 8 边缘；e—n = 8 中心

与 Mg_2Si 相相比，铸态组织中 β - $Mg_{17}Al_{12}$ 相以网状分布在晶界，网状相尺寸相对较薄。在塑性变形过程中，晶界上的网状相相对比较容易破碎，加之本身尺寸比较细小，因此，β - $Mg_{17}Al_{12}$ 相在往复挤压后已非常细小，与破碎的 Mg_2Si 颗粒混为一体，在普通金相显微镜下已难以分辨。

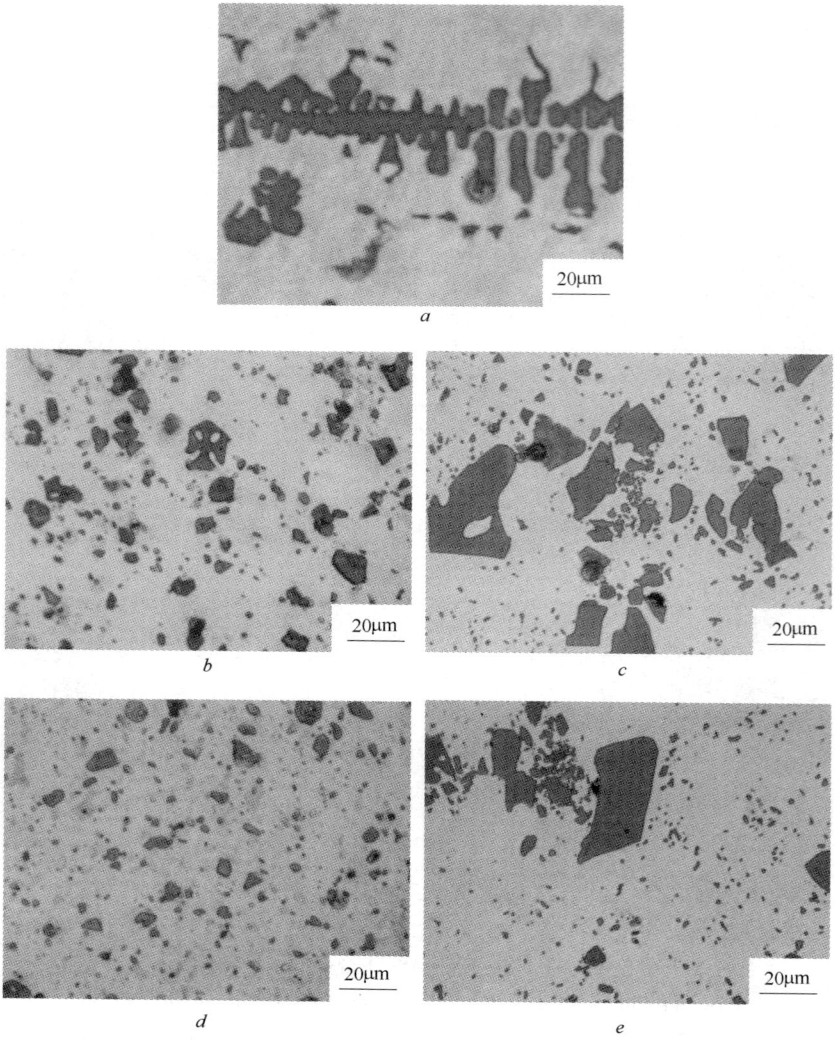

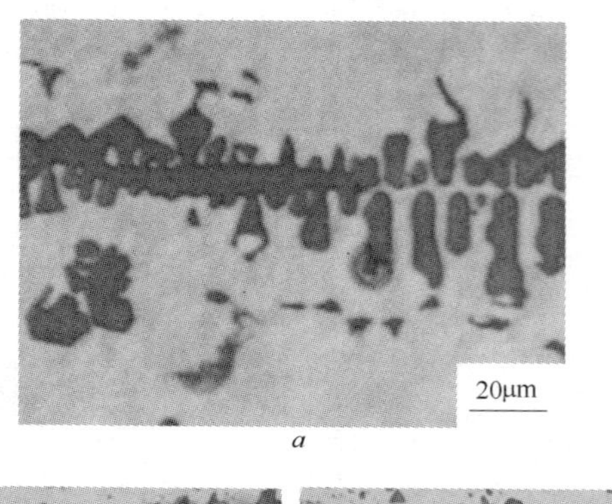

20μm
a
20μm
b
20μm
c
20μm
d
20μm
e

图 5-3　RE - *n* - EX - AS 66 合金的横截面组织

a—铸态；*b*—*n* = 4 边缘；*c*—*n* = 4 中心；*d*—*n* = 8 边缘；*e*—*n* = 8 中心

5.1.2 基体的细化

铸态 AS 42 合金中 α – Mg 晶粒平均尺寸为 45 μm。往复挤压 2、4、6 和 8 道次后，α – Mg 晶粒平均尺寸分别约为 9.0 μm、6 μm、3 μm 和 1.5 μm。往复挤压 11 道次后，α – Mg 晶粒出现粗化，最大晶粒尺寸约为 10 μm，如图 5–4 所示。

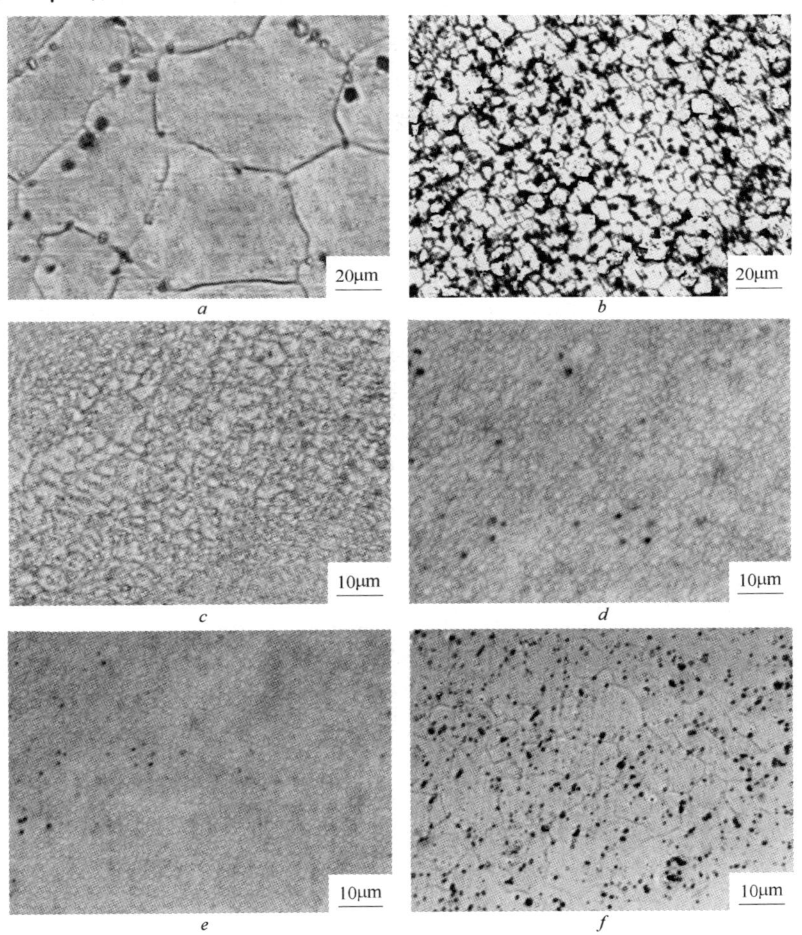

图 5–4 RE – n – EX – AS 42 合金横截面基体组织

a—铸态；*b*—$n=2$；*c*—$n=4$；*d*—$n=6$；*e*—$n=8$；*f*—$n=11$

铸态 AS 44 和 AS 66 合金 α – Mg 晶粒平均尺寸在 50 μm 左右。往复挤压 4 道次和 8 道次后，晶粒尺寸分别约为 9 μm 和 8 μm，如图 5–5 和图 5–6 所示。实际上，Mg_2Si 相和 β – $Mg_{17}Al_{12}$相的细化对基体组织的细化是有显著影响的。AS 42 合金经过 RE 后，铸态组织中汉字状 Mg_2Si 相和晶间 β – $Mg_{17}Al_{12}$相细化效果好，细小的强化相颗粒一方面有利于基体的细化；另一方面，也可以阻碍基体晶粒的长大。与 AS 42 相比，AS 44 和 AS 66 中的 Mg_2Si 相细化效果相对较差。同样，基体组织的细化也不及 AS 42。由此可以推断，若要获得更加细小的基体组织，细化 Mg_2Si 相是十分重要的。

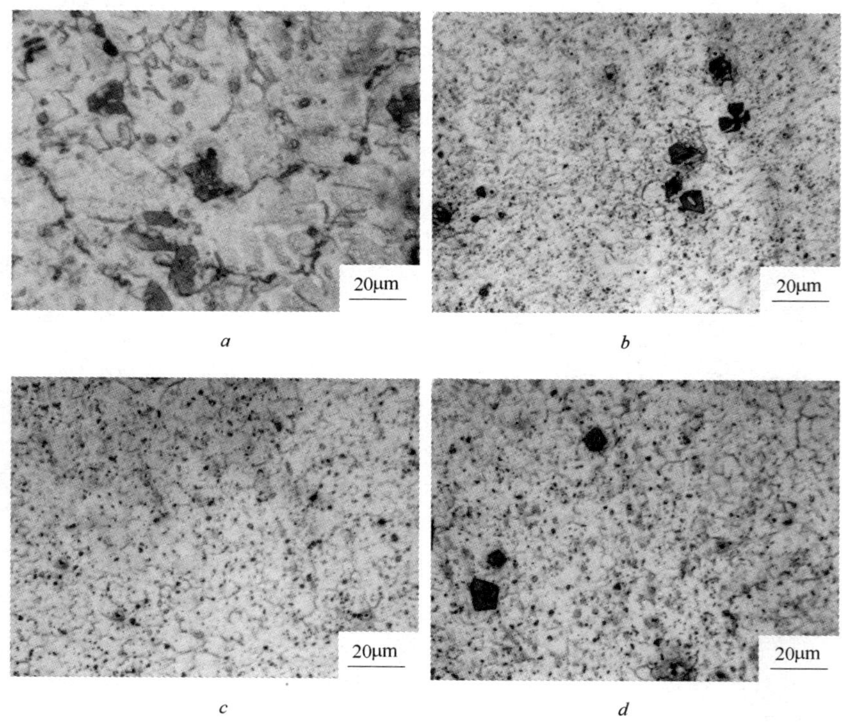

图 5–5　RE – n – EX – AS 44 合金横截面基体组织

a—铸态；*b*—n = 4 中心；*c*—n = 8 边缘；*d*—n = 8 中心

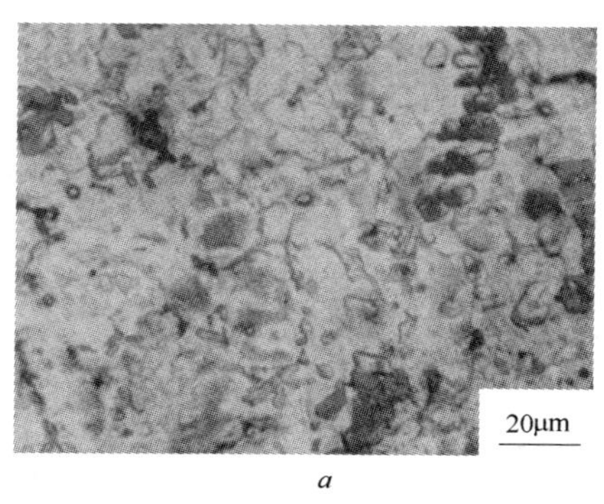

a

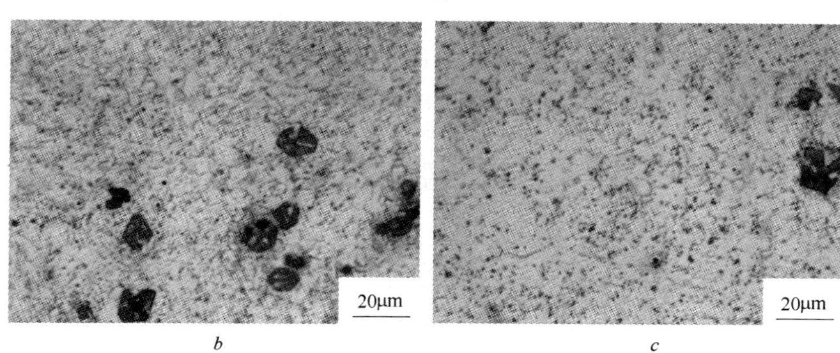

b *c*

图 5-6 RE - *n* - EX - AS 66 合金横截面基体组织

a—铸态;*b*—$n=4$ 中心;*c*—$n=8$ 中心

5.2 往复挤压 AS 42、AS 44 和 AS 66 的性能

试验研究过程中,为了使制备的材料更加接近工程应用,往复挤压的材料直径为 50 mm。为了性能测试方便,对直径 50 mm 的往复挤压材料进行了单次正挤压。每道次往复挤压和正挤压挤压比均为 12.7(原始直径为 50 mm,挤压颈直径为 14 mm)。

铸态和往复挤压 + 正挤压态材料的力学性能如表 5-1 所示。

图 5-7 为 AS 42 合金力学性能与挤压道次的关系。挤压道次小于 8 时,随挤压道次的增加,合金的抗拉强度、屈服强度和伸长率不断提高。挤压 8 道次时,合金的抗拉强度和屈服强度均达到最大值,分别为 284 MPa 和 269 MPa,伸长率为 19%。与铸态相比,由于组织中

Mg_2Si 相的细化，σ_b、$\sigma_{0.2}$ 和 δ 分别提高了 150%、213% 和 371%。但是，当挤压道次为 11 时，强度与伸长率均下降。其原因是，挤压 11 道次后，基体组织和 Mg_2Si 相均有不同程度的长大。值得强调的是，对于 AS 42，组织中有大量的强化相颗粒，其强度较高是可以预见的。然而，材料具有如此高的伸长率，是 RE 工艺所特有的变形机制所赋予的。这也说明，采用合理先进的材料制备工艺，可以从根本上改善材料的性能，使脆性材料韧性化。

表 5-1　铸态和往复挤压＋正挤压 AS 42、AS 44 和 AS 66 的力学性能

往复挤压道次 n	σ_b/MPa			$\sigma_{0.2}$/MPa			δ_5/%		
	AS 42	AS 44	AS 66	AS 42	AS 44	AS 66	AS 42	AS 44	AS 66
0（铸态）	114	109	98	86	72	65	4	3	2
2	210			171			8		
4	262	233	220	193	149	166	13	8	4
6	271			264			15		
8	284	252	220	269	211	177	19	5	7
11	259			167			10		

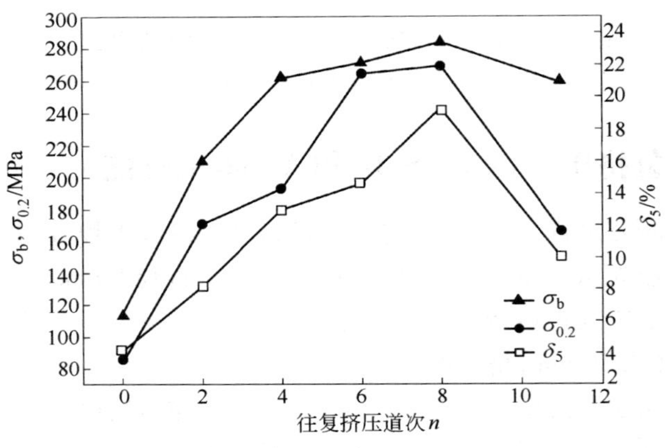

图 5-7　RE－n－EX－AS 42 合金的力学性能

与 AS 42 合金相比，尽管往复挤压可以显著提高 AS 44 和 AS 66 的性能，但是，随着 Si 含量升高，强度与伸长率降低，如表 5-1 所示。

主要原因是随着 Si 含量升高，Mg_2Si 相颗粒的细化效果变差，Mg_2Si 相在组织中的分数增大所致。也就是说，随着 Si 含量的逐步增加，铸态合金中 Mg_2Si 相颗粒的体积分数提高，Mg_2Si 形貌也发生了变化。由最初的汉字状向粗大的块状（骨骼状）演化，使得往复挤压破碎 Mg_2Si 相颗粒所需应力急剧增大。在现有的挤压条件下，无法满足所需应力要求，导致颗粒细化效果相对较差。

图 5-8 为 AS 42 合金铸态和往复挤压态室温拉伸断口。铸态 Mg_2Si 相颗粒粗大，断口上有河流花样和解理台阶，是典型的解理脆性断裂，如图 5-8*a* 所示。经过 2 道次的往复挤压后，多边形 Mg_2Si 颗粒初步细化，汉字状 Mg_2Si 和基体得到细化如图 5-8*b* 所示，这时的断裂形式为准解理脆性断裂；经过 4 道次的往复挤压后，基体组织细化程度进一步提高，Mg_2Si 相颗粒呈较细小、弥散分布，如图 5-8*c* 所示。断口由少量韧窝与大量解理台阶组成，Mg_2Si 颗粒存在于韧窝底部，断裂形式为准解理脆性断裂与韧性断裂混合形式；经过 6 道次的往复挤压后，基体组织更细，Mg_2Si 相颗粒非常细小、弥散状分布于基体组织中，如图 5-8*d* 所示。断口韧窝也更加细小、密度非常大，细小的 Mg_2Si 颗粒存在于韧窝底部，断裂形式为微孔聚合型韧性断裂；经过 8 道次往复挤压后，Mg_2Si 颗粒继续细化，韧窝更深，断裂形式为微孔聚合型韧性断裂，如图 5-8*e* 所示。这时的抗拉强度、屈服强度与伸长率达到最大；挤压 11 道次时，Mg_2Si 颗粒和 $\alpha-Mg$ 晶粒长大，如图 5-8*f* 所示，断口由解理台阶与少量韧窝组成，为准解理脆性断裂。与 8 道次往复挤压后的材料相比，经过 11 道次挤压后，材料的力学性能迅速下降。

这种随着挤压道次的增加，基体晶粒尺寸和 Mg_2Si 颗粒相的长大现象是否单一的与挤压道次相关，尚不能贸然下定论。因为，在挤压过程中，挤压温度随着挤压道次的升高而有所升高。挤压过程中，如果严格控制挤压温度，就可以唯一确定挤压道次对组织的影响。然而，研究过程中，一方面，在现有研究条件下，没有能够严格控制好温升；另一方面，考虑到大量细化的增强相高温下的稳定性和对晶界的钉扎作用，可以推断，因挤压对长大的效应应该大于温度的影响。深入而细致的结论有待进一步深入研究。

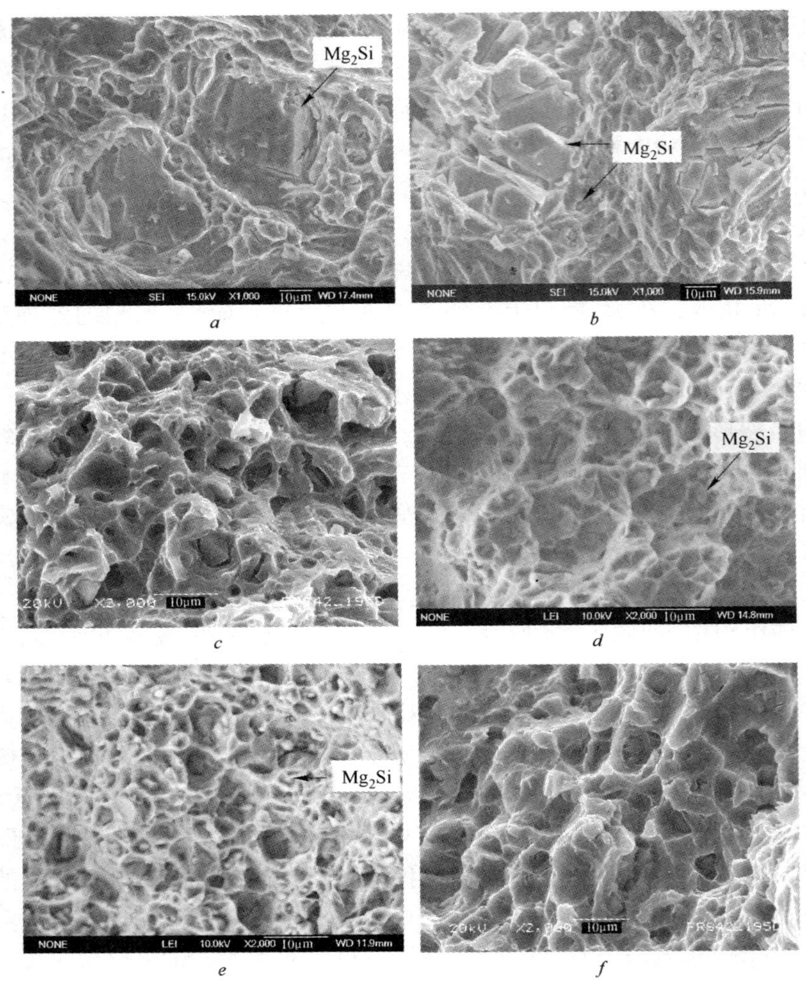

图 5-8 RE - *n* - EX - AS 42 试样的拉伸断口

a—铸态；*b*—*n* = 2；*c*—*n* = 4；*d*—*n* = 6；*e*—*n* = 8；*f*—*n* = 11

5.3 往复挤压 AS 96 的组织

5.3.1 往复挤压未经均匀化处理 AS 96 的组织

对未均匀化处理的 AS 96 进行了 2 ~ 7 道次往复挤压。其横纵截面组织如图 5-9 所示。由于往复挤压的“揉搓”作用[3]，枝晶状 Mg_2Si 相被完全破碎细化，由原来的一次轴长约为 100～300 μm 的粗大枝晶细化为尺寸小于 30 μm 的颗粒，均匀分布在基体上。往复挤压过程中基体发生了完全再结晶，α－Mg 等轴晶尺寸小于 10 μm。往复挤压过程中的累积应变量可以用式 5-1 表示[4]：

$$\varepsilon_T = 2n\ln\frac{d_0^2}{d_m^2} = 4n\ln\frac{d_0}{d_m} \tag{5-1}$$

式中　n——往复挤压道次，$n=7$；

d_0——模腔直径，$d_0 = 50$ mm；

d_m——模芯直径，$d_m = 14$ mm。

由式 5-1 可以求得，往复挤压 7 道次积累应变 $\varepsilon_T = 35.6$。在如此高的应变下，复合材料发生强烈变形从而产生大量的位错和晶界的扭

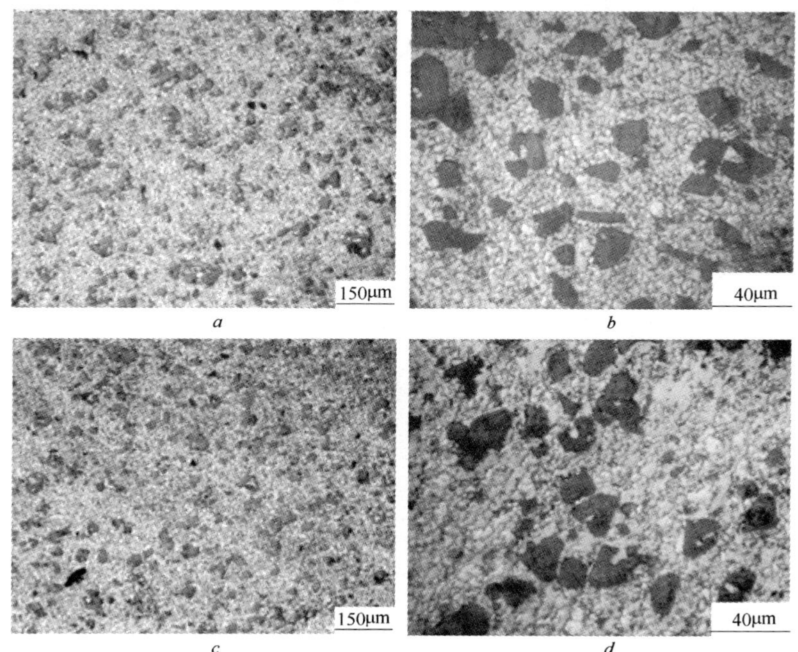

图 5-9　RE－7－AS 96 复合材料显微组织

a，*b*—横截面；*c*，*d*—纵截面

曲,为动态再结晶提供了驱动力。往复挤压后,铸态组织中网状共晶($\alpha-Mg+\beta-Mg_{17}Al_{12}$)消失,$\beta-Mg_{17}Al_{12}$ 被破碎成孤立的小颗粒分布在基体中。在光学显微镜下很难与 Mg_2Si 颗粒区分开来。

5.3.2　往复挤压经均匀化处理后 AS 96 的组织

为了比较往复挤压效果,图 5-10*a* 给出了单次正挤压的组织。由

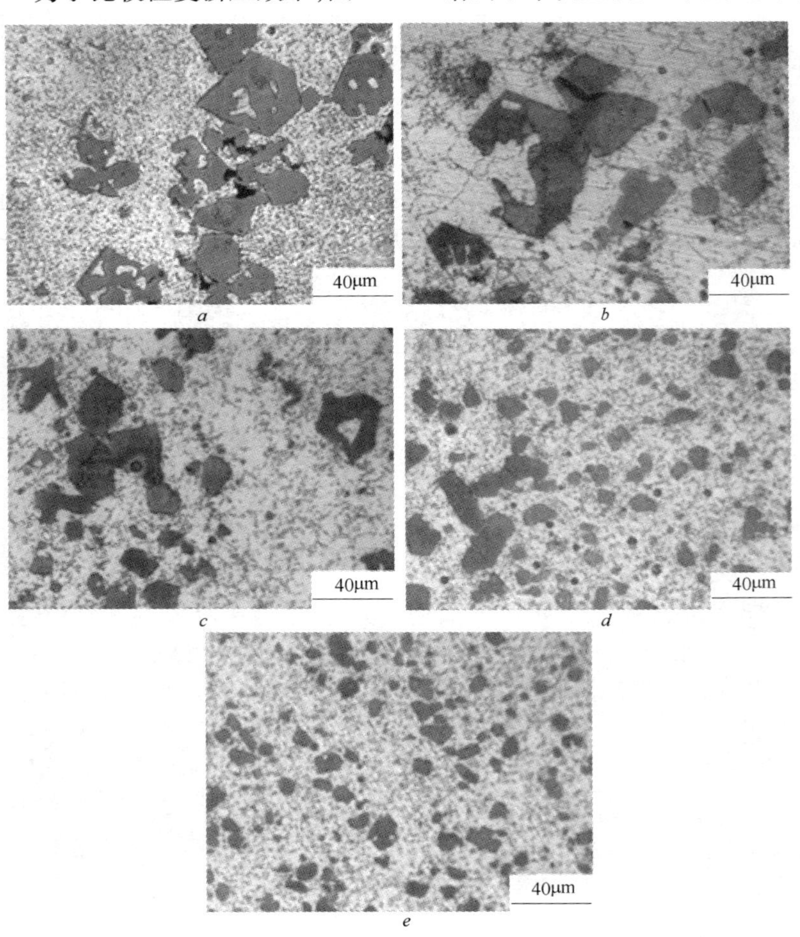

图 5-10　RE - *n* - EX - AS 96 复合材料横截面组织

a—正挤压;*b*—$n=2$;*c*—$n=4$;*d*—$n=8$;*e*—$n=12$

图可见，大部分 Mg_2Si 枝晶一次轴或二次轴被挤断，但并未完全分开，仍可分辨出枝晶形貌。

经过 2 道次往复挤压后，大部分 Mg_2Si 相断裂成大块状，大块之间分布着 Mg_2Si 相断裂的碎屑。随往复挤压道次的增加，枝晶 Mg_2Si 相在往复挤压“揉搓”作用下被进一步破碎细化，分布也趋于均匀。经过 8 道次往复挤压，组织中 Mg_2Si 相几乎完全为直径小于 20 μm 的等轴颗粒，且均匀分布在基体上。经过 8 道次以上到 12 道次，颗粒状 Mg_2Si 的细化不再显著。不同道次往复挤压后的组织如图 5-10 所示。

往复挤压前的均匀化处理使得 $\beta-Mg_{17}Al_{12}$ 相基本上都固溶到基体中，RE 过程中会有部分 $\beta-Mg_{17}Al_{12}$ 相在热作用下弥散析出，析出的 $\beta-Mg_{17}Al_{12}$ 相在不断的挤压镦粗过程，也在不断地析出和“溶解”。往复挤压后，$\beta-Mg_{17}Al_{12}$ 相由铸态中以共晶形式分布在晶界或枝晶间变为以细小颗粒状较均匀的分布在 $\alpha-Mg$ 基体中。

RE 后，随着挤压道次的增加，$\alpha-Mg$ 基体也得到细化，晶粒尺寸减小。12 道次试样横纵截面上的基体组织均为再结晶等轴晶，晶粒尺寸小于 10 μm。

5.4 往复挤压 AS 96 的性能

5.4.1 室温拉伸性能

图 5-11 给出了 RE - n - EX - AS 96 复合材料及其 T5 处理后的室温拉伸性能。

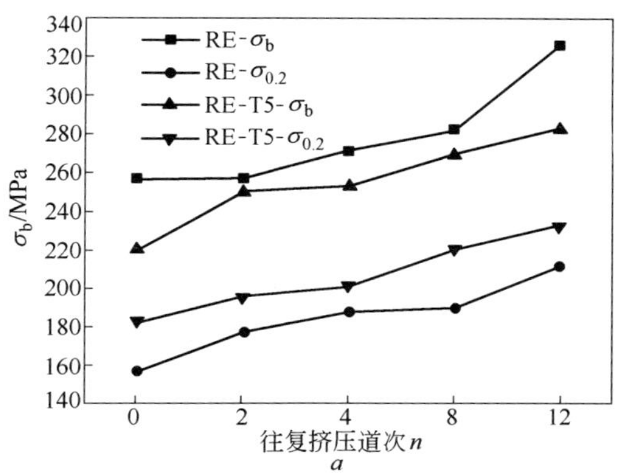

a

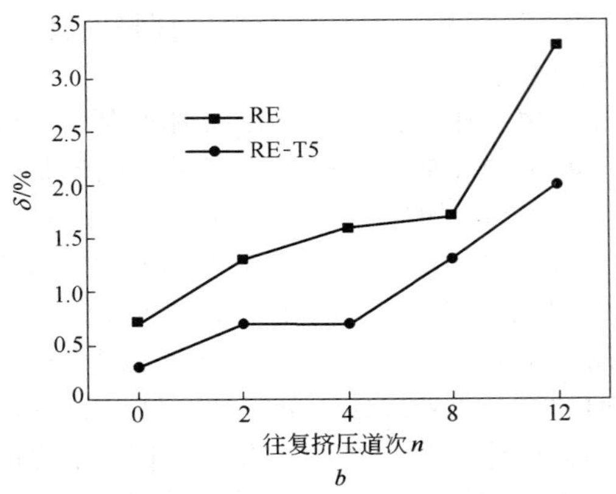

图 5-11　RE－n－EX－AS 96 及其 T5 处理后室温拉伸性能

a—强度；b—伸长率

随往复挤压道次的增加，挤压态复合材料的抗拉强度和伸长率逐渐提高，经过 12 道次往复挤压后提高幅度较大。往复挤压后，经过 T5 处理，材料的极限抗拉强度稍有降低，而屈服强度有所升高，伸长率有小幅下降，如图 5-11 所示。

5.4.2　室温压缩性能

图 5-12 给出了 RE－n－EX－AS 96 基复合材料及其 T5 处理后室温压缩强度和硬度的变化情况。往复挤压道次的变化对抗压屈服强度影响大。T5 处理后，强度可提高。硬度随挤压道次的增加而升高。

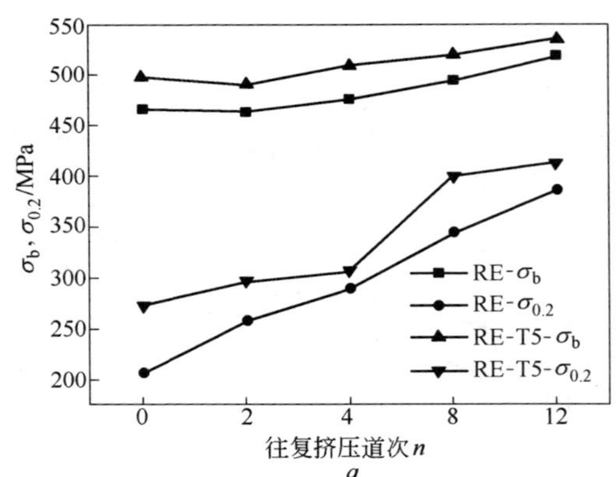

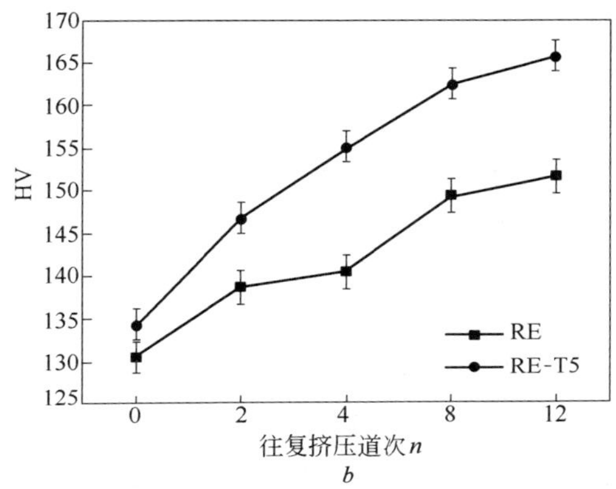

图 5-12 RE - n - EX - AS 96 复合材料及其 T5 处理后室温压缩性能和硬度

a—抗压强度；b—硬度

5.5 往复挤压过程中基体组织的演化

合金变形过程中基体组织的演化与变形过程中位错运动、晶界滑移和动态再结晶形核与长大密切相关。以下以 AS 42 为例分析基体组织的演化。

5.5.1 基体组织动态再结晶与细化

往复挤压是单向正挤压和镦粗的组合变形。往复挤压过程中应变的不可逆使应变具有累积效应。随挤压道次的增加，材料发生强烈塑性变形，产生大量位错和严重的晶界扭曲，为动态再结晶提供了驱动力。而且，挤压破碎的细小第二相颗粒会阻止再结晶晶粒的长大。因此，具有弥散分布的并且高温下相对稳定的第二相的镁合金在变形过程中，即使发生动态再结晶，一般晶粒也不会显著长大，而会获得细小的晶粒组织。由此可见，以 α - Mg 为基体，在基体上分布大量稳定性高的 Mg_2Si 相，为获得 Mg_2Si_p/Mg - Al 复合材料提供了组织上的可行性。

在 300 ~ 450℃ 高温范围内变形时，塑性变形激活能与晶内自扩散激活能相当[5]。此时，位错攀移成为塑性变形的控制机制。新晶粒主要通过原始晶粒晶界迁移形核，发生局部迁移的晶界往往靠近滑移带。发生晶界迁移时，晶界所扫过的区域位错实现重排并形成小角度晶界，这些小角度晶界可通过不断吸收新的位错而转变成大角度晶界。

堆垛层错能的高低和晶格扩散系数的大小控制了位错滑移或攀移的能力。堆垛层错能越低、晶格扩散系数越高，就越有利于动态再结晶。由于 Mg 的层错能较低（约为 78 mJ/m^2，大大低于 Al 的层错能 200 mJ/m^2），扩展位错宽，位错难以从位错网中解脱出来，也难以通过交滑移和攀移而相互抵消。因此，变形开始阶段形成的亚组织中位错密度很高，且亚晶尺寸很小，胞壁中有较多位错缠结。在一定的应力和变形温度下，当材料在变形中储存能积累到足够高时，就会促使变形晶粒发生动态再结晶。

溶质原子通常能降低层错能使扩展位错变宽，使交滑移、攀移和动态回复更加困难，进一步增加了动态再结晶的可能性。

因此，镁合金很容易发生再结晶[6]。如纯 Mg[7,8]、Mg－Al－Zn 合金、Mg－Zn－Zr 合金[9]、Mg－Li 合金[10]等在变形过程中都存在动态再结晶现象。

图 5-13 为不同挤压道次下晶粒中的位错组态。随着往复挤压道次的增加，位错密度逐渐增大。挤压 4 道次时，形成了位错网；挤压 6 道次时，位错网密度增大；挤压 8 道次时，形成了密度非常大的胞状组织。但是，挤压道次为 11 时，位错组态发生变化，与 8 道次相比，胞状组织的密度和位错密度均减小。

一般而言，随着挤压次数的增加，累积的塑性变形量就会越大，位错密度也会随之增大，产生更多的亚晶，有利于再结晶形核，从而使再结晶晶粒更加细小。但是，与 8 道次相比，挤压 11 道次，位错密度却下降，晶粒发生粗化。这说明，挤压 8 道次时，位错密度已达到最大，即处于峰值。这和塑性变形过程中位错的增殖、湮灭作用是分不开的。变形量不大时，位错密度较小，金属内积聚的内能也较小，这时期位错湮灭速度要小于增殖速度。从总的效果看，位错在增加，位错密度增大，晶粒细化作用较明显。当变形量达到一定程度后，位错的增殖和湮灭达到动态平衡，此时晶粒的大小基本上不再变化。若再继续挤压，位错湮灭的速度将大于增殖速度，表现为位错数目、密度减小，晶粒发生粗化。

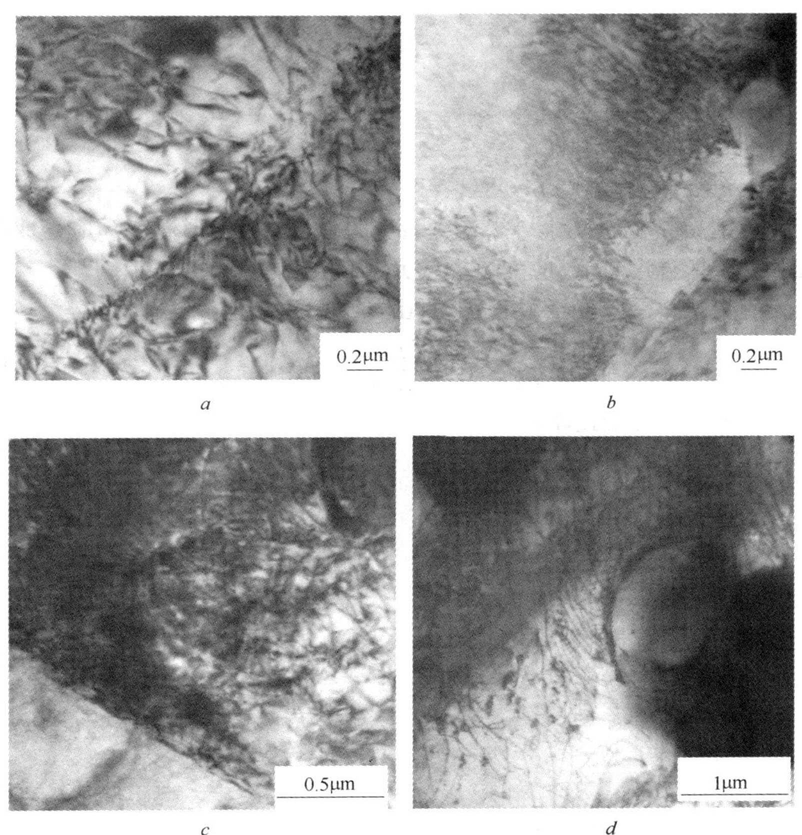

图 5-13 RE - n - EX - AS 42 合金的位错组态

a—$n=4$；b—$n=6$；c—$n=8$；d—$n=11$

5.5.2 影响晶粒细化的因素

动态再结晶晶粒的尺寸由参数 Z 决定，如下表示[6]：

$$Zd^m = A \tag{5-2}$$

$$Z = \dot{\varepsilon}\exp(Q/RT) \tag{5-3}$$

式中 A——常数；

d——动态再结晶晶粒尺寸；

m——晶粒尺寸指数；
$\dot{\varepsilon}$——应变速率；
Q——扩散激活能；
R——气体常数；
T——绝对温度。

再结晶晶粒的尺寸与 Z 有关，而 Z 的大小与变形温度和应变速率有关。变形温度越低，应变速率越大，再结晶晶粒尺寸越小。

应变速率受热激活过程控制，由如下公式描述[11]：

$$\dot{\varepsilon}=A_1\left(\frac{G\boldsymbol{b}}{kT}\right)\left(\frac{\boldsymbol{b}}{d}\right)^m\left(\frac{\sigma}{G}\right)^n D_0\exp\left(-\frac{Q}{RT}\right) \tag{5-4}$$

式中　$\dot{\varepsilon}$——应变速率；
A_1——常数；
G——剪切模量；
k——玻耳兹曼系数；
T——绝对温度；
$\boldsymbol{b}$——柏氏矢量；
d——晶粒尺寸；
σ——流变应力；
D_0——扩散系数；
Q——扩散激活能；
R——气体常数；
m——晶粒尺寸指数；
n——应力指数。

应变速率公式 5-4 中的一些特征值大小如表 5-2 所示[11]。

表 5-2　高温变形公式中的一些特征值

形变机制	A_1	m	n	$D_0/mm^2\cdot s^{-1}$	$Q/kJ\cdot mol^{-1}$
晶界滑移	2.0×10^6	3	2	$5.0\times10^{-12}/\delta^2$	92
晶内滑移	3.0×10^5	0	3	1.2×10^{-3}	143
纯 Mg 晶内滑移	1.2×10^6	0	5	3.0×10^{-2}	135

此外，变形过程中施加的应力与动态再结晶晶粒大小也有密切联系，二者关系为[12]：

$$\sigma \propto d^{-n} \tag{5-5}$$

式中 n——常数，取值在0.5~1之间。

可见，σ 愈大，d 值愈小。由此可见，即使具有相同的挤压比，当挤压力不同时，获得的材料的组织也就不一样。有关这方面的详细论述在后续章节中可见。

一般流变应力与位错密度具有如下关系[13]：

$$\sigma = \sigma_0 + \alpha G \boldsymbol{b} \rho^{1/2} \tag{5-6}$$

式中 α——应变 ε 的指数（常数）；

G——弹性模量；

$\boldsymbol{b}$——柏氏矢量；

ρ——位错密度；

σ_0——$\rho=0$ 时晶体的流变应力，即位错交互作用以外的因素对位错运动的阻力。

由式5-6可知，当材料由弹性变形到屈服以后再继续变形则进入加工硬化阶段，此时材料的位错密度明显增加，流变应力不断增大。当处于稳态流变阶段时，位错密度也趋于稳定，流变应力一般也不再增大。根据以上分析可知，位错密度不可能无限增大。因此与位错密度有直接关系的动态再结晶晶粒的尺寸也就不可能无限地减小。而且，材料长时间处于高温下，晶粒会发生粗化，出现异常长大现象。同时，根据式5-5也可知，动态再结晶晶粒尺寸与应力成反比，在一定温度和变形速率等条件下，峰值应力和稳态流变应力一般是一定的，这时通过动态再结晶使晶粒细化也有一定限度。只有降低变形温度和提高变形速率使峰值应力和稳态流变应力增大，才可进一步细化晶粒。

Mg_2Si 强化相在合金的塑性变形过程中会阻碍位错运动，使位错发生交滑移和攀移所需能量进一步提高，升高了激活能，这就提高了动态回复所需能量，使合金更有利于发生动态再结晶。

综上所述，往复挤压通过以下四个方面作用使晶粒得到细化：

（1）通过累积动态再结晶，使再结晶得以彻底完成；

（2）提供大量均匀分布的第二相，使其成为再结晶形核位置；

（3）增加晶内缺陷（如增加位错密度、晶界畸变）使再结晶形核数目增多；

（4）大量细小、弥散分布的第二相抑制晶粒长大。

5.5.3 晶粒粗化

往复挤压 11 道次时，$\alpha-Mg$ 基体和 Mg_2Si 相颗粒出现粗化。晶粒粗化的原因主要有三点[14]：

（1）往复挤压 8 道次时晶粒已非常细小，总界面能很高，晶粒有自发粗化的趋势。晶粒长大的驱动力 G_d 与晶粒尺寸及界面能大小有关，公式如下[15]：

$$G_d = \frac{2\sigma'}{R'} \tag{5-7}$$

式中 σ'——比界面能；

R'——界面曲率半径；若晶粒为球形时 R' 即为其半径。

可见，界面能愈大、晶粒尺寸愈小，则晶粒长大的驱动力愈大，长大的倾向愈大，即晶界愈易迁移。

（2）随挤压道次的增加，合金挤压温度逐步提高，当挤压 11 道次时，挤压温度已经从 2 道次时的 375℃ 提高到 11 道次时的 400℃（提高了 25℃），导致晶粒发生长大。同时，原来细小、弥散分布的第二相颗粒（如 Mg_2Si）也在一定程度上发生粗化，其颗粒总数相应减少，则基体晶粒发生再结晶形核位置数目也就相应减少，而且粗化的第二相对晶界的钉扎作用减弱，这也导致晶粒发生快速长大。

（3）往复挤压产生的应变更进一步加速原子的扩散，促使晶粒长大。

5.6 Mg_2Si 的细化

往复挤压不仅能细化基体组织，而且也能细化第二相颗粒。在 AS 合金中，Mg_2Si 一方面可以提高材料的高温性能，而且从另一方面，由于 Mg_2Si 枝晶或汉字状组织和块状组织的出现，对其力学性能有很强的破坏作用。显然，若能够将这些不规则形状的 Mg_2Si 相破碎成细小的颗粒，而使其均匀分布在 α - Mg 基体上，其原始的对基体的破坏作用就会极大的减小。而且，这些 Mg_2Si 颗粒不仅可以提高材料的高温性能和室温性能，同时，在改善材料塑性的同时，也可以大幅度提高其耐磨性能。

5.6.1 Mg_2Si 颗粒细化特征

Mg_2Si 颗粒的脆韧性转变温度为 450℃[16]。也就是说，Mg_2Si 相在低于 450℃时为脆性相，而高于该温度会转变为韧性相。由于挤压温度低于脆韧性转变温度，挤压会使颗粒发生脆性断裂。挤压过程中，汉字状 Mg_2Si 颗粒将依弯曲机制而破碎成块状或条状。随挤压道次的增加，条状颗粒依短纤维加载机制而破碎；块状颗粒将依剪切机制发生破碎。颗粒依弯曲机制破碎较易，依加载机制破碎居中，依剪切机制破碎最难。

破碎的颗粒在高温下受到界面能的驱动，将由于曲率效应而发生圆整化，见图 5-14。

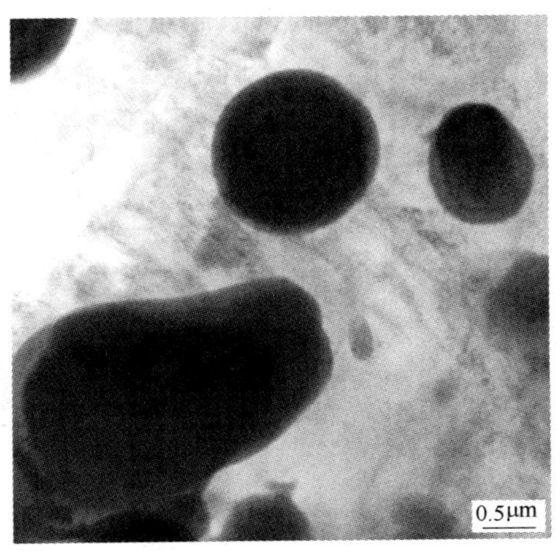

图 5-14 RE - 11 - EX - AS 42 合金中球状 Mg_2Si

往复挤压过程中，挤压和镦粗是一个连续过程。在挤压过程中，破碎的 Mg_2Si 颗粒趋于沿纵向流动而进行重新分布；镦粗过程中，破碎的

Mg_2Si 颗粒则趋于沿横向流动而进行重新分布。如此往复多次，使得颗粒趋于均匀、弥散分布。

5.6.2　应变对 Mg_2Si 颗粒尺寸的影响

往复挤压过程中应变具有不可逆的累积效应，总的应变等于累积等效应变 ε_T[17]，其表达式见式 5-1。由式 5-1 计算得到的累计总应变量见表 5-3。

表 5-3　往复挤压 AS 42 合金的累积应变

往复挤压道次 n	0	2	4	6	8	11
累积应变 ε_T	0	8.8	17.6	26.4	35.2	48.4

图 5-15 为不同挤压道次，位错在 Mg_2Si 颗粒周围分布及塞积情况。当外加应力一定时，随挤压道次增加，累积应变量增大，颗粒尺寸减小，位错在 Mg_2Si 颗粒周围发生塞积的数目增多，位错密度逐渐增大，如图 5-15*a* ~ *d* 所示。

Mg_2Si 颗粒中位错如图 5-16 所示，这就解释了随挤压道次增加，颗粒不断细化的原因了。当然，颗粒不可能无限地细化，当已经细化的颗粒继续开裂所需应力大于外加应力时，颗粒就不可能再破裂，即颗粒细化已经达到了极限。

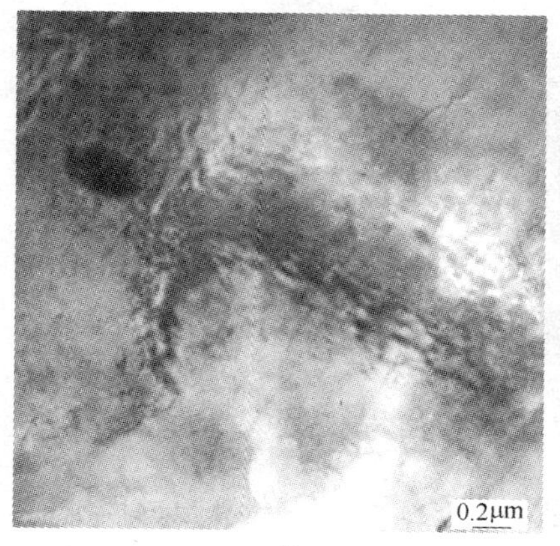

a

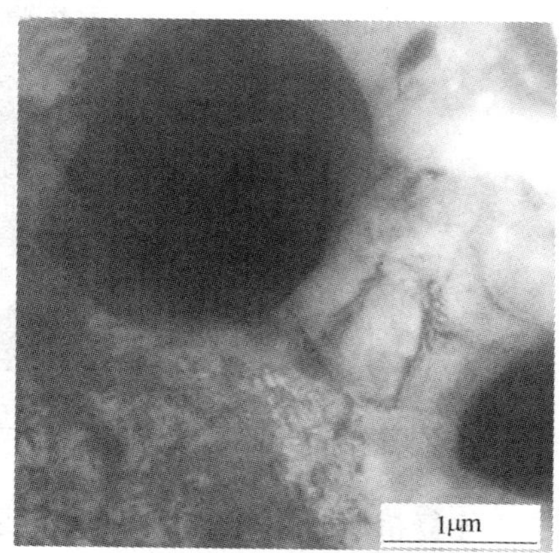

b

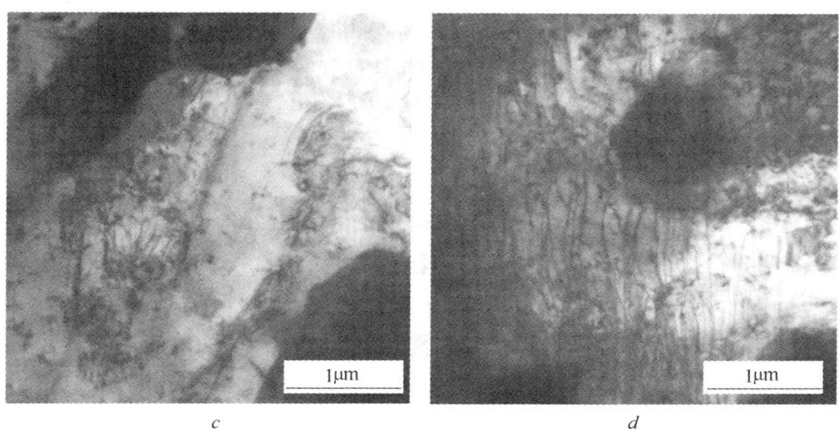

图 5-15 RE - n - EX - AS 42 合金的位错组态

a—$n=4$;b—$n=6$;c—$n=8$;d—$n=11$

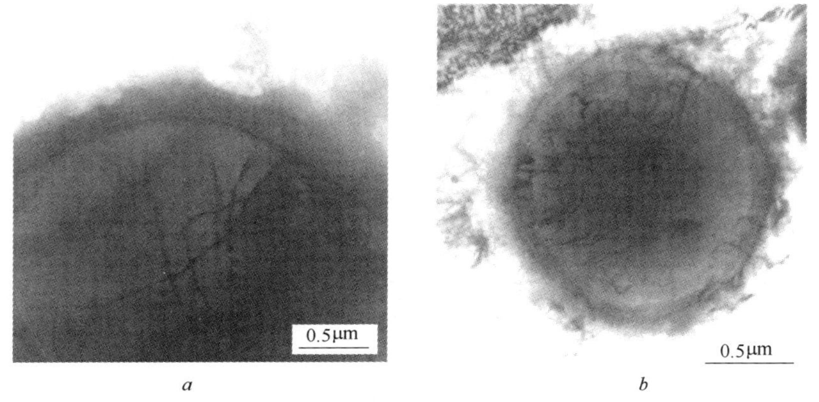

图 5-16 RE - 11 - EX - AS 42 合金 Mg_2Si 颗粒中位错

a—Mg_2Si 颗粒中位错;b—Mg_2Si 颗粒中位错全貌

5.6.3 Mg_2Si 颗粒细化机制

实验结果表明,尽管解理断裂是典型的脆性断裂,但解理裂纹的形成却与塑性变形密切相关。即塑性变形是裂纹成核的先导,而塑性变形是位错运动的结果。因此,自 1946 年 Zener 提出颗粒裂纹萌生的位错塞积机制以来，许多学者采用位错理论来解释解理裂纹的成核过程[18]。本书根据位错塞积理论研究 AS 合金在塑性变形过程中多边形块状 Mg_2Si 颗粒的开裂情况（其中包括由其他断裂机制使汉字状 Mg_2Si 颗粒破碎后形成的块状颗粒），分析颗粒开裂的规律和机制。

从理论上讲，压缩可以看作是反向的拉伸。往复挤压试件的受力情况是二压一拉，为方便计算，采用拉伸应力进行分析讨论。位错在颗粒处塞积的示意图如图 5－17 所示。柱状颗粒的中心轴垂直于拉伸方向。假设滑移面的法向和滑移方向与拉伸轴共面，且与拉伸轴的夹角分别为 θ 和 ϕ（此时，$\phi = 90° - \theta$）。可以认为，如此得出的结果将与三维下的结果类似，只差一个修正系数。通过简单的静力学分析可知，在滑移方向上塞积产生的外加剪切应力分量为：$\tau_s = \sigma\cos\theta\cos\phi = \sigma M$，即：

$$\tau_s = \sigma\sin\theta\cos\theta = \sigma M \tag{5-8}$$

式中 σ——外加应力；

M——施密特因子，$M = \sin\theta\cos\theta$。

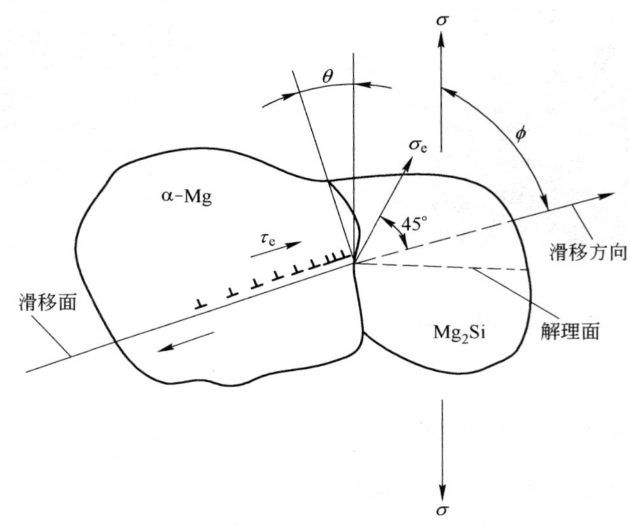

图 5－17 位错塞积机制示意图

形变时,同一滑移面内从位错源产生出来的一组位错受阻于晶界或某种障碍物前,形成同号位错的塞积。此时,塞积群正前方领先位错作用的剪切应力,即处于塞积尖端的有效剪切应力可用如下公式表达[15]:

$$\tau_e = n\tau_s \tag{5-9}$$

或

$$\tau_e = n\sigma M \tag{5-10}$$

式中 τ_e——有效剪切应力;

n——位错塞积数;

τ_s——外加剪切应力。

由于剪切应力处于很高应力集中的尖端,实际上它等于有效正应力沿与滑移方向和滑移面法向均成45°方向的作用。即:

$$\tau_e = \sigma_e \sin45^\circ \cos45^\circ = \frac{1}{2}\sigma_e$$

亦即:

$$\sigma_e = 2\tau_e \tag{5-11}$$

或

$$\sigma_e = 2n\sigma M \tag{5-12}$$

式中 σ_e——有效正应力。

根据位错塞积正前方剪切应力计算公式[15]:

$$\tau_s = nG\boldsymbol{b}/[(1-\nu)\pi L] \tag{5-13}$$

式中 τ_s——外加剪切应力;

n——位错塞积数;

G——剪切模量;

$\boldsymbol{b}$——柏氏矢量;

ν——泊松比;

L——位错塞积长度。

可得:

$$n = (1-\nu)\pi L\tau_s/(G\boldsymbol{b}) \tag{5-14}$$

将 n 值代入式5-12得:

$$\sigma_e = 2(1-\nu)\pi M\sigma L\tau_s/(G\boldsymbol{b}) \tag{5-15}$$

将式 5-8 代入式 5-15，得：

$$\sigma_e = 2(1-\nu)\pi M^2\sigma^2 L/(Gb) \tag{5-16}$$

上式说明有效正应力 σ_e 与施密特因子、外加应力及位错塞积长度有关。

对脆性体而言，其理论结合强度由如下公式表示[19]：

$$\sigma_c = \sqrt{\frac{E\gamma}{a}} \tag{5-17}$$

式中 E——沿滑移面法线方向杨氏弹性模量；

γ——解理面表面能；

a——晶面间距。

一般来说，$\sigma_c \approx E/10$，代入式 5-17 可得：

$$\frac{E}{10} = \sqrt{\frac{E\gamma}{a}} \tag{5-18}$$

材料发生脆断时，有效正应力应该大于（等于）理论结合强度（$\sigma_e \geqslant \sigma_c$），即：

$$2(1-\nu)\pi M^2\sigma^2 L/(Gb) \geqslant \sqrt{\frac{E\gamma}{a}} \tag{5-19}$$

结合式 5-18，可得临界外加应力表达式：

$$\sigma \geqslant [EGb/(20(1-\nu)\pi M^2 L)]^{1/2} \tag{5-20}$$

材料挤压时的平均应变速率公式如下[20]：

$$\bar{\dot{\varepsilon}} = \varepsilon_T/t_s \tag{5-21}$$

式中 ε_T——累积应变；

t_s——质点在变形区内的时间。

$$t_s = \frac{(1-\cos\alpha)(D_t^3 - d^3)}{3\sin^3\alpha d^2 V_f} \tag{5-22}$$

式中 α——挤压模角；

D_t——挤压筒直径（即 D_m）；

d——棒材直径；

V_f——试件流出速度。

根据公式计算往复挤压的平均应变速率：当挤压道次 $n=1$ 时，根据累积应变公式 5-1 得 $\varepsilon_T = 4.4$。将往复挤压的有关参数 $\alpha = 60°$，

$D_t = 50\ mm = 0.05\ m$, $d = 14\ mm = 0.014\ m$, $V_f = 1.2\ mm/min = 2 \times 10^{-5}\ m/s$,代入式 5-22 得 $t_s = 424.5\ s$。由式 5-21 得往复挤压的平均应变速率 $\bar{\varepsilon} = 1.04 \times 10^{-2}\ s^{-1}$。

在脆性情况下,断裂应力与屈服强度相等[19],Mg_2Si 在 400℃下的屈服强度约为 48 MPa[21]。那么,此时 Mg_2Si 的断裂应力 σ_f 即为 48 MPa。

根据文献[22],在 300℃下、应变速率为 0.01 s^{-1}时,AS 21 的压缩峰值应力为 75 MPa,外推至 400℃,其压缩峰值应力约为 55 MPa。与此类推,AS 42 在 400℃、应变速率为 0.01 s^{-1}下的压缩峰值应力约为 75 MPa,大于 Mg_2Si 的断裂应力 48 MPa,颗粒必然发生开裂。

室温下 Mg_2Si 的弹性模量为 120 GPa,Mg_2Si 在 400℃下的弹性模量下降 40%,则在 400℃下 Mg_2Si 的弹性模量 $E \approx 72$ GPa。根据公式:

$$G = \frac{E}{2(1+\nu)} \tag{5-23}$$

式中 G——剪切模量;

E——弹性模量;

ν——泊松比(取 0.3)。

可得 400℃下剪切模量 $G \approx 27.7$ GPa。

根据式 5-20 和上述数据估算 Mg_2Si 颗粒在 400℃下开裂时位错塞积长度。其中,$\sigma = 75$ MPa,$E = 72$ GPa,$G = 27.7$ GPa,取 $\nu = 0.3$,$b = 2 \times 10^{-10}$ m,$M = 1/2$。可得位错塞积长度约 5.94 μm。在铸态下,基体晶粒尺寸约为 45 μm,5.94 μm 位错塞积长度是可能存在的。在 2、4 道次挤压态下的基体晶粒中也是可能存在的。在其他挤压道次下得到的位错塞积长度大于 45 μm,主要是由于设定条件的近似性造成的。

由此可见,在往复挤压条件下,Mg_2Si 的断裂细化是必然的。根据颗粒细化三种机制的难易程度可知,通过改变铸态下块状 Mg_2Si 颗粒的形貌,如采用微合金化法使之转变为汉字状,再采用 RE 技术,即可较为容易地细化 Mg_2Si 颗粒。这对 Si 含量更高的 AS 44、AS 66 合金而言,具有非常重要的意义。

5.7　往复挤压材料的高温力学性能

5.7.1　镁合金高温性能的基本概念

镁合金的高温性能和抗蠕变性能差是限制其应用范围进一步扩大的主要原因之一。镁合金耐热性差的主要原因在于:高温下原子间结合力减弱,原子扩散系数增大,导致合金的组织发生变化,即组织的稳定性变差。

Mg - Al 系合金是目前应用最为广泛的镁合金。但该系合金中存在的 $\beta-Mg_{17}Al_{12}$ 相熔点仅为 460℃($T_{m(\beta)}$),当温度高于 120℃时(约 $0.54T_{m(\beta)}$ 或约 $0.43T_m$,其中 T_m 为纯镁的熔点),晶界处的 $\beta-Mg_{17}Al_{12}$ 相便开始软化和粗化,不能起到钉扎晶界和抑制高温晶界滑移的作用,从而导致合金的持久强度和抗蠕变性能急剧下降[23]。通过合金化或微合金化形成高熔点、热稳定性高的金属间化合物相分布在晶内或晶界一直是提高镁合金高温性能的重要途径。本节分析往复挤压 AS 42、AS 44 和 AS 66 镁合金的高温力学性能,探讨其强化机制。

高温试验时常用"约比温度(T/T_m)"来表述温度的高低,即温度的高低是相对于材料的熔点而言的。其中,T 为试验温度,T_m 为材料的熔点(通常取纯镁的熔点),都采用热力学温度表示。当 $T/T_m>0.4\sim0.5$ 时为高温,反之为低温[24]。本节分析的约比温度约为 0.46,属于高温范畴。评价材料的高温力学性能时,主要考察其蠕变极限、持久强度等。高温短时拉伸试验是一种简化的试验方法,其测试结果(高温短时拉伸强度)可在一定程度上反映蠕变极限、持久强度的变化趋势。

镁合金的高温力学性能基本有三种强化途径:

(1) 固溶强化;

(2) 析出强化;

(3) 弥散强化。

晶界强化的措施有[25,26]:

(1) 在晶界处形成大量细小析出强化相;

(2) 增大晶粒尺寸,以增大原子扩散距离。但根据 Hall-Petch 效应，增大晶粒尺寸会降低合金的力学性能；

(3) 加入降低晶界运动的表面活性元素，以提高晶界扩散的激活能。如 Ce、Ca、Sr、Ba 和 Sb 等，以填充晶界处的晶格空位、改善晶界附近的组织形态。

5.7.2 RE-*n*-EX-AS 42(44,66)系列镁合金高温性能

镁合金的高温强度取决于晶内滑移与晶界滑移，晶界处因缺陷较多使原子扩散迁移的速度加快，导致晶界强度低。因而，提高晶界强度能改善镁合金的高温强度，也是目前关注的重点和热点。目前普遍采用的方法是，在原有的合金系基础上，通过加入一定量的 RE 元素，形成高熔点 RE 金属间化合物，分布在晶界，从而抑制晶界的移动。也有新开发的合金，如 Mg-Mn-Sc 系。然而，无论是新开发的合金系，还是在传统合金系基础上加入合金元素 RE，在很大程度上都增加了材料的成本。比如，Sc 就是非常昂贵的合金元素。而且，形成的金属间化合物通常是以网状分布在晶界处，在提高高温性能时，降低了室温力学性能。Mg-Al-Si 系合金中 Mg_2Si 高温强化相颗粒主要在晶界析出，通过往复挤压使大量粗大 Mg_2Si 相颗粒细化并弥散分布，在基体变形时能钉扎晶界，阻止晶界滑移。不同挤压道次的 AS 42 合金中高温强化相 Mg_2Si 颗粒的细化程度及弥散度不同，使其对位错和晶界的阻碍作用大不相同，这也导致不同挤压道次合金的高温强度有很大差别。特别是 AS 44 和 AS 66 合金与 AS 42 合金相比，由于 Mg_2Si 颗粒的细化效果相对差，部分颗粒尺寸相对较大(达 80 μm 左右，见图 5-2 和图 5-3)导致其室温性能和高温性能与 AS 42 相比会降低。在拉伸变形过程中，粗大的 Mg_2Si 颗粒或不会起到强化作用，反而会成了裂纹源，对性能产生不利影响。在温度升高以后，由于非基面滑移(锥面滑移和棱柱面滑移)在能量上变得可行，合金的塑性变形能力得到一定的加强，因而合金伸长率与室温相比大为提高。

加入不同含量 Si 后，合金中形成 Mg_2Si 的数量、大小、分布不相同，它对合金的高温拉伸性能也有很大的影响。另外，合金成分不同，高温性能也就大不相同。

图 5-18 ~ 图 5-20 为 AS 42 合金的室温(RT)及高温力学性能与挤压道次的关系曲线。150℃高温下,随着挤压道次增加($n \leqslant 8$),合金抗拉强度和塑性增加。当挤压道次为 8 时,合金的高温抗拉强度为 250 MPa、屈服强度为 197 MPa、伸长率为 62%。可见多道次挤压对合金高温力学性能有显著的影响。

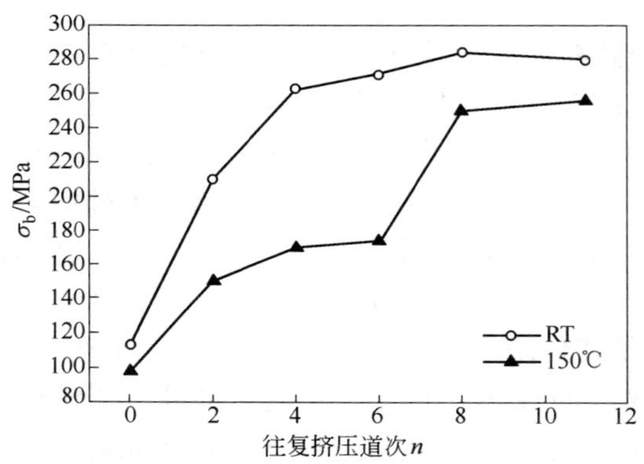

图 5-18 RE - n - EX - AS 42 合金抗拉强度

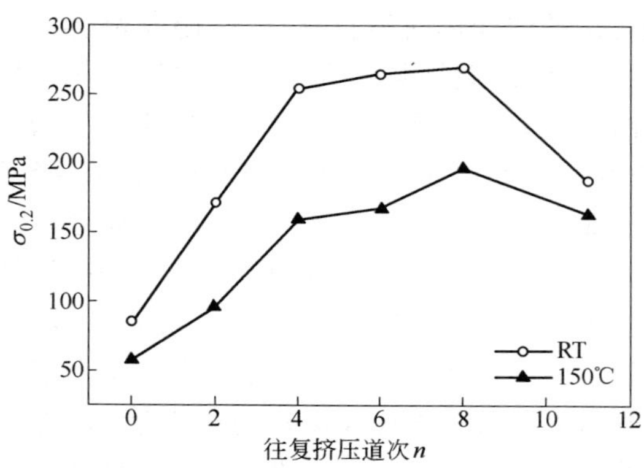

图 5-19 RE - n - EX - AS 42 合金屈服强度

图 5-21 为往复挤压 8 道次材料的断口。AS 42 合金中 Mg_2Si 相颗粒已非常细小,呈弥散分布,断口由大量韧窝组成,细小的 Mg_2Si 相

颗粒存在于韧窝底部。AS 44 和 AS 66 合金中,Mg_2Si 相颗粒的细化效果不如 AS 42,许多颗粒较为粗大。尽管如此,合金的断口仍然由大量韧窝组成。由此可见,往复挤压材料断口形貌是由大量韧窝和撕裂棱组成,它们均呈现韧性断裂特征。随着 Si 含量的增加,三种合金中 Mg_2Si 相颗粒逐渐变得粗大。三种合金中,Mg_2Si 相颗粒断口均呈现解理断裂的特征。AS 42 合金的高温断口,韧窝较深,且密度较大。与 AS 42 相比,AS 44 合金的高温断口韧窝变浅,韧窝密度变小。AS 66 合金的高温断口上韧窝更浅,密度更小。可见,粗大颗粒不仅是导致室温力学性能降低的原因,而且也是导致合金高温力学性能低下的主要原因。

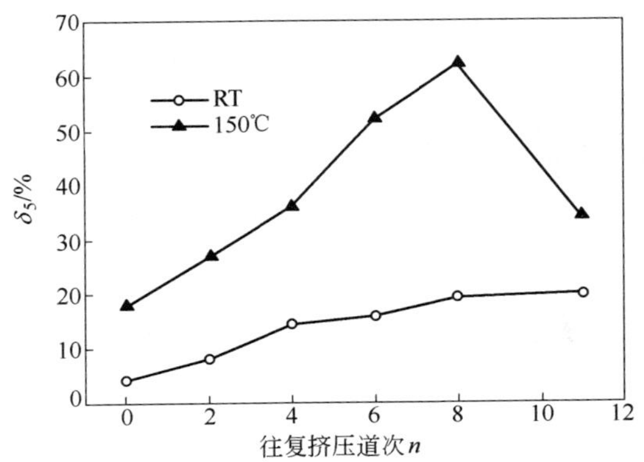

图 5-20 RE - n - EX - AS 42 合金伸长率

一般情况下,韧窝的深浅与大小主要取决于:

(1) 第二相的性质、数量与分布;

(2) 基体塑性好坏或形变硬化能力的大小。

因此,凡能明显改变第二相质点大小、数量和分布以及基体塑性、硬化能力的手段,就能显著地影响韧窝大小和深浅程度,从而改变金属的力学性能。

表 5-4 是成分不同的几种耐热合金在不同温度下的力学性能比较。表 5-5 为几种耐热合金在 150℃ 下拉伸时的强度保持率。RE 后,AS 系列镁合金具有非常优异的高温性能。

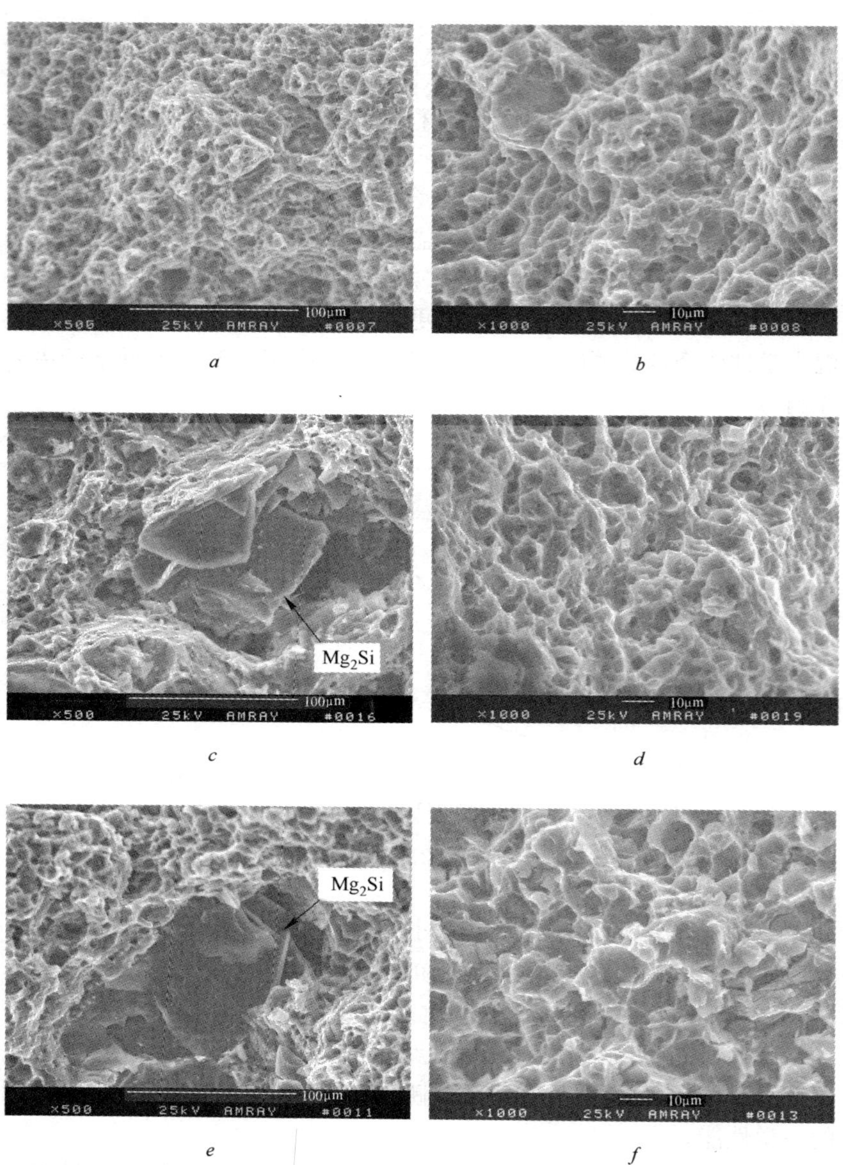

图 5-21 往复挤压 8 道次 Mg－Al－Si 合金 150℃拉伸断口 SEM 形貌

a,*b*—AS 42;*c*,*d*—AS 44;*e*,*f*—AS 66

表 5-4 几种耐热镁合金力学性能的比较

合 金	σ_b/MPa		$\sigma_{0.2}$/MPa		δ/%	
	RT①	150℃	RT	150℃	RT	150℃
RE-8-AS 42	284	250	269	197	19	62
RE-8-AS 44	252	161	211	127	15	31
RE-8-AS 66	220	172	177	147	7	12
AZ91[27,28]	239	170	157	105	5	18
AE42[27,28]	226	142	135	87	9	23
AS41[27,28]	249	153	132	94	9	17

① RT 表示室温。

表 5-5 几种耐热镁合金在 150℃下拉伸时的强度保持率

合 金	强度保持率 /%	
	$\sigma_{b,150℃}/\sigma_{b,RT}$	$\sigma_{0.2,150℃}/\sigma_{0.2,RT}$
RE-8-AS 42	88	73
RE-8-AS 44	64	60
RE-8-AS 66	78	83
AZ91	71	67
AE42	63	64
AS41	61	71

5.7.3 RE-*n*-EX-AS 96 镁合金高温性能

图 5-22 给出了 RE-*n*-EX-AS 96 复合材料及其 T5 处理的高温(150℃)拉伸性能。由图可知,随往复挤压道次增加,拉伸性能变化趋势与室温拉伸性能变化趋势一致,即随挤压道次的增加,高温抗拉强度、屈服强度及伸长率均逐渐增加。往复挤压 12 道次后,复合材料的高温抗拉强度、屈服强度及伸长率分别为 288 MPa、208 MPa 和 8%,较相同温度拉伸的 A380 铝合金分别提高了 22.6%、36.6%、56%。2 道次的屈服强度略低于 A380 屈服强度,其余道次无论抗拉强度、屈服强度及伸长率均高于 A380 铝合金。而所有道次的往复挤压 AS 96 复合

材料的高温抗拉强度、屈服强度均大大高于相同温度的 AS21A、AZ91D、AM50A、AE42 镁合金（如表 5-6 及表 5-7 所示），但伸长率均低于上述 4 种合金。150℃下拉伸强度较室温拉伸强度有所下降，但下降幅度不大，说明该温度下该材料的热稳定性较好，这是由于耐高温的 Mg_2Si 相在往复挤压作用下破碎，细化为细小颗粒，较均匀地分布在基体中，可以阻止基体晶界的滑移而提高材料的热稳定性，同时 Mg_2Si 相破碎过程中的碎屑"固溶"到基体中可有效阻碍基体的滑移变形，这也是材料热稳定性得到提高的一个重要原因。

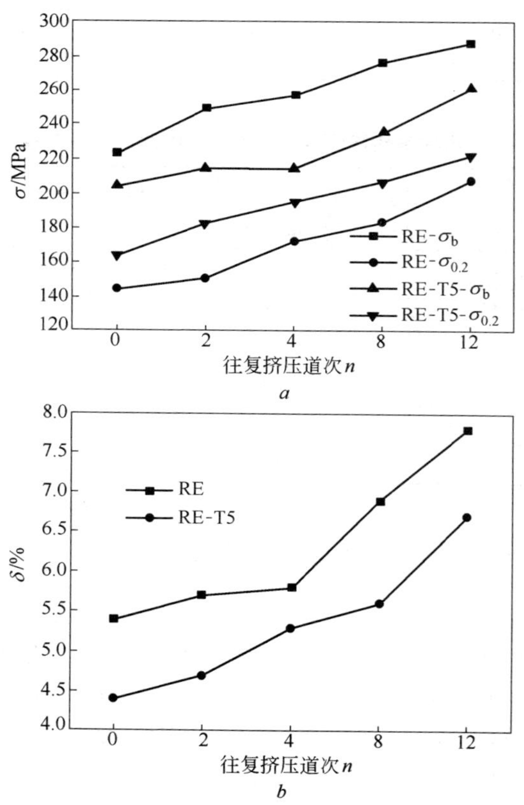

图 5-22　RE - n - EX - AS 96 复合材料及其 T5 处理高温拉伸性能

a—强度；b—伸长率

表 5-6 几种常用合金在室温和 150℃的拉伸性能

合 金	温度 /℃	σ_b/MPa	$\sigma_{0.2}$/MPa	δ/%
AS21A①	RT	195	100	8
	150	126	72	16
AZ91D	RT	230	150	3
	150	159	110	7
AM50A	RT	205	120	10
	150	160	80	24
AE42	RT	220	138	9
	150	160	107	36
A380	RT	324	160	4
	150	235	152	5

① 未热处理压铸件。

表 5-7 RE - *n* - EX - AS 96 复合材料及其 T5 处理态在室温和 150℃的拉伸性能

复合材料	温度 /℃	σ_b/MPa	$\sigma_{0.2}$/MPa	δ/%
EX - AS 96	RT	257	157	1
	150	223	145	5
EX - AS 96 - T5	RT	220	183	0
	150	205	164	4
RE - 2 - EX - AS 96	RT	257	177	1
	150	249	151	6
RE - 2 - EX - AS 96 - T5	RT	251	196	1
	150	214	183	5
RE - 4 - EX - AS 96	RT	271	1883	2
	150	257	172	6
RE - 4 - EX - AS 96 - T5	RT	253	202	1
	150	215	195	5
RE - 8 - EX - AS 96	RT	283	190	2
	150	277	184	7
RE - 8 - EX - AS 96 - T5	RT	269	221	1
	150	235	207	6

续表 5-7

复合材料	温度 /℃	σ_b/MPa	$\sigma_{0.2}$/MPa	δ/%
RE - 12 - EX - AS 96	RT	326	211	3
	150	288	208	8

T5 处理后高温抗拉强度和伸长率较往复挤压态有所下降，屈服强度有所提高，但其变化趋势仍随往复挤压道次的增加而提高。12 道次往复挤压复合材料 T5 处理后的高温拉伸性能仍高于 A380 的高温拉伸性能。

图 5-23 为 RE - *n* - EX - AS 96 复合材料高温（150℃）拉伸断口形貌。由图可知，与室温拉伸断口相比，高温拉伸断口塑性特征更加明显，韧窝增多，更加细小，趋于等轴状。说明在高温下，Mg_2Si 与基体的界面结合较好，结合强度比基体强度高，因此可以有效地将基体上的载荷传递给 Mg_2Si 相，从而提高材料的力学性能。

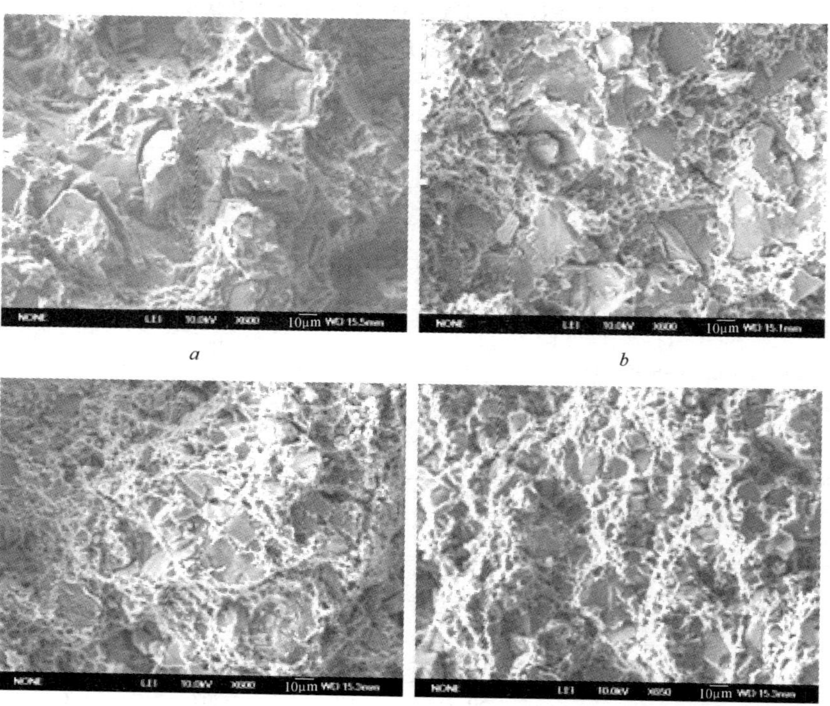

a　*b*　*c*　*d*

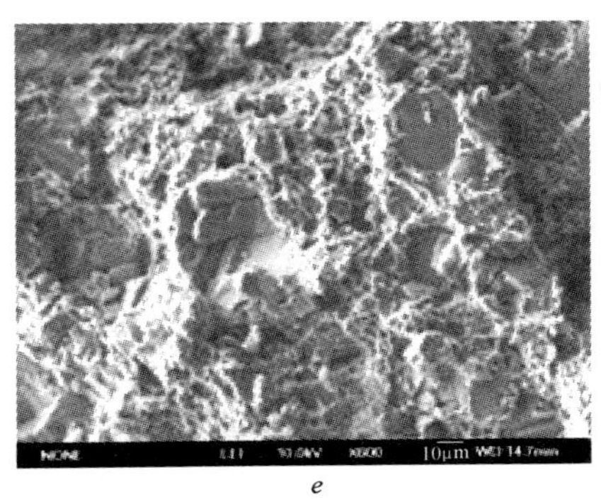

e

图 5-23 RE - *n* - EX - AS 96 复合材料 150℃拉伸断口形貌

a—EX - AS 96；*b*—*n* = 2；*c*—*n* = 4；*d*—*n* = 8；*e*—*n* = 12

5.8 本章小结

往复挤压过程中发生了受位错攀移控制的动态再结晶，形成了细小的 α - Mg 再结晶等轴晶。Mg_2Si 颗粒的脆韧性转变温度为 450℃，挤压会使颗粒发生脆性断裂。汉字状 Mg_2Si 颗粒依弯曲机制而破碎成块状或条状，随挤压道次的增加，条状颗粒依短纤维加载机制而破碎，块状颗粒依剪切机制发生破碎，破碎颗粒在高温下由于曲率效应而发生圆整化。

往复挤压 6 道次时，α - Mg 与 Mg_2Si 的晶粒平均尺寸分别减小到约 3 μm 和 1.4 μm。如果能够通过适当的合金化或其他先进的凝固技术，将粗大的骨骼状 Mg_2Si 相转变为相对尺寸比较细的汉字状 Mg_2Si 相，那么，在经过后续的 RE 技术，可以得到更加细小的颗粒状 Mg_2Si 增强体。

往复挤压可使 AS 42 合金的硬度、抗拉强度、屈服强度和伸长率大幅度提高。当往复挤压比和正挤压比均为 12.7、挤压道次为 8 时，合金的抗拉强度和屈服强度均达到最大值，分别为 283.5 MPa 和 269.1 MPa，此时，伸长率 δ 从铸态的 4.1% 提高到挤压态的 19.3%。合金力学性能提高的主要原因在于基体组织的细晶强化和 Mg_2Si 相的弥散强化作用。

150℃高温下，随着挤压道次增加（$n \leqslant 8$），合金抗拉强度和塑性增加。当挤压道次为 8 时，合金的高温抗拉强度为 250 MPa、屈服强度为 197 MPa、伸长率为 62%。

往复挤压 12 道次后，RE - *n* - EX - AS 96 复合材料 150℃抗拉强度、屈服强度及伸长率分别为 288 MPa、208 MPa 和 8%，较相同温度下 A380 铝合金高。

参考文献

[1] Li Y Y, Zhang D T, Chen W P, et al. Microstructure evolution of AZ31 magnesium alloy during equal channel angular extrusion[J]. Journal of Materials Science, 2004, 39(11): 3759 ~ 3761.

[2] 吴伟，张禄廷，陈立佳. 等通道角度挤压对两种镁合金拉伸性能的影响[J]. 沈阳工业大学学报，2003，25(1)：18 ~ 22.

[3] Yeh J W, Yuan S Y, Peng C H. Microstructures and Tensile Properties of an Al - 12wt% Si Alloy Produced by Reciprocating Extrusion[J]. Metallurgical and Materials Transactions A, 1997, 30(9): 1999 ~ 2503.

[4] 陈勇军，王渠东，李德江，等. 往复挤压工艺制备超细晶材料的研究与发展[J]. 材料科学与工程学报，2006，24(1)：152 ~ 155.

[5] Galiyv A, Kaiby R, Gottstein G. Correlation of plastic deformation and dynamic recrystallization in magnesium alloy ZK60[J]. Acta Materialia, 2001, 49(7): 1199 ~ 1207.

[6] Hiroyuki Watanabe, et al. Grain size control of commercial wrought Mg - Al - Zn alloys utilizing dynamic recrystallization[J]. Materials Transactions, 2001, 42: 1200 ~ 1205.

[7] Kaibyshev R, Kaibyshev R, Sitdikov O. On the possibility of producing a nanocrystalline structure in magnesium and magnesium alloys[J]. Nanostructured Materials, 1994, 6: 621 ~ 624.

[8] Sitdikov O, Kaibyshev R. Dynamic recrystallization in pure magnesium[J]. Materials Transactions, 2001, 42(9): 1928 ~ 1937.

[9] Yu K, Wang X, Rui S, Wang R. Plastic deformation behavior of ZK60 magnesium alloy with addition of neodymium[J]. Journal of Central South University of Technology, 2008, 15(4): 434 ~ 437.

[10] Sivakesavam O, Prasad Y R K. Characteristics of superplasticity domain in the processing map for hot working of as-cast Mg - 11. 5Li - 1. 5Al alloy[J]. Materials Science and Engineering A, 2002, 323(1-2): 270 ~ 277.

[11] Hinyuki Watanabe. Consolidation of mechined magnesium alloy chips by hot extrusion utili-

zing superplastic flow[J]. Journal of Materials and Science,2001,36:5007 ~ 5011.

[12] 陈振华.变形镁合金[M].北京:化学工业出版社,2005.

[13] 陈继勤,陈敏熊,赵敬世.晶体缺陷[M].浙江:浙江大学出版社,1992:120 ~ 218.

[14] Yeh Jienwei,Yuan Shiying,Peng Chaohung. A reciprocating extrusion process for producing hypereutectic Al – 20wt. % Si wrought alloys[J]. Materials Science and Engineering,1998, A252:212 ~ 221.

[15] 刘云旭.金属热处理原理[M].北京:机械工业出版社,1981:26 ~ 27.

[16] 陈力禾,赵慧杰,刘正.镁合金压铸及其在汽车工业中的应用[J].铸造,1999,48(10):45 ~ 50.

[17] Richert J,Maria Richert,Krak Ow. A New Method for Unlimited Deformation of Metals and Alloys[J]. Aluminum,1986,8:604 ~ 607.

[18] 周惠久,黄明志.金属材料强度学[M].北京:科学出版社,1989:174.

[19] 冯端.金属物理学第二卷相变[M].北京:科学出版社,1990:150 ~ 152.

[20] 黄光胜.镁合金成形性能的改善及热变形行为研究[D].重庆:重庆大学,2003:70 ~ 98.

[21] Takeuchi S,Hashimoto T,Suzuki k. Plastic deformation of Mg_2Si with the C1 structure[J]. Itermetallics,1996(4):147 ~ 150.

[22] Barbagallo S,Cavaliere P,Cerri E. Compressive plastic deformation of An AS21X magnesium alloy produced by high pressure die casting at elevated temperatures[J]. Materials Science and Engineering A,2004(367):9 ~ 16.

[23] Luo A,Pekguleryuz M. Review cast magnesium alloys for elevated temperature applications [J]. Journal of Materials Science,1994,(29):5259 ~ 5271.

[24] Chen P S. High strain rate superplasticity in SiCP reinforced AZ31 magnesium matrix composite[J]. Transactions of Najing University of Aeronautice & Astronautics, 2001, 18 (1):17.

[25] 哈宽富.金属力学性能的微观理论[M].北京:科学出版社,1983:210 ~ 629.

[26] Mordike B L. Creep-resistant magnesium alloys materials[J]. Science and Engineering, 2002,A324:103 ~ 112.

[27] 闫蕴琪,张廷杰,邓炬,等.耐热镁合金的研究现状与发展方向[J].稀有金属材料与工程,2004,Vol. 33(6):561 ~ 564.

[28] Pekguleryuz M O,Luo A. Creep-resistant magnesium alloys for diecasting applications[P]. ITM Inc,International Patent Application:WO 96/25529,1996.

[29] 关绍康,王迎新.汽车用高温镁合金的研究进展[J].汽车工艺与材料,2003,(4):3 ~ 8.

6 挤压态 Mg - Zn - Y 镁合金的组织与性能

本章分析正挤压态 Mg - Zn - Y 镁合金的组织与性能。Mg - Zn - Y 合金具有很好的固溶强化效果，而且，该合金系在凝固过程中可以形成多种金属间化合物，形成的金属间化合物都具有较高的熔点，可以作为强化相分布在基体中，从而可以起到强化效果。通常情况下，强化相主要以网状形式分布在晶界上。因此，形成的金属间强化相的强化效果不能充分发挥作用，而且还会导致材料塑性的降低。如果能够将这些金属间化合物破碎，使其均匀地分布在基体组织之上，其结果必然是，不仅可以起到强化效果，而且材料的塑性也不会降低很多。甚至，如果这些颗粒能够阻止晶粒在后续加工中的长大，材料的塑性反而还会相对升高。通过塑性变形可以破碎金属材料中的网状脆性金属间化合物，因此，本章讨论通过正挤压加工，破碎 Mg - Zn - Y 合金中的网状金属间化合物，并分析材料的组织和室温以及高温性能。

6.1 EX - RS 66 合金的组织

图 6-1 为不同正挤压温度下 EX - RS 66 的 XRD 分析图谱。与 RS 66 薄带的 XRD 谱相比，EX - RS 66 合金衍射峰有以下变化：

（1）α - Mg 衍射峰向左回移至平衡位置，RS 过程中产生的结晶生长织构消失；

（2）挤压温度为 298℃时没有挤压织构生成；

（3）挤压温度高于 298℃时，有新的挤压织构生成。

据报道[1]，hcp 结构材料可激活的滑移系很少，因此，在机械变形过程中会产生较强的变形织构。挤压时，镁合金纤维织构呈现基面取向特征，即（0001）基面和 $<10\bar{1}0>$ 晶向平行于挤压方向[1]。XRD 实验中，样品衍射平面为垂直于挤压方向的断面。所以，当挤压温度大于 298℃时，（0002）基面衍射强度非常小，而（$10\bar{1}0$）晶面

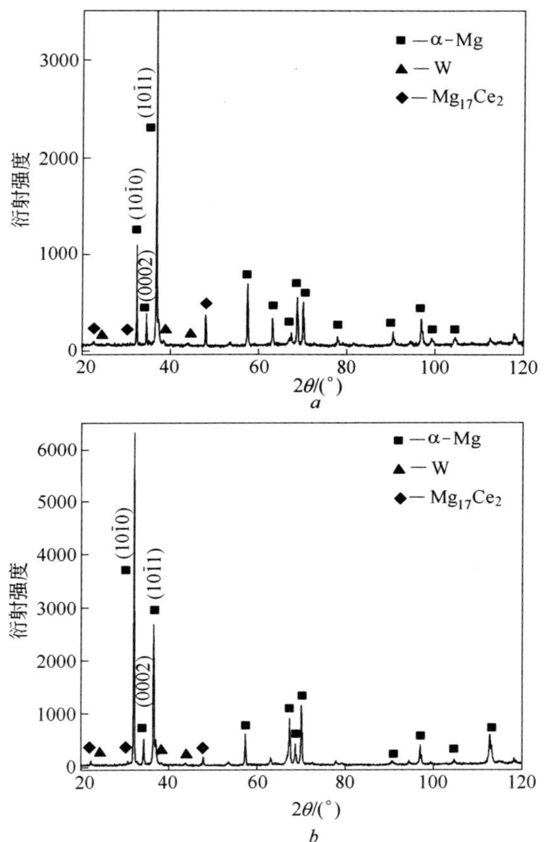

图 6-1 EX - RS 66 合金 XRD 谱

a—298℃挤压；*b*—298℃以上温度挤压

衍射峰会显著增强。研究发现，挤压织构的形成与挤压温度有关，这可能是由于在挤压过程中，晶粒发生了转动。关于 EX 过程中晶粒发生转动、变形等机制还需要进一步专门的研究，这是一个尚未研究十分清楚的问题。

图 6-2 为 EX - RS 66 合金的金相组织。从图中可以看出，EX - RS 66 合金横截面和纵截面均存在挤压流线，可以看出挤压后的组织不均匀。相比较不均匀的基体组织，细小弥散的强化相颗粒均匀的分布在基体上。

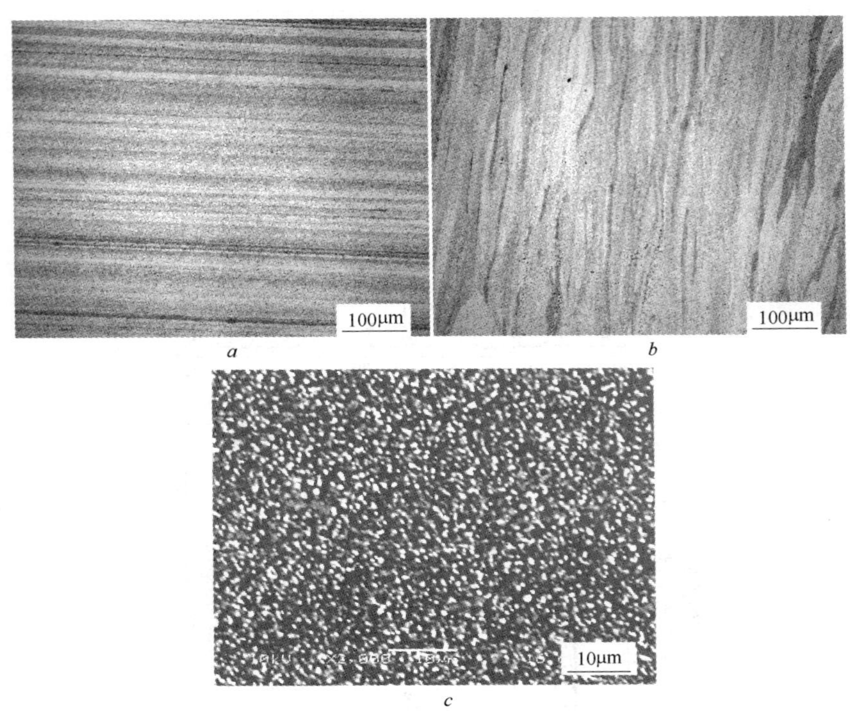

图 6-2　EX – RS 66 合金的金相组织

a—横截面；*b*—纵截面；*c*—BSE 组织

图 6-3 为 298℃ 下挤压的 EX – RS 66 合金的 TEM 照片。从图中可以看出，由于在挤压过程中发生了动态再结晶，所以基体由六方 α – Mg 晶粒组成，平均晶粒尺寸约为 0.7 μm。在晶界分布的不规则形状的强化相，平均尺寸约为 150 nm。强化相颗粒主要有四个来源：

（1）RS 66 晶粒边界的网状组织在挤压过程中被破碎（见图 6-3*b*）；

（2）RS 过程中形成椭圆形 W 相，在 EX 过程中被保留下来（见图 6-3*b*）；

（3）在基体上均匀分布的圆形的强化相颗粒是 EX 过程中原 RS 66 组织中保留下来的 $Mg_{17}Ce_2$，平均尺寸约为 50 nm（见图 6-3*c*）。是在 RS 之前熔体中已存在的和 RS 过程中形成的；

(4) 在晶内分布的最小的颗粒相为 W 相,尺寸约为 5 nm(见图 6-3*c*)。对比 EX－RS 66 合金组织与 RS 66 薄带组织可知,在 EX 过程中 RS 形成的晶粒没有粗化,这主要是由于强化相有效的钉扎晶界,阻碍了晶粒长大[2]。

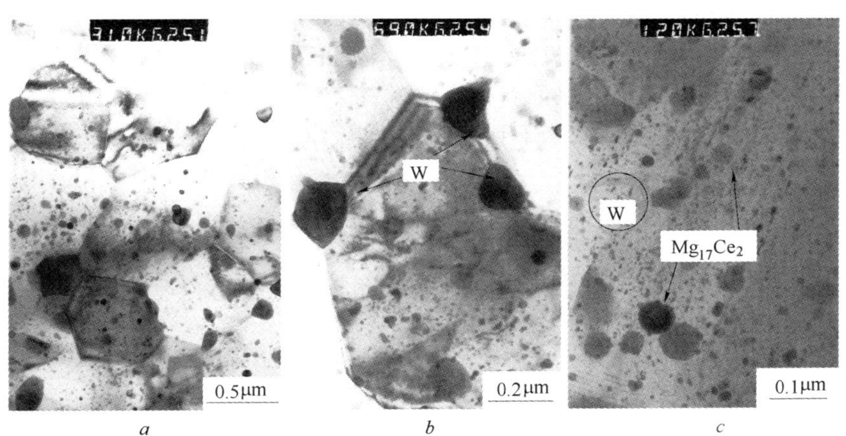

图 6-3　EX－RS 66 合金的 TEM 照片

a—晶粒;*b*—W 相;*c*—$Mg_{17}Ce_2$ 相

6.2　EX－RS 66 合金的室温性能

6.2.1　EX－RS 66 合金的硬度

图 6-4 为 EX－RS 66 合金挤压温度与挤压棒材硬度的关系。挤压温度为 310℃,可以获得挤压棒材最高的硬度 HV 118。低于该温度或高于该挤压温度硬度值均会降低。

材料的硬度取决于变形过程中多方面的因素,如 α－Mg 的过饱和度、晶粒度、挤压工艺参数、析出相的量与大小等。RS 66 合金薄带基体为过饱和 α－Mg 固溶体,经过热挤压后 α－Mg 固溶度将会下降,因此固溶强化效应也会减弱。挤压温度越高,减弱程度也就越大;挤压加工时挤压温度越高,越易发生动态再结晶,而动态再结晶发生的越充分,动态再结晶软化效应就越明显;挤压加工时挤压温度越高,晶粒越易出现长大,致使材料的性能下降;随着挤压温度升高,在挤压过程中会析出弥散强化相。但是,温度过高,晶内的弥散相容易发生聚集长大,使合金弥散强化作用减弱,硬化作用也就逐渐减弱。合适的挤压温度可以获得较高的硬度。因此,合金的硬度主要是由固溶强化、细晶强化和沉淀相的弥散强化共同作用。测试的硬度结果则是这些强化机制的综合结果。这就告诉我们,对于快速凝固获得的低维材料,在合理的后续加工过程中,可以保证获得良好的综合性能。如果后续加工工艺不合理,性能就会恶化,达不到预期的效果。

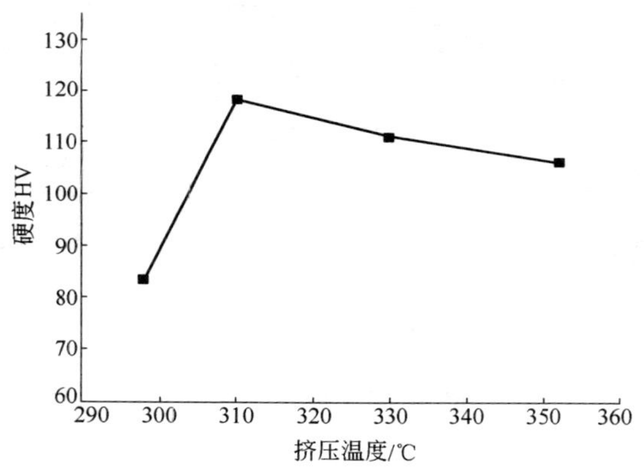

图 6–4 EX – RS 66 合金硬度随挤压温度的变化

图 6–5 为 EX – RS 66 合金 120℃时效过程中显微硬度的变化规律。挤压温度高于 298℃时,合金硬度随时效处理时间的增加,并没有表现出明显的变化规律,硬度波动范围维持在约 HV 20。

时效能够使挤压型材内部组织趋于均匀,使 α – Mg 的固溶度下降,析出沉淀相,产生沉淀强化。固溶度的降低和析出相对材料硬度的贡献正好相反,对于较低温度挤压的型材,由于固溶度仍然较高,时效过程中析出强化显著,硬度会升高。如图 6–5 所示,挤压温度最低的 298℃的硬度曲线在时效初期硬度值显著上升,这正是因为其在时效过程中沉淀析出所导致。但是,对于较高温度挤压的材料,析出过程在挤压过程中已经完成,时效过程中硬度变化不显著。

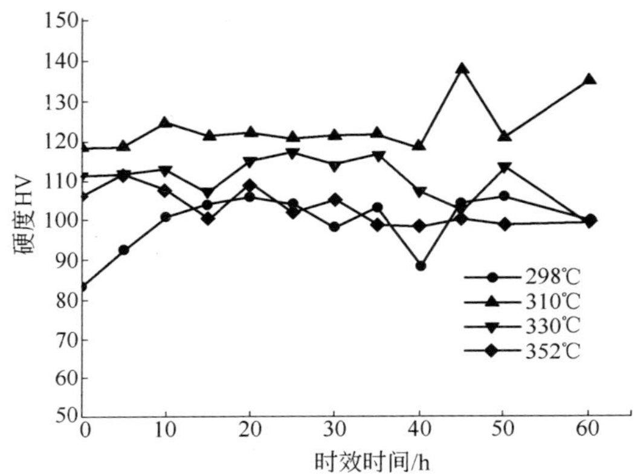

图 6-5 EX - RS 66 合金硬度随时效时间的变化

6.2.2 EX - RS 66 合金的拉伸性能

为了获得较高的强度,拉伸试样的热处理工艺是根据时效强化的硬度值来确定的。在硬度值最高时,可以获得高强度。拉伸测试结果表明,EX - RS 66 合金在具有较高强度的同时也表现出了较高的延展性。图 6-6 为不同挤压温度时获得的拉伸数据。由图可知,挤压温度

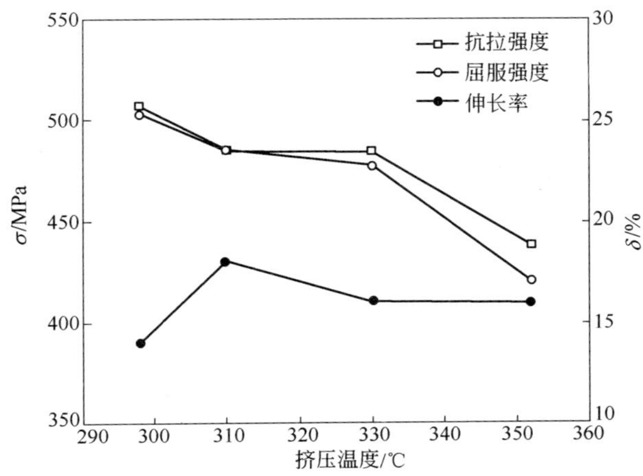

图 6-6 不同挤压温度下 EX - RS 66 合金的极限抗拉强度,屈服强度和伸长率

为 298℃时，极限抗拉强度为 506 MPa，屈服强度为 503 MPa，伸长率为 14%；当挤压温度为 310℃时，极限抗拉强度为 485 MPa，屈服强度也为 485 MPa，伸长率为 18%；当挤压温度高于 330℃时，强度会降低。总之，挤压温度在 298 ~ 330℃时，材料可以同时获得高强度和高伸长率，而且屈服强度非常接近于 1。

图 6-7 为应力 – 伸长率的关系曲线。从图中可以看出，EX – RS 66 合金表现出了两个重要特征：

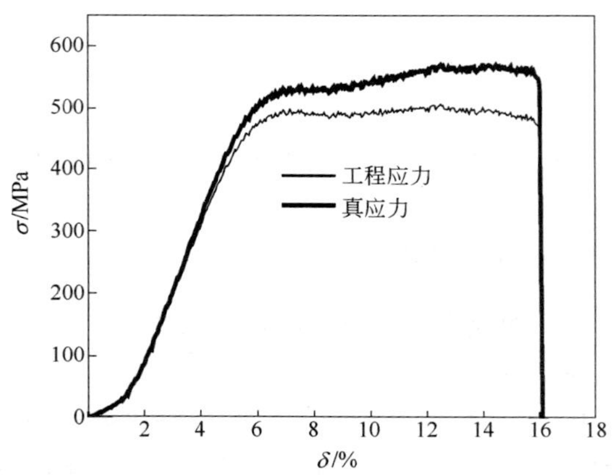

图 6-7　298℃挤压 EX – RS 66 合金的工程应力（真应力）– 伸长率曲线

（1）在屈服以后大的塑性变形过程中没有明显的应变硬化，这个特征对结构材料来说很重要；

（2）材料有较高的极限抗拉强度和较高屈服强度，且其比值接近 1。材料的这些特征主要是由其独特的组织结构所决定。

通过 EX 制备的材料，RS 薄带之间的焊合并非十分完美，图 6-8 为正挤压薄带中心区域的焊合缺陷。在拉伸过程中，裂纹沿着薄带间焊合缺陷扩展，直至材料断裂。如果裂纹在焊合缺陷之间扩展，那么拉伸断口将呈现出晶间和脆性断裂，如图 6-9*a* 所示。而且，如果裂纹向坚实焊合的区域扩展，那么拉伸断口呈现由等轴韧窝组成的延性断裂，见图 6-9*b*。

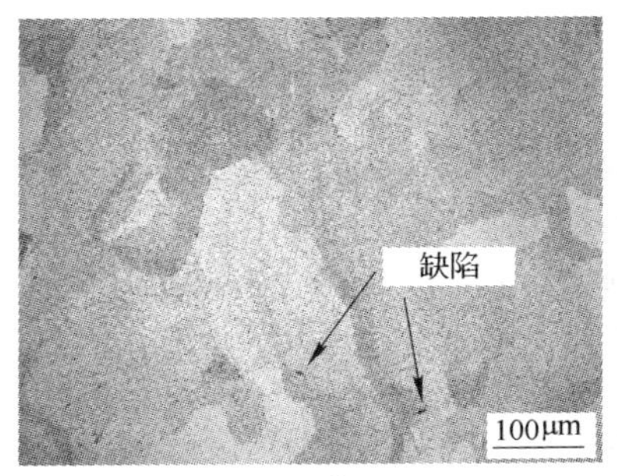

a

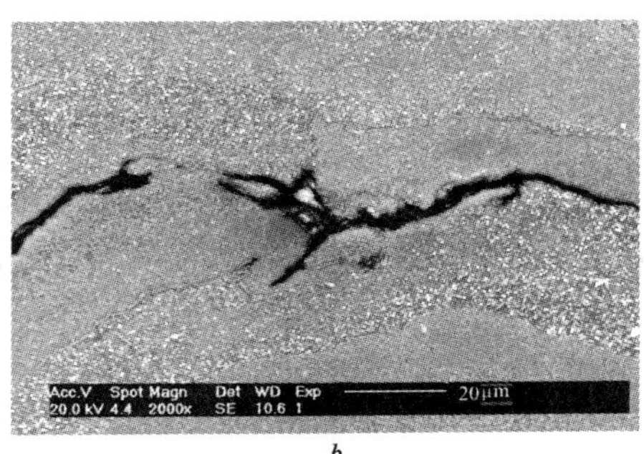

b

图 6-8 EX - RS 66 合金中的缺陷

a—中心区域;*b*—薄带之间未焊合区域

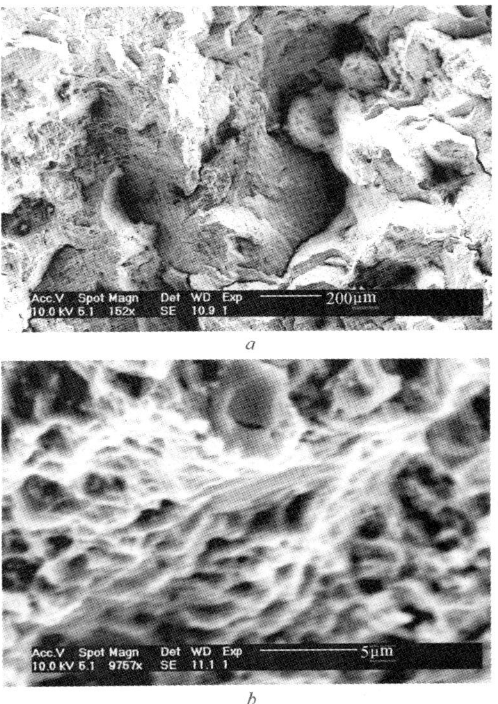

a

b

图 6-9 EX - RS 66 合金缺陷断口 SEM 照片

a—沿缺陷断裂;*b*—无缺陷区域断口形貌

图 6–10 为 EX – RS 66 拉伸断口照片。由图可知，断口由均一的等轴韧窝组成。在边界有明显的撕裂棱。在每一个韧窝底部里面有一个强化相颗粒。这种断口表明在拉伸测试中，每个晶粒发生了均匀的变形。微孔的形核和扩展在二次相和基体的交界处，是由于位错积累所导致。材料的高强度和高延展性主要是由于晶粒的细化和在基体上弥散分布的强化相颗粒作用的缘故。

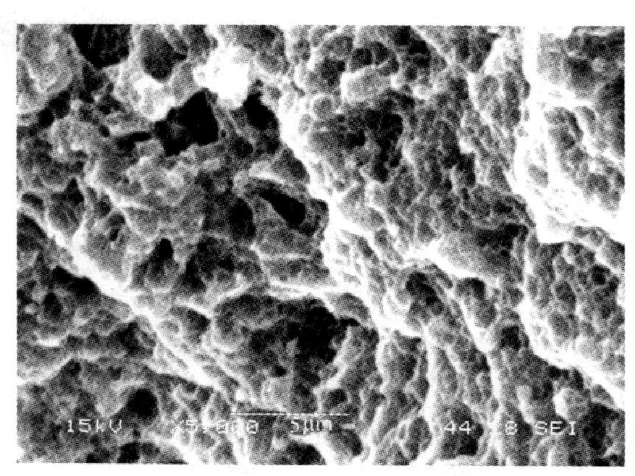

图 6–10 EX – RS 66 拉伸断口 SEM 照片

6.2.3 EX – RS 66 合金的压缩性能

表 6–1 为不同挤压温度下获得的挤压合金棒材的压缩性能数据。随着挤压温度的升高，压缩强度降低。其中挤压温度为 310℃ 合金的压缩强度最高达到 470 MPa，挤压温度为 352℃ 时最低，为 408 MPa。而材料的压缩率随着挤压温度的升高提高。材料的压缩性能与拉伸性能的变化规律大致相同，挤压温度在 298 ~ 330℃ 时，材料可以获得高强度。

表 6–1 不同挤压温度 EX – RS 66 棒材的压缩性能

挤压温度/℃	最大压缩强度/MPa	压缩屈服强度/MPa	压缩率/%
298	446	446	9
310	470	470	10
330	445	445	12
352	408	400	12

图 6-11 为不同挤压温度下棒材合金典型的压缩曲线。由图中可以看出，此材料的压缩性能与拉伸性能表现出一个相似的特征，也就是在材料出现屈服之后基本上没有应变强化出现。而在压缩过程中屈服后甚至没有应变即发生断裂，这也导致材料的压缩率只有约 9% ~ 12%，比伸长率低很多。

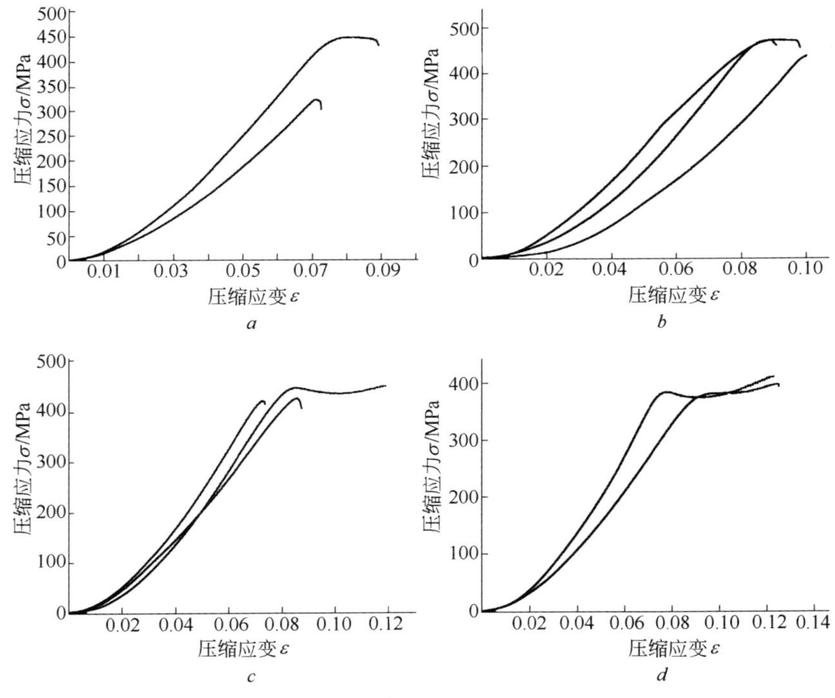

图 6-11　EX－RS 66 合金的压缩曲线

a—298℃；*b*—310℃；*c*—330℃；*d*—352 ℃

另外压缩实验结果表明，挤压温度为 298℃时，EX－RS 66 挤压合金棒材的压缩曲线比较离散，图 6-11*a* 给出了两条曲线；而随着挤压温度的升高，曲线的离散程度降低。这说明随着挤压温度的升高，力学性能的稳定性升高。这是因为挤压温度越高，薄带焊合越紧密，合金的内部缺陷就越少，组织更加均匀。

综合其力学性能及其稳定性考虑可知，挤压温度在 310 ~ 330℃

之间时,快速凝固 EX – RS 66 挤压合金棒材的力学性能与稳定性最佳。

6.2.4 EX – RS 66 合金的压缩与拉伸性能对比

普通镁合金产品压缩屈服强度与拉伸屈服强度的比值 $\sigma_c/\sigma_y \approx 0.7$[3]。有资料[4]显示,经过快速凝固后,$\sigma_c/\sigma_y$ 可以达到 1.1。快速凝固 EX – RS 66 挤压镁合金棒材的 $\sigma_c/\sigma_y = 0.9 \sim 0.95$。

通过对比此材料的拉伸与压缩曲线发现,其伸长率比压缩率高很多,并且在拉伸过程中达到屈服之后仍然出现较大的塑性变形,而在压缩时几乎没有。拉伸时的塑性变形能力明显要强,可见受力的取向对材料的塑性变形能力有着很大的影响。是否因为拉伸时组织中晶粒之间的运动较于压缩时更容易进行,是一个值得研究的课题。

金属材料的塑性变形主要通过位错运动来实现,表现为滑移和孪生。一般来说,滑移只能沿一定的滑移面和滑移方向发生,滑移面和滑移方向往往是金属晶体中原子排列最紧密的晶面和晶向。在其他条件相同时,滑移系越多,滑移过程中可能采取的空间取向就越多,位错不容易产生塞积,塑性越好。孪生是指在切应力作用下,晶体的一部分发生均匀切变的过程。镁合金在低于 225℃时仅限于基面 $\{0001\}$ $\langle 11\bar{2}0 \rangle$ 滑移及锥面 $\{10\bar{1}2\}$ $\langle 10\bar{1}1 \rangle$ 孪生[5]。两种无弹性变形机制的相互作用强烈地影响着材料最终的力学性能。

6.3 EX – RS 66 合金的高温压缩性能

该合金设计的原理基本上是在 ZK60 基础上,添加微量合金元素 Y 和 Ce 配制而成的。这样配制合金,一方面希望获得比 ZK60 好的室温性能,同样希望在一定程度上改善其高温性能,而且不希望太多的增加成本。

6.3.1 高温压缩应力应变曲线

图 6–12 为挤压温度 330℃条件下得到的快速凝固 EX – RS 66 挤压镁合金棒材在不同温度、不同应变速率下压缩的应力应变曲线。材料经过压缩后没有出现断裂的试样在应变达到 70% 时停止压缩。

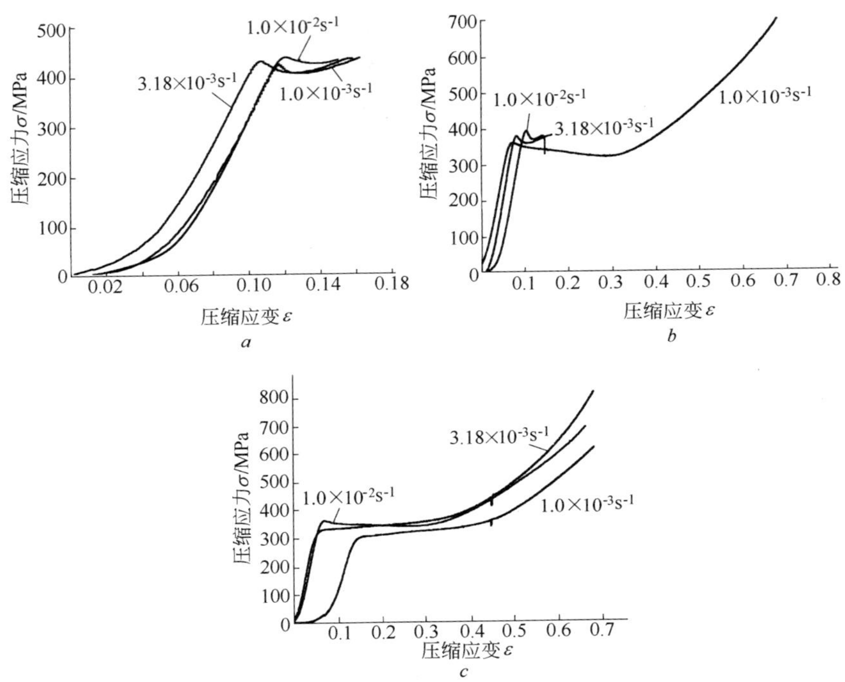

图 6-12 不同应变速率和测试温度下 EX－RS 66 合金的压缩曲线

a—120℃；*b*—150℃；*c*—175℃

在 120℃压缩时，试样全部断裂。在 150℃压缩时，在较大应变速率条件下（$3.18\times10^{-3}\ s^{-1}$和 $1.0\times10^{-2}\ s^{-1}$），试样断裂。压缩时的塑性变形达到 15% 以上，并且压缩率 ε 随应变速率的增加而减小。在压缩温度为 150℃、应变速率为 $1.0\times10^{-3}\ s^{-1}$时以及 175℃下压缩时材料未出现断裂，而是随着载荷的增加，试样被压成饼状。

由于并不是所有条件下都发生断裂，因此选取屈服强度 σ_c 以及发生断裂的试样的压缩率来对材料进行评价，如表 6-2 所示。材料在不同温度下的压缩屈服强度随着应变速率的提高而不断提高，而随着压缩温度的升高，屈服强度出现了明显的下降。在压缩温度为 120℃，应变速率为 $1.0\times10^{-2}\ s^{-1}$时能够达到 437 MPa，比之在常温下的屈服强度并没有太大下降；在压缩温度为 150℃，应变速率为 $1.0\times10^{-2}\ s^{-1}$时屈服强度大约为 400 MPa；而当压缩温度达到 175℃，应变速率为 $1.0 \times 10^{-2}\ s^{-1}$时，材料的屈服强度下降到了 360 MPa。材料的压缩率随着应变速率的下降有略微的增大，但是总体上变化不大。

表 6-2　EX－RS 66 合金在不同变形条件下的压缩屈服强度及压缩率

压缩温度/℃	应变速率/s^{-1}	压缩屈服强度/MPa	压缩率/%
120	1.0×10^{-2}	437	15
	3.18×10^{-3}	430	16
	1.0×10^{-3}	424	16
150	1.0×10^{-2}	398	15
	3.18×10^{-3}	385	16
	1.0×10^{-3}	363	
175	1.0×10^{-2}	360	
	3.18×10^{-3}	330	
	1.0×10^{-3}	305	

从上面的数据可以看出，在 ZK60 合金的基础上，适当加入一些合金元素 Y 和 Ce，可以使材料的高温性能大幅度提高。

与室温时相比，高温下压缩时，材料的塑性显著提高。

6.3.2　高温压缩试样宏观形貌

图 6-13 为高温压缩试样的宏观形貌及断口形貌。压缩温度为 120℃和 150℃，应变速率为 $1.0 \times 10^{-2}\ s^{-1}$和 $3.18 \times 10^{-3}\ s^{-1}$时，试样为剪切断裂，断面与压缩轴线呈约 45°，断口光滑而且明亮，有放射性条纹，呈现脆性断裂特征；压缩温度为 150℃，应变速率为 $3.18 \times 10^{-3}\ s^{-1}$时，试样的断口形貌仍然呈剪切断裂，但是其断裂面不光亮而且粗糙，起伏不平，呈现出一定的韧性特征；在 175℃下压缩时材料内部组织发生了动态再结晶软化。说明随着变形温度的升高以及应变速率的降低，材料的塑性明显提高，其塑性变形机制发生了变化。

6.3.3　高温压缩真应力应变

为了更好地研究 EX－RS 66 挤压合金棒材的塑性变形特点，可将

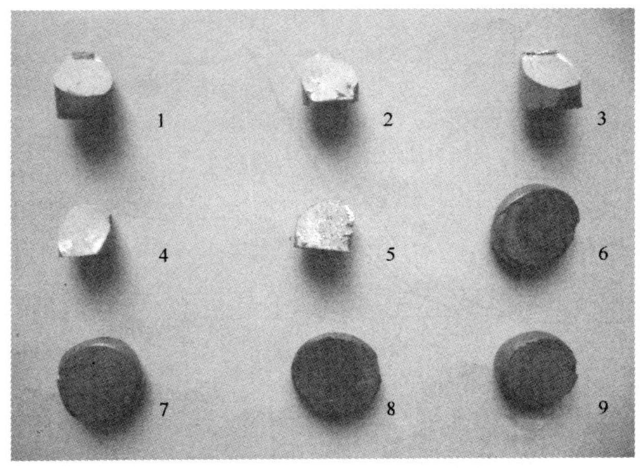

图 6-13 不同应变速率高温压缩试样宏观形貌

1—1.0 × 10^{-2} s^{-1},120℃;2—3.18 × 10^{-3} s^{-1},120℃;3—1.0 × 10^{-3} s^{-1},120℃;
4—1.0 × 10^{-2} s^{-1},150℃;5—3.18 × 10^{-3} s^{-1},150℃;6—1.0 × 10^{-3} s^{-1},150℃;
7—1.0 × 10^{-2} s^{-1},175℃;8—3.18 × 10^{-3} s^{-1},175℃;9—1.0 × 10^{-3} s^{-1},175℃

挤压合金棒材的工程应力 - 应变曲线转换为真应力 - 真应变曲线。由如下公式,压缩时的真应变为:

$$\varepsilon_T = \ln \frac{H_0}{H} \tag{6-1}$$

式中 H_0,H——分别为试样压缩前、后的高度。

压缩时的真实应力为:

$$\sigma_T = \frac{P}{S} = \frac{P}{S_0 e^{\varepsilon}} \tag{6-2}$$

式中 P——轴向载荷;

S_0,S——分别为试样压缩前、后的横截面积;

ε——应变。

EX - RS 66 挤压合金棒材热压缩变形的真应力 - 真应变试验曲线如图 6-14 所示。由图可见,镁挤压合金棒材即使在较低的温度下变形,其真应力 - 真应变也呈现出动态再结晶的特征,即明显的峰值或者稳态流变现象[6,7]。在 120℃以及 150℃的测试条件下,当应变速率分

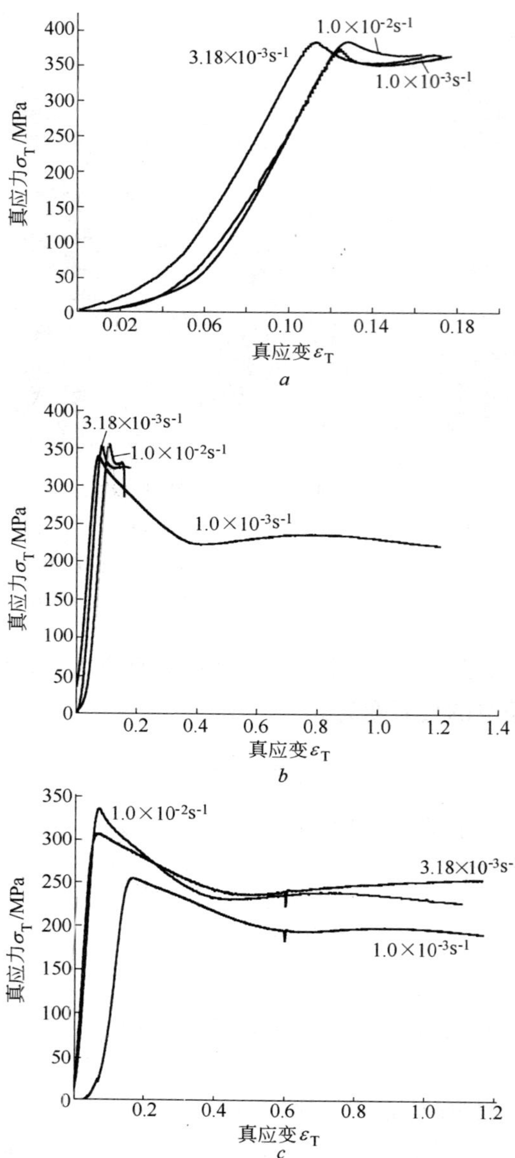

图 6－14　EX－RS 66 合金热压缩变形时的真应力－真应变曲线

a—120℃；*b*—150℃；*c*—175℃

别为 $1.0\times10^{-2}\ s^{-1}$ 和 $3.18\times10^{-3}\ s^{-1}$ 时，它们的压缩应力－应变曲线形状相似。在变形开始阶段，即应变较小时，曲线斜率大，应力上升快，存在明显的加工硬化。而应力随应变的增加而急剧增大到某一峰值，经过应力峰值后又略微减小直至断裂。断裂时的应变量不超过20%。而当压缩温度为150℃应变速率为 $1.0\times10^{-3}\ s^{-1}$ 的条件下以及在175℃压缩时，流变应力的总体变化规律是：在压缩开始阶段与前面所述试样类似，即应力随应变的增大而急剧增大；而经过应力峰值后与变形开始阶段相反，即流变应力随应变的增加而下降。这是因为动态再结晶的软化效应大于热加工硬化的强化效应，结果在整体上呈现应变软化。随着应变的继续增加，再结晶软化效应最终与加工硬化效应基本持平，流变应力也基本不变[8,9]，如图6－14*c*所示。在图中也能看到，所得到的曲线并不是非常的平，而且出现了应变速率为 $3.18\times10^{-3}\ s^{-1}$ 时稳态流变应力略微超过了 $1.0\times10^{-2}\ s^{-1}$ 时的情况，这与理论不相符[10~12]。作者认为由于实验的温度比较低，因此虽然能够发生动态再结晶，但是再结晶可能并不完全，完成再结晶的程度也不同，使在 $3.18\times10^{-3}\ s^{-1}$ 应变速率下的流变应力保持在一个比较高的水平。

在金属的热塑性变形过程中，当变形温度高于 $0.4T_m$ 时，在变形过程中可能发生动态再结晶[6]。因此，理论上当变形温度高于96℃时，镁合金即可发生动态再结晶。从根本上分析，镁合金易发生动态再结晶主要是由于：

（1）镁合金滑移系较少，位错易塞积，很快达到发生再结晶所需要的位错密度；

（2）镁及镁合金层错能较低，产生的扩展位错很难聚集，因而滑移和攀移很困难，动态回复速度慢，有利于再结晶的发生；

（3）镁合金的晶界扩散速度较高，在亚晶界上堆积的位错能够被这些晶界吸收，从而加速动态再结晶的过程[13]。

6.3.4 热压缩过程中的动态再结晶

镁合金在热变形时的塑性变形机制非常复杂，动态再结晶形核机制也比较多样化。在镁合金中的形核机制包括传统的晶界弓出、亚晶旋转、基于孪生的传统形核机制、常发生于高层错能金属中的连续动态再结晶、旋转动态再结晶以及通过孪晶 – 孪晶以及位错滑移 – 孪晶的交互作用形核等[14]。

镁合金在不同的温度热变形过程中受不同的动态再结晶机制控制，一般可分为低温区（ <473 K）、中温区（473 ~ 573 K）和高温区（ >573 K）3 个温度区间。在低温区，镁及其合金主要发生基面滑移和协调变形的孪晶，动态再结晶主要有孪生动态再结晶（TDRX）以及低温动态再结晶（LTDRX）。在中温区，镁及镁合金发生连续动态再结晶。而在高温区，易进行不连续动态再结晶。由于本书的实验温度不超过 175℃，属于低温区。因此，以下主要讨论 TDRX 以及 LTDRX 机制。

常温下塑性变形时，在原始晶粒内部形成了密集位错堆积，并伴随着大量孪晶的生成，层片孪晶在变形时发生了长大，在层片孪晶内有微晶形成。有两种过程导致了微晶的形成[14]：一是初级孪晶的相互作用；二是在粗大的初级孪晶层内发生了二级孪晶。初级孪晶与二级孪晶相互交割，形成微晶核心，生成再结晶晶粒，称之为孪生动态再结晶。

然而，在应变很高时，不再发生孪生，而发生低温动态再结晶。形成的新晶粒的尺寸小，这些晶粒及其晶界含有高的位错密度。其结果是，在变形后期内部弹性应变极大地提高，这种低温动态再结晶源于位错滑移而非孪生。

由于快速凝固 EX – RS 66 挤压合金棒材中晶粒的细化以及晶界上第二相的钉扎作用，不易生成孪晶，因此，在整个应变范围内其动态再结晶以“位错” LTDRX 为主。

EX – RS 66 挤压合金棒材的晶粒只有约 0.7 ~ 1.2 μm。在高温压缩过程中，合金在压应力的作用下，基体会在第二相周围产生较大的变形而使该处位错密度升高。晶粒内部位错不断增加繁殖会形成大量的胞状结构及亚晶界，使材料的贮能增加，从而有利于再结晶形核。晶核形核后，核心中心部位畸变能很低，而周围的基体仍处于高能状态。因此，晶核周围的畸变能成为晶粒长大的驱动力，推动界面不断向高能区移动，开始动态再结晶。

图 6–15 为快速凝固 EX – RS 66 挤压合金棒材经过热压缩后的金相组织。合金的横截面和纵截面上的组织形貌大致相同，大量细小弥

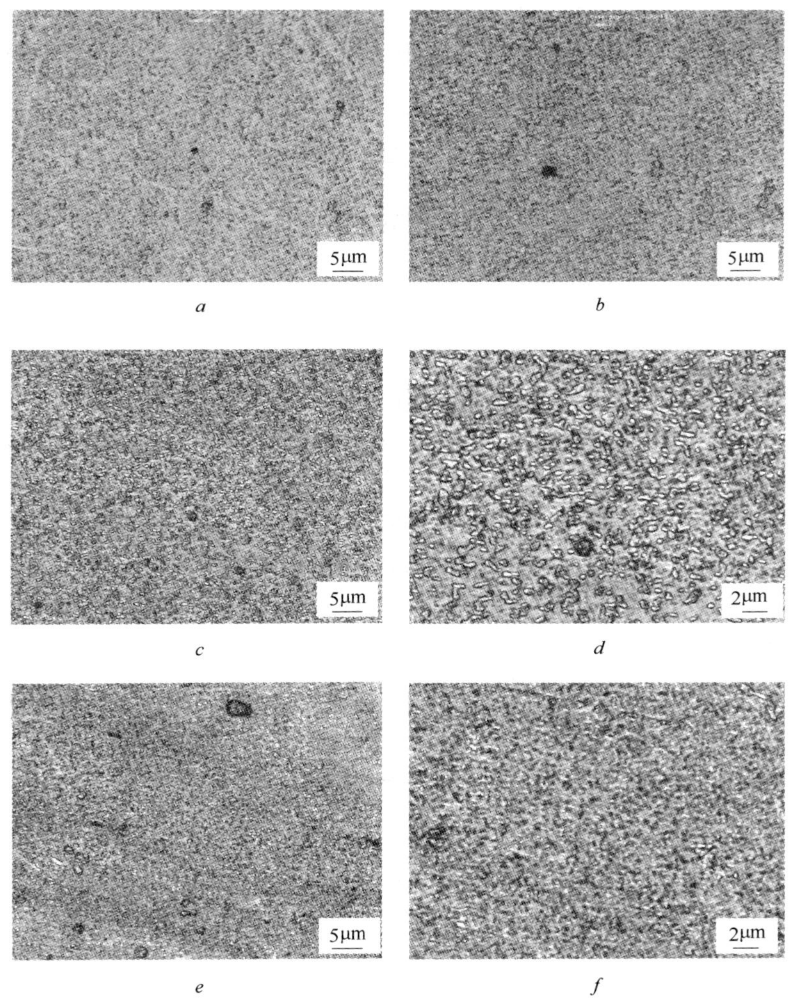

图 6-15 EX - RS 66 合金高温压缩后的显微组织

a—150℃压缩后的纵截面组织 $\dot{\varepsilon}=1.0\times10^{-2}\ s^{-1}$；*b*—150℃压缩后的横截面组织 $\dot{\varepsilon}=1.0\times10^{-2}\ s^{-1}$；*c*—175℃压缩后的纵截面组织 $\dot{\varepsilon}=3.18\times10^{-2}\ s^{-1}$；*d*—175℃压缩后的横截面组织 $\dot{\varepsilon}=3.18\times10^{-2}\ s^{-1}$；*e*—175℃压缩后的纵截面组织 $\dot{\varepsilon}=1.0\times10^{-3}\ s^{-1}$；*f*—175℃压缩后的横截面组织 $\dot{\varepsilon}=1.0\times10^{-3}\ s^{-1}$

散的沉淀相均匀分布于基体内。这些沉淀相稳定性很高，在塑性变形过程中可以有效地阻碍再结晶晶粒的长大。因此，热压缩后晶粒与压缩前的晶粒相比，没有观测到明显的晶粒长大现象。

6.4　变形工艺参数对流变应力的影响

6.4.1　应变速率对流变应力的影响

图 6-16 表示快速凝固 EX－RS 66 挤压合金棒材在压缩变形过程中，不同温度下峰值流变应力随应变速率的变化曲线。由图中可见，在变形温度一定时，随着应变速率的提高，峰值应力逐渐增大。可以发现在不同的温度下，虽然峰值应力随应变速率提高的规律相同，但是峰值应力的变化幅度却有很大的不同。在温度较低的条件下峰值应力变化的幅度较小，当温度升至 175℃时，其变化幅度较大。这也说明材料在不同的温度下其内部的塑性变形机理的不同。作者认为在压缩温度 150～175℃之间，材料塑性变形机制出现了转折点。在压缩温度低于 150℃时，材料趋向于受常规塑性变形机制控制。而当压缩温度高于 150℃的某一温度时，材料则更趋向于高温塑性变形机制。

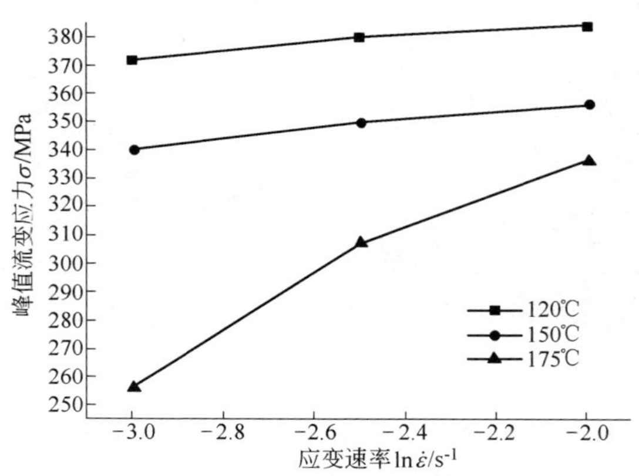

图 6-16　EX－RS 66 合金压缩变形过程中峰值应力、应变速率和变形温度的关系

镁合金的塑性变形机理比较复杂，但都需要一定的时间来进行，如

晶体位错的运动、滑移面由不利位向向有利位向的转动、晶间滑移和扩散蠕变等。如果应变速率大,则塑性变形不能在变形体内充分的扩展和完成。而弹性变形仅是原子离开其平衡位置,也就是增大或减小其原子间距。因此,原子间距扩展的速度很大,而弹性变形量越大,应力就越大,也即意味着材料内的真实应力增大[15]。正由于这样的原因,材料的压缩屈服强度随着应变速率的上升而提高。镁合金在低温下塑性变形主要是由位错运动导致的基面滑移决定的,随着应变速率的增大,位错运动速度增加,引起真应力 σ_T 升高,位错快速增殖。而随着变形量的增加,位错密度不断增大,高的应变速率对应的是瞬间位错密度强化,与之对应也就产生比较高的流变应力[16]。

在相同的温度和应变下,压缩变形时流变应力 σ 与应变速率 $\dot{\varepsilon}$ 的一般关系可用如下公式表示[17]:

$$\sigma = C\dot{\varepsilon}^m \tag{6-3}$$

应变速率敏感性指数 m 可以从 σ 和 $\dot{\varepsilon}$ 的双对数坐标的曲线上取斜率来确定[18],即:

$$m = [\partial(\log\sigma)/\partial(\log\dot{\varepsilon})]_{\varepsilon,T} \tag{6-4}$$

图 6-17 是 175℃下压缩时流变应力随应变速率变化的双对数坐标曲线(由于应变速率 $1.0\times10^{-3}\ s^{-1}$ 时的应力应变曲线与另外两条之间离散较严重,而且它们达到峰值应力的应变相差很小,因此取其峰值

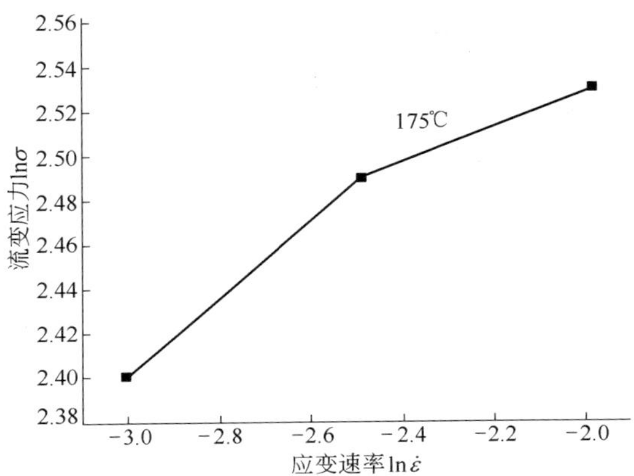

图 6-17 EX – RS 66 合金压缩变形过程中的 m 值

应力值进行计算)。可见,挤压镁合金棒材在175℃的 m 值约为0.14,m 值小于0.3。材料若达到超塑性,m 值应满足 $0.3 < m < 1$。而在图6–14中看到的材料在175℃的条件下真应变均超过1,达到了超塑性的条件。但是,在图6–14中,在应变0.6左右,曲线上都出现了一个小的波谷。该波谷可能是材料在压缩中出现了裂纹。由此可见,快速凝固EX – RS 66挤压合金棒材在压缩变形过程中或许没有出现超塑性。这是值得深入研究的问题。

6.4.2 温度对流变应力的影响

变形温度对金属塑性变形流变应力有重大影响。从图6–14可见,在相同的应变速率下,热压缩变形时流变应力随变形温度增加而下降。一般情况下,随着变形温度的提高,金属和合金的各种强度指标均会有所下降。这是因为随着变形温度的升高,原子活动的动能增加,依赖于原子间相互作用的临界剪切应力减弱,同时各种点缺陷的扩散也加快,依赖于扩散的位错开动易于进行。另外,温度的升高使热激活能的作用增强,位错运动依靠的有效应力减小致使流变应力降低。而且,变形温度的升高将使动态回复和动态再结晶这些软化作用更容易发生,从而减轻或消除由于塑性变形而产生的加工硬化。

6.5 EX – RS 66 合金高温压缩的本构方程

由上述分析可知,快速凝固 EX – RS 66 挤压合金棒材热压缩过程中流变应力、应变速率和温度之间存在非常密切的关系。因此,有必要明确合金塑性变形过程中各因素之间的相关性,从而对合金的高温塑性变形行为进行更深入的了解。应变速率 $\dot{\varepsilon}$,变形温度 T 和流变应力 σ 之间存在一定的函数关系,可以将其构筑成合金高温塑性变形的本构方程。

高温下,金属和合金的热变形和高温蠕变过程一样,存在热激活过程,其特点之一是应变速率受热激活过程控制。其变形机制是不同应力水平下蠕变机制的扩展。金属变形过程中常用的本构方程也是从蠕变本构方程发展而来,目前常用的有两个定量关系式为[19,20]:

$$\dot{\varepsilon} = A_1\sigma^n \tag{6-5}$$

$$\dot{\varepsilon} = A_2 \exp(\beta\sigma) \tag{6-6}$$

式中 A_1, A_2, n, β——均为与温度无关的常数。

式 6-5 主要适用于低应力水平，稳态流变应力 σ 和应变速率 $\dot{\varepsilon}$ 之间成指数关系；而式 6-6 则主要适用于高应力水平，稳态流变应力 σ 和应变速率 $\dot{\varepsilon}$ 之间成幂指数关系。

由于金属的高温变形受热激活过程控制，所以可以用 Arrhenius 公式对其进行描述[19,21]：

$$\dot{\varepsilon} = \dot{\varepsilon}_0 \exp\left(-\frac{Q}{RT}\right) \tag{6-7}$$

金属热变形条件通常采用温度补偿的变形速率因子 Zener-Hollomon 参数 Z 来描述[12]：

$$Z = \dot{\varepsilon} \exp\left(\frac{Q}{RT}\right) \tag{6-8}$$

Z 参数广泛应用于高温蠕变研究，而高温变形的热激活条件也满足其提出的条件。Z 与 α 之间遵从双曲正弦关系：

$$Z = A[\sinh(\alpha\sigma)]^n \tag{6-9}$$

结合式 6-7～式 6-9 有：

$$Z = \dot{\varepsilon} \exp\left(\frac{Q}{RT}\right) = A[\sinh(\alpha\sigma)]^n \tag{6-10}$$

对式 6-7 进行双曲正弦修正为：

$$\dot{\varepsilon} = A[\sinh(\alpha\sigma)]^n \exp\left(-\frac{Q}{RT}\right) \tag{6-11}$$

式中 A, α, n——均为与温度无关的常数；

R——气体常数，8.314 J/(mol·K)；

T——绝对温度，K；

Q——变形激活能，J/mol，又称动态软化激活能。它反映材料热变形的难易程度，也是材料在热变形过程中重要的力学性能参数。

式 6-11 可应用于整个应力范围，且常数 α，β 和 n 之间满足：

$$\alpha = \frac{\beta}{n} \tag{6-12}$$

由式 6-5 和式 6-6，利用 $\ln\dot{\varepsilon} - \ln\sigma$ 和 $\ln\dot{\varepsilon} - \sigma$ 的线性关系，分别

计算其斜率得到 n 和 β。鉴于压缩试验中一些实验条件下试样应变较小时即出现断裂，其变形机理与室温变形机理较接近，因此只取稳态流变下的实验数据进行计算。

图 6-18 为快速凝固 EX－RS 66 挤压合金棒材应变速率与峰值应力之间的关系曲线，经拟合计算得 $n\approx 8.456$，$\beta\approx 0.0288$，由式 6-12 得 $\alpha\approx 0.0034$。

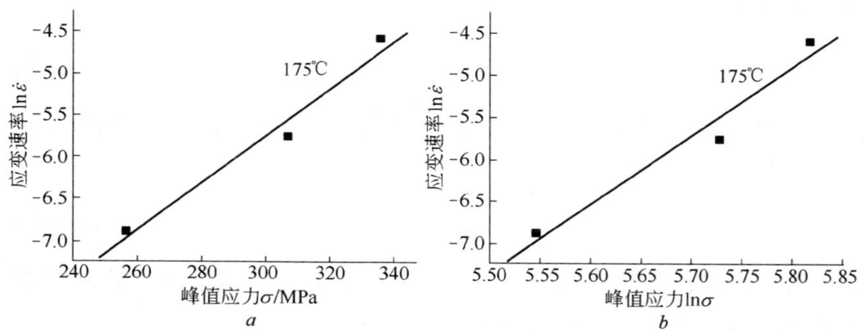

图 6-18 EX－RS 66 合金应变速率与峰值应力之间的关系

a—应变速率 $\ln\dot{\varepsilon}$ 与峰值应力 σ 之间的关系曲线；b—应变速率 $\ln\dot{\varepsilon}$ 与峰值应力 $\ln\sigma$ 之间的关系曲线

应变速率为常数时，假定在很小的温度范围内变形激活能 Q 保持不变，式 6-11 两边取对数可得如下线性关系：

$$\ln\dot{\varepsilon}+\frac{Q}{RT}=\ln A+n\ln[\sinh(\alpha\sigma)] \tag{6-13}$$

对式 6-13 两边求偏导，可得到应力指数 n，b 以及变形激活能 Q。公式如下[22]：

$$n=\left.\frac{\partial\ln\dot{\varepsilon}}{\partial\ln[\sinh(\alpha\sigma)]}\right|_T \tag{6-14}$$

$$b=\left.\frac{\partial\ln[\sinh(\alpha\sigma)]}{\partial(1/T)}\right|_{\varepsilon} \tag{6-15}$$

$$Q=R\left.\frac{\partial\ln\dot{\varepsilon}}{\partial\ln[\sinh(\alpha\sigma)]}\right|_T\left.\frac{\partial\ln[\sinh(\alpha\sigma)]}{\partial(1/T)}\right|_{\varepsilon}=Rnb \tag{6-16}$$

图 6-19 中分别为 $\ln\dot{\varepsilon}-\ln[\sin(\alpha\sigma)]$ 和 $\ln[\sin(\alpha\sigma)]-1/T$ 的

关系曲线。由图可得 $\ln\dot{\varepsilon}-\ln[\sin(\alpha\sigma)]$ 和 $\ln[\sin(\alpha\sigma)]-1/T$ 直线的斜率，由式 6-14 和式 6-15，可求出应力指数 $n=6.44$（与经过拟合的值没有数量级的差别）以及 $b=2.83$。由式 6-16 可得 $Q=151$ kJ/mol。

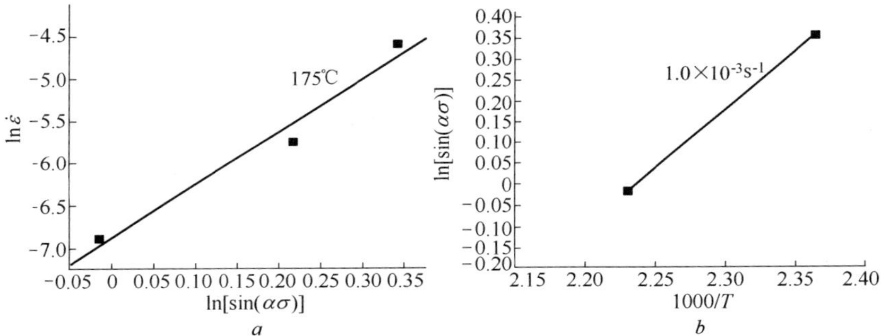

图 6-19 EX－RS 66 合金应变速率、流变应力和温度之间的关系

a—ln $\dot{\varepsilon}$ 与 ln[sin(ασ)]之间的关系曲线；*b*—ln[sin(ασ)]与 1000/*T* 之间的关系曲线

对式 6-9 两边取对数，可以得到：

$$\ln Z=\ln A+n\ln[\sinh(\alpha\sigma)] \tag{6-17}$$

将求得的变形激活能 Q 带入式 6-8，可得：

$$Z=\dot{\varepsilon}\exp\left(\frac{151\times10^{3}}{RT}\right) \tag{6-18}$$

将变形温度，应变速率和峰值应力带入式 6-17 和式 6-18，可得：

$$\ln Z=33.7+6.44\ln[\sinh(\alpha\sigma)] \tag{6-19}$$

即常数 $A=4.32\times10^{14}$，将上述求得参数都带入式 6-11，可得：

$$\dot{\varepsilon}=4.32\times10^{14}\times[\sinh(0.0034\sigma)]^{6.44}\cdot\exp\left(-\frac{151\times10^{3}}{RT}\right) \tag{6-20}$$

式 6-20 即为快速凝固 EX－RS 66 挤压合金棒材高温压缩变形时的应力－应变方程，描述了应变速率、变形温度与流变应力等变形参数之间的关系。

将各种变形条件带入式 6-20，可以计算理论流变应力值，与实验所得应力值进行对比，如图 6-20 所示。可见计算值与实验所得值比较吻合。因此,式 6-20 可以作为公式对快速凝固 EX－RS 66 挤压合金棒材的高温变形行为进行描述,体现了其高温性能特点并为其塑性加工工艺提供理论依据。

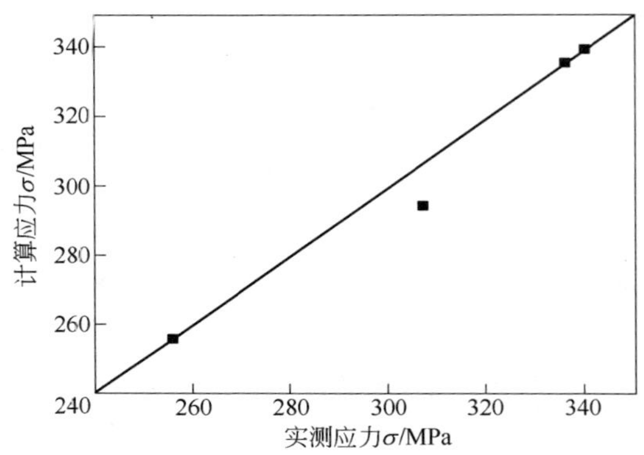

图 6-20　EX－RS 66 合金高温压缩变形时流变应力计算值与实测值的比较

6.6　本章小结

因动态再结晶,α－Mg 晶粒得以细化,EX－RS 66 平均晶粒尺寸约为 0.7 μm。在晶界分布着不规则形状的强化相,包括被破碎和 RS 过程中形成的 W 相、RS 66 组织中保留下来的 $Mg_{17}Ce_2$ 和晶内析出的 W 相。在 EX 过程中,RS 形成的晶粒没有粗化。

挤压温度在 298～330℃时,EX－RS 66 合金可以同时获得高强度和高伸长率,而且屈服强度与极限断裂强度的比值非常接近于 1。挤压温度在 310～330℃之间时,快速凝固 EX－RS 66 挤压合金棒材的力学性能与稳定性最佳。

在 ZK60 合金的基础上,适当加入一些合金元素 Y 和 Ce,可以使材料的高温性能大幅度提高。在压缩温度为 150℃,应变速率为 $1.0\times10^{-2}\ s^{-1}$时,EX－RS 66 合金屈服强度大约为 400 MPa;而当压缩温度达到 175℃,应变速率为 $1.0\times10^{-2}\ s^{-1}$时,材料的屈服强度下降到了 360 MPa。

EX－RS 66 挤压合金棒材高温压缩变形时的应力－应变本构方程为:

$$\dot{\varepsilon}=4.32\times10^{14}\times[\sinh(0.0034\sigma)]^{6.44}\cdot\exp\left(-\frac{151\times10^{3}}{RT}\right)$$

参考文献

[1] 陈振华. 变形镁合金[M]. 北京:化学工业出版社,2005:21~350.

[2] Bae D H, Lee H H, Kim K T, et al. Application of quasicrystalline particles as a strengthening phase in Mg-Zn-Y alloys[J], Journal of Alloys and Compounds, 2002, 342:445~450.

[3] 翟春泉,曾小勤,丁文江,等. 镁合金的开发与应用[J]. 机械工程材料,2001,25(1):6~10.

[4] Cahn R W,师昌绪,柯俊. 非铁合金的结构与性能[M]. 北京:科学出版社,1999.

[5] 余琨,黎文献,王日初. 变形镁合金的研究、开发及应用[J]. 中国有色金属学报,2003,13(2):277~288.

[6] 毛卫民,赵新兵. 金属的再结晶与晶粒长大[M]. 北京:冶金工业出版社,1994.

[7] 刘楚明,刘子娟,朱秀荣,等. 镁及镁合金动态再结晶研究进展[J]. 中国有色金属学报,2006,16(1):1~12.

[8] 范永革,汪凌云,黄光胜等. 变形镁合金高温变形流变应力分析[J]. 重庆大学学报,2003,26(2):9~11.

[9] Zhou H T, Zeng X Q, Wang Q D, Ding W J, A flow stress model for AZ61 magnesium alloy [J]. Acta Metallurgica Sinica(English Letters), 2004, 17(2):155~160.

[10] 陈礼清,董群,郭金花,等. TiC/AZ91D 镁基复合材料高温压缩变形行为[J]. 金属学报,2005,41(3):326~332.

[11] 郭强,严红革,陈振华,等. Mg-Al-Zn 系合金高温压缩流变应力研究[J]. 湖南大学学报,2006,33(3):75~79.

[12] Takuda H, Morishita T, Kinoshita T, Shirakawa N. Modelling of formula for flow stress of a magnesium alloy AZ31 sheet at elevated temperatures[J]. Journal of Materials Processing Technology, 2005, 164~165:1258~1262.

[13] 刘俊. AZ70 镁合金热变形特性的研究[D]. 郑州:郑州大学,2007.

[14] 陈振华,许芳艳,傅定发,等. 镁合金的动态再结晶[J]. 化工进展,2006,25(2):140~146.

[15] 俞汉清,陈金德. 金属塑性成形原理[M]. 北京:机械工业出版社,2005.

[16] 闫蕴琪,邓炬,张廷杰等. AZ91 合金的压缩行为[J]. 稀有金属,2004,28(6):1015~1018.

[17] 杨觉先. 金属塑性变形物理基础[M]. 北京:冶金工业出版社. 1988.

[18] 于翔,丁培道,彭健,等. AZ61B 镁合金热变形动力学的研究[J]. 热加工工艺,2005,(3):14~16.

[19]　徐彬. TC11 钛合金高温压缩变形行为研究[D]. 哈尔滨:哈尔滨工业大学,2006.

[20]　Takuda H, Fujimoto H, Hatta N. Modelling on flow stress of Mg – Al – Zn alloys at elevated temperatures[J]. Journal of Materials Processing Technology, 1998, 80 – 81:513 ~ 516.

[21]　陈振华,夏伟军,严红革,等. 镁合金材料的塑性变形理论及其技术[J]. 化工进展, 2004, 24(2):127 ~ 135.

[22]　Yu Kun, Li Wen Xian, Zhao Jun, et al. Plastic deformation behaviors of a Mg – Ce – Zn – Zr alloy[J]. Scripta Meterialia, 2003, 48:1319 ~ 1323.

7 往复挤压 Mg－Zn－Y 镁合金的组织与性能

本章讨论铸态和快速凝固薄带经过多道次等体积往复挤压后材料的组织和性能。对于铸态 Mg－Zn－Y 合金，本书用 CT 表示，对于快速凝固合金用 RS 表示，往复挤压用 RE 表示，正挤压用 EX 表示，往复挤压道次用 $n(=1, 2, \cdots, 12)$ 表示。为了节约篇幅，Mg－6.3% Zn－1.5% Y－1.0% Ce－约 1% Zr 合金取名为 66 合金，将 $Mg_{94.6}Zn_{4.8}Y_{0.6}$ 合金简写为 A1，$Mg_{92.5}Zn_{6.4}Y_{1.1}$ 合金简写为 B1。例如，铸态 66 合金，经过 n 道次往复挤压后，再经过一次正挤压，表示为 RE－n－EX－CT 66。同理，RE－n－EX－RS 66 表示快速凝固 66 合金经过 n 道次往复挤压后，又经过一次正挤压。

7.1 往复挤压合金的宏观形貌

图 7-1 为经过 n 道次往复挤压（RE－n）和经过 n 道次往复挤压加一次正挤压（RE－n－EX）后合金棒材照片。无论是铸态试样还是快速凝固试样，经过往复挤压或正挤压后，材料表面光滑，没有裂纹、气孔等缺陷。

a

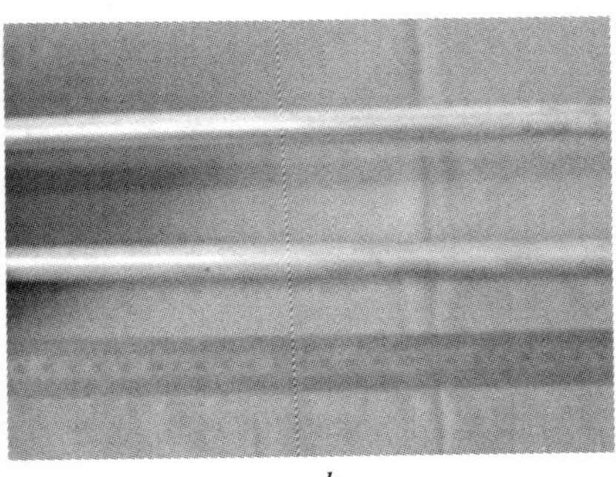

b

图 7-1　RE－n－RS 66 和 RE－n－EX－CT 66 合金棒材

a—RE－n－RS 66；*b*—RE－n－EX－CT 66

7.2 往复挤压铸态 Mg – Zn – Y 合金组织特点

由于铸态(普通凝固)和快速凝固态合金的组织具有显著的差别,因此,经过往复挤压后的铸态组织与经过往复挤压后的快速凝固组织也有显著差别,也就是说两种组织都具有独特的组织形态。本节分析铸态 Mg – Zn – Y 合金经过往复挤压后的组织特点以及组织形成机制。

7.2.1 RE – *n* – CT 合金组织特点

直径为 55 mm 的 CT 66 合金组织如图 7–2 所示。往复挤压后,原 CT 66 合金组织中的树枝晶转变为等轴晶。如图 7–3 所示为不同往复挤压后的棒材再经过一次正挤压后基体组织的电镜照片。由图可见,经过两道次往复挤压后,平均晶粒直径为 1.5 μm,经过 4 道次往复挤压后,平均晶粒直径为 0.7 μm,经过 8 道次往复挤压后,平均晶粒直径为 2.5 μm。因此,经过过多道次往复挤压,细化后的晶粒会长大。研究表明,挤压道次一般不易高于 4 道次。

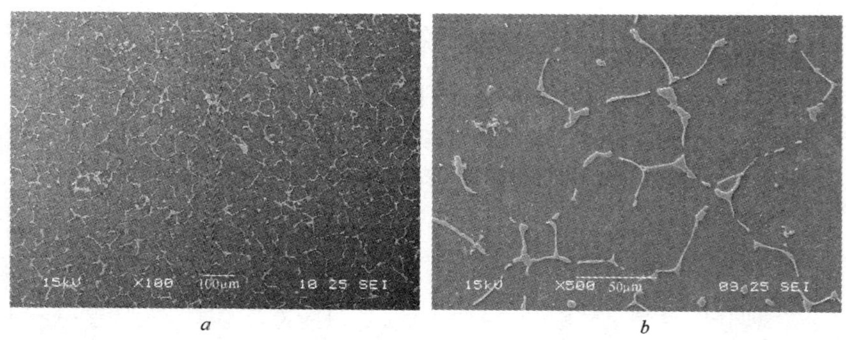

图 7–2 直径为 55 mm 的 CT 66 合金棒材 1/2 半径处的组织

a— ×100;*b*— ×500

经过往复挤压后,晶界上连续的网状化合物被破碎为细小的均匀分布在基体上的强化相颗粒。随着 RE 道次的增加,颗粒状强化相数量增多,分布趋于均匀。图 7–4 为直径 50 mm 的 RE – *n* – CT B1 材料强化相的细化情况。经过 两道次往复挤压后,强化相颗粒已经被破碎得很细小,平均尺寸小于 5 μm。当 $n = 4$ 时,强化颗粒数量明显增多,尺寸

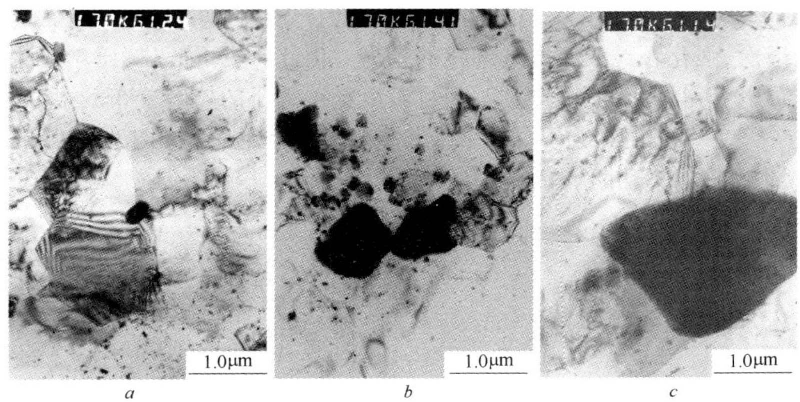

图 7－3 RE－n－EX－CT66 合金的电镜照片

a—$n=2$；b—$n=4$；c—$n=8$

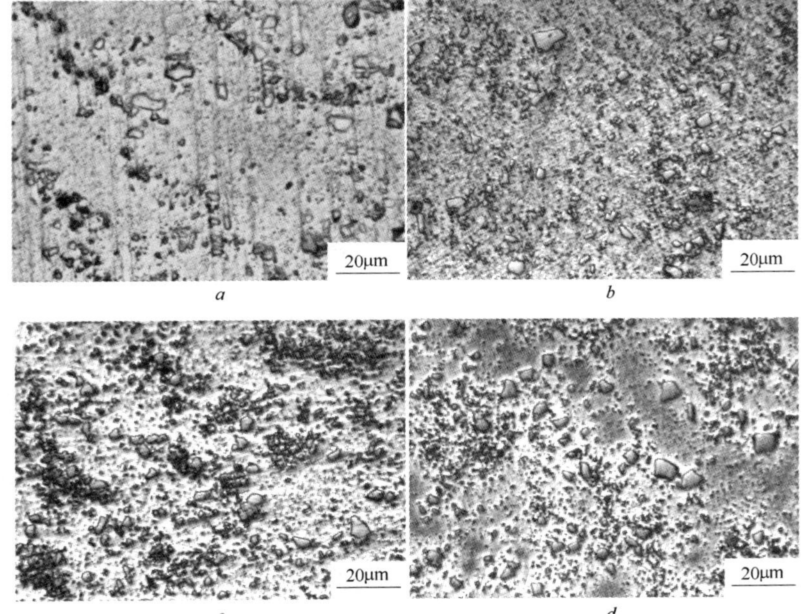

图 7-4 RE－n－EX－CT B1 合金横截面组织

a—$n=2$；b—$n=4$；c—$n=8$；d— $n=12$

变得均匀，平均尺寸为 3 μm 左右，分布也十分均匀。继续增加往复挤压道次，强化颗粒没有继续细化的趋势。由此可见，往复挤压 4 道次不仅可以获得细化的基体组织，而且可以获得细小的均匀分布的第二相。

图 7–5 是直径为 50 mm 的 RE – *n* – CT 66 棒材组织中强化相的细化情况。第二相的分布情况与 RE – *n* – CT B1 相似。

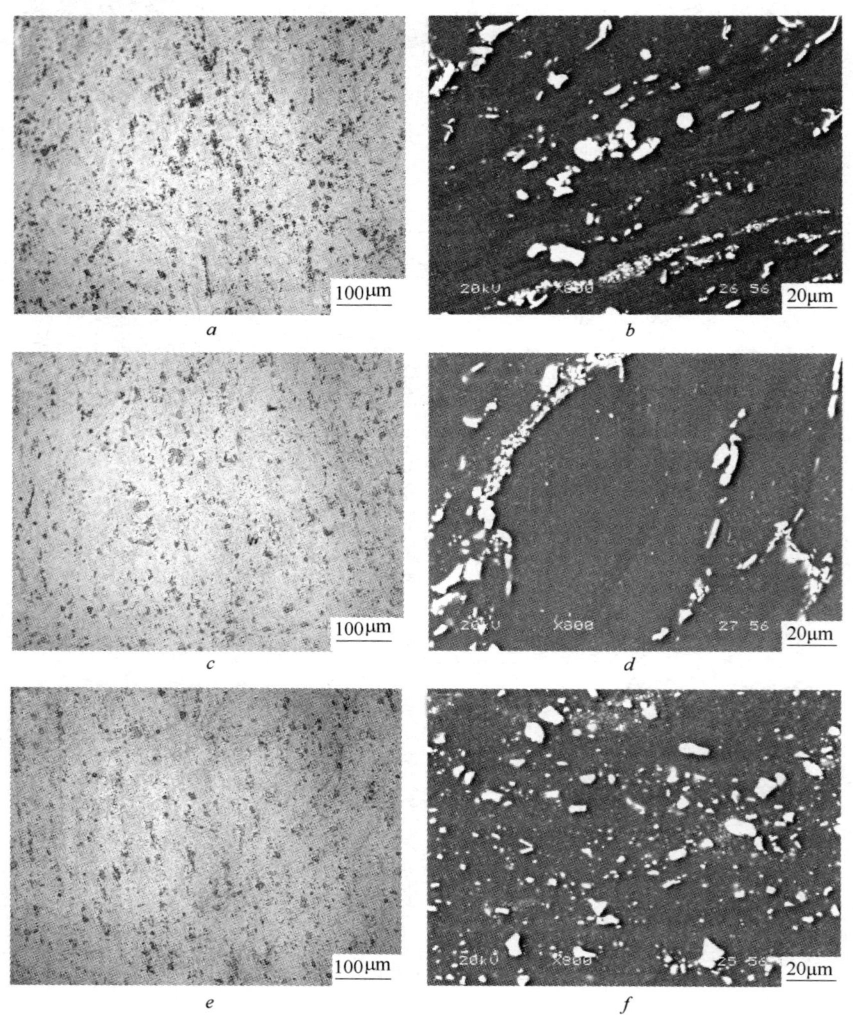

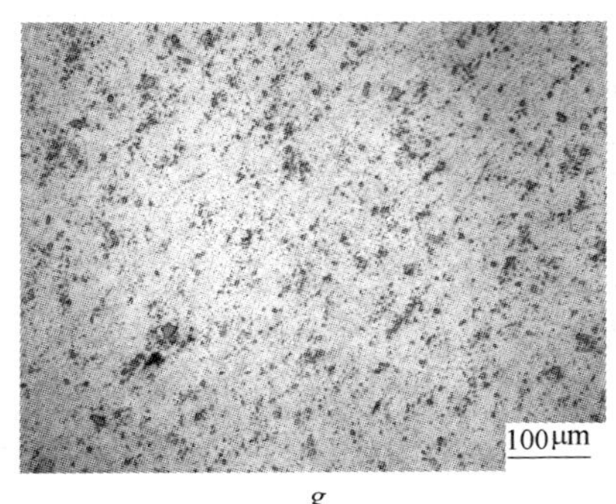

g

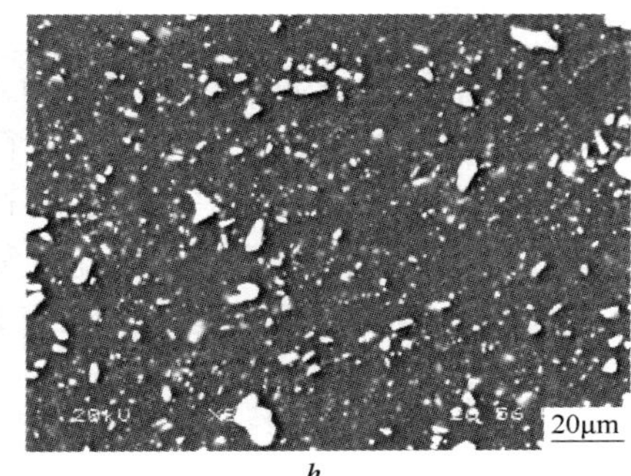

h

图 7-5 RE - *n* - EX - CT 66 合金横截面组织

a,*b*—*n* = 2;*c*,*d*—*n* = 4;*e*,*f*—*n* = 8;*g*,*h*—*n* = 12

往复挤压只改变组织的形状和相对分数,但是,不会改变组织的组成。因此,基体组织为 α - Mg。对于 RE - *n* - CT 66,强化相为 Z、W 和 $Mg_{17}Ce_2$;而对于 RE - *n* - CT B1,强化相为 Z 和 MgZn 相。

7.2.2 RE - CT - Mg - Zn - Y 合金晶粒细化

RE 过程由挤压和镦粗两个先后连续进行的工艺组成,也可以看作是挤压和镦粗的复合工艺。原始组织在变形过程中不断地被揉压(包括正应力和剪切应力),发生大塑性变形。一方面,大的塑性变形本身就会细化晶粒;另一方面,RE 过程中不断发生着动态再结晶,可使晶粒进一步得到细化。

M. Richert 等人[1,2]认为,RE 过程中会形成剪切带,剪切带的交叉、增殖导致微观组织破碎,使其逐渐演变成等轴胞和亚晶结构。本书中的实验研究是在 300 ~ 330℃温度范围内进行变形加工的,挤压过程中可以激活棱柱面 $\{10\bar{1}1\}$ $<11\bar{2}0>$ 滑移系,开动第二类角锥面滑移系。RE 道次越多,因材料流动而引起材料的变形越充分,“颗粒”的分布会越均匀。

RE 过程中,破碎、变形所产生的畸变较大或滑移受到阻碍时,滑移面上的位错从局部受阻而塞积,造成金属晶体结构的严重畸变,为再结晶提供了条件。加上 RE 挤压热的作用,动态再结晶的发生成为必然。

高温下镁合金通过晶界滑动(GBS)和转动发生塑性变形也很重要[3]。在再结晶形核长大期间还进行着塑性变形,新形成的再结晶晶粒会再次变形。当晶粒中位错密度积累到足以激发另一轮再结晶时,则新一轮的再结晶便开始。如此反复,新晶粒不断地从正在长大的再结晶晶粒边界处形核长大,从而导致晶粒细化。

上面提到,RE 过程是一个挤压和镦粗的复合工艺。在 RE 的镦粗过程中,因 RE 挤压时而形成的流线受到指向流线平行线方向的镦粗而将流线“阻断”,在压缩剪切力的作用下,拉长的 α－Mg 晶粒或破碎直接形成等轴晶,或通过调整位向继续“自适应”流动,或通过再结晶形成等轴晶。晶界上脆性更大的金属间化合物在 RE 过程中被破碎成细小“颗粒”跟随材料流动,而发生位置迁移,如图 7-6 所示。RE 道

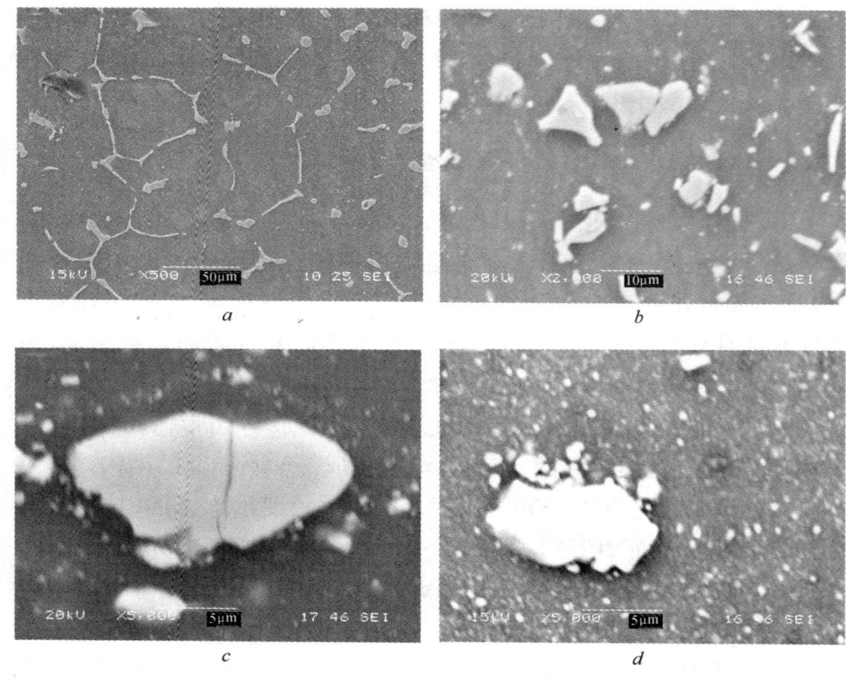

图 7-6　RE－n－EX－CT 66 合金第二相的破碎过程

a—CT 66 铸态;b—n＝2 棒材边缘;c—n＝2 棒材中心;d—n＝12 棒材中心

次增加，破碎的金属间化合物分布就会越均匀。叶均蔚[4]认为，第二相细化存在弯曲机理、短纤维加载机理、剪切机理。RE 过程中的循环塑性流动会促使颗粒重新分布。

高温下，晶界的迁移也促进再结晶晶粒的长大[3]。铸态 Mg - Zn - Y 合金中强化相颗粒的热稳定性高，可以有效地钉扎晶界，阻止再结晶晶粒长大，使晶粒细化。因此，即使往复挤压 12 道次，再结晶晶粒有长大，但是长大并不十分明显。

低道次 RE 对组织的细化十分显著，增加 RE 道次不能继续有效地细化晶粒，只能使组织更加均匀。其原因是，晶粒细化到一定程度后，在后续 RE 中，材料以流动为主，破碎作用基本消失，并不能通过动态再结晶继续细化晶粒。因此，RE - *n* - EX - CT - (Mg - Zn - Y) 合金晶粒细化的原因是变形过程中晶粒的破碎和反复再结晶，以及强化相颗粒对再结晶晶粒长大的抑制共同作用的结果。

7.2.3 热处理对 RE - CT - Mg - Zn - Y 合金组织的影响

图 7-7 是 RE - 8 - EX - CTB1 合金在 100℃保温不同时间及在不同温度下保温 8h 的组织。热处理对组织中第二相的影响不十分明显。这说明，在一定温度范围内，等温时效只可能消除部分组织应力，析出少量第二相。析出的第二相或者以非常小的颗粒分布在基体上，或者直接生长在已有的颗粒之上，而对破碎的强化相影响不大。在 300℃保温 8 h 组织中第二相同样没有明显长大。因此，RE 后 Mg - Zn - Y 合金强化相颗粒在高温下是很稳定的。

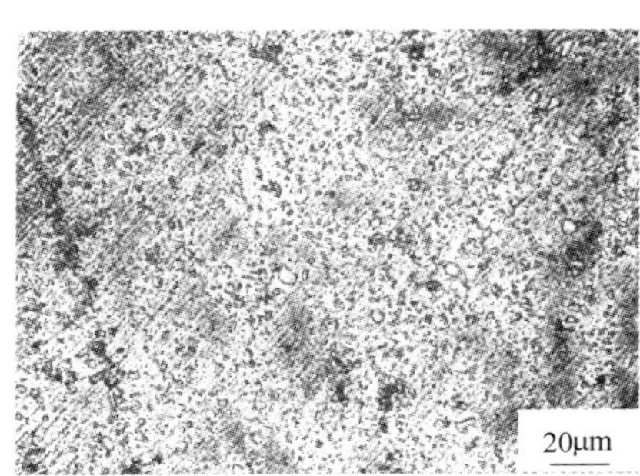

a

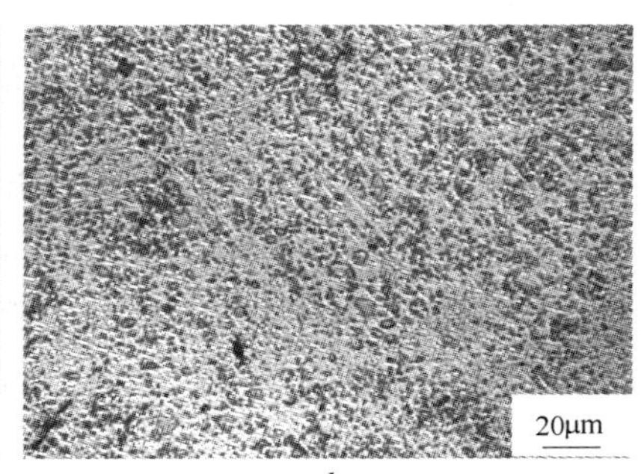

b

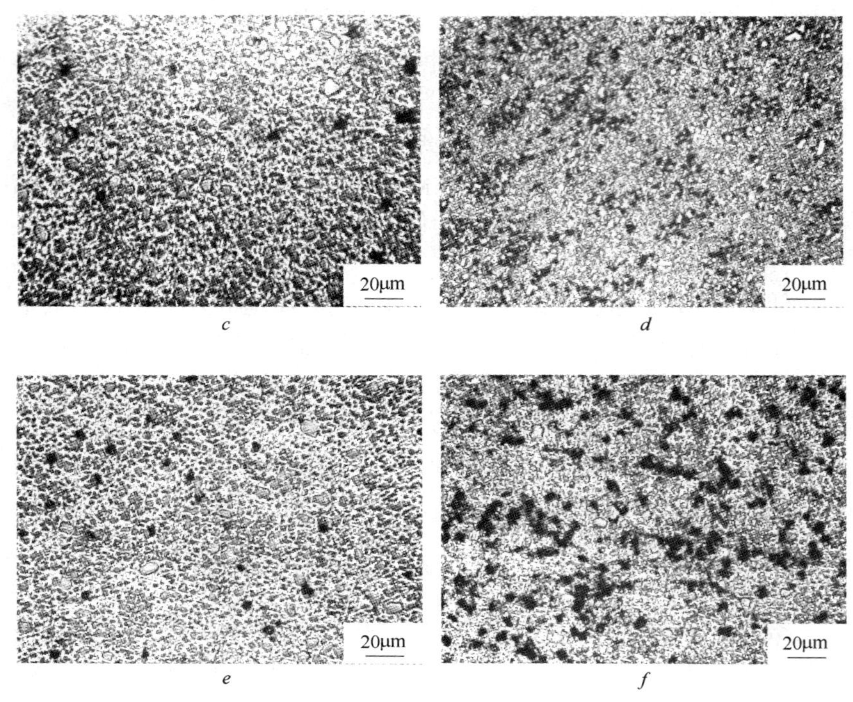

图 7-7　RE－n－EX－CT B1 合金热处理后组织

a—100℃ ×4 h；b—100℃ ×8 h；c—100℃ ×12 h；
d—200℃ ×8 h；e—250℃ ×8 h；f—300℃ ×8 h

7.3　RE－CT－Mg－Zn－Y 合金的性能

7.3.1　RE－n－EX－CTB1 合金的性能

RE－n－EX－CTB1 合金的力学性能与 RE 道次之间的关系如图 7-8 所示。与 CT B1 相比，RE－n－EX－CT B1 合金在拉伸过程中，力学性能的最大特点是塑性的提高。往复挤压 2～12 道次后，合金的伸长率介于 18%～23% 之间，而铸态合金的伸长率仅为 1.1%。经过 4 道次往复挤压，合金的综合力学性能最高，抗拉强度 σ_b 为 325 MPa，$\sigma_{0.2}$ 为 260 MPa，伸长率 δ 接近 20%。继续提高挤压道次，合金的塑性提高，但是强度降低。因此，RE 工艺可以提高材料的力学性能，经过 2～8 道次 RE 后，材料的综合力学性能较高，这与前面组织分析相一致。可以如此提高镁合金的塑性，对材料研究工作具有十分重要的意义。这说明，在镁合金材料设计过程中，可以提高合金元素的加入量，从而可以进一步提高材料的强度和硬度。对于因增加合金元素而损失的塑性，可以通过合理的先进加工工艺改善，如通过 RE 等大塑性变形工艺。

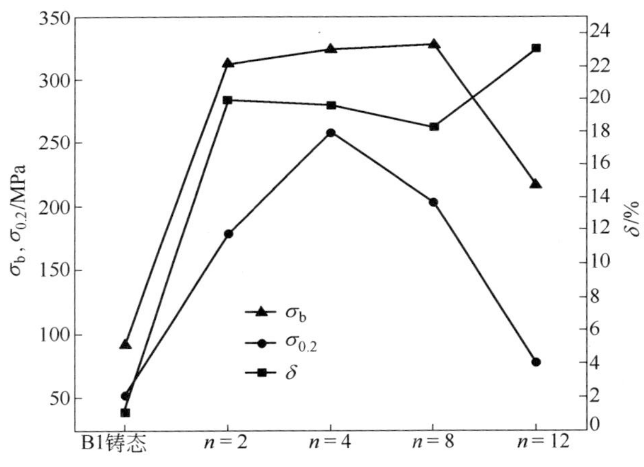

图 7-8 RE－n－EX－CT B1 合金的力学性能

图 7-9 和图 7-10 为 RE－n－EX－CT B1 和 RE－n－EX－CT66 镁合金经过不同道次 RE 后的拉伸断口形貌。拉伸断口上遍布着大小不等的韧窝，在韧窝底部有不规则形状的第二相强化粒子。由此可见，这些几微米的第二相强化粒子是铸态组织中的网状化合物在 RE 过程中破碎细化得到的。其中，经过 4 道次和 8 道次的韧窝和第二相强化粒子分布更均匀。韧窝大小、深浅及数量取决于第二相粒子的大小、间距、数量及材料的塑性。如果夹杂物或第二相强化粒子多，材料的塑性较差则断口上形成的韧窝尺寸较小也较浅，反之则韧窝较大较深。韧窝的深度主要受材料塑性变形能力的影响[5]。

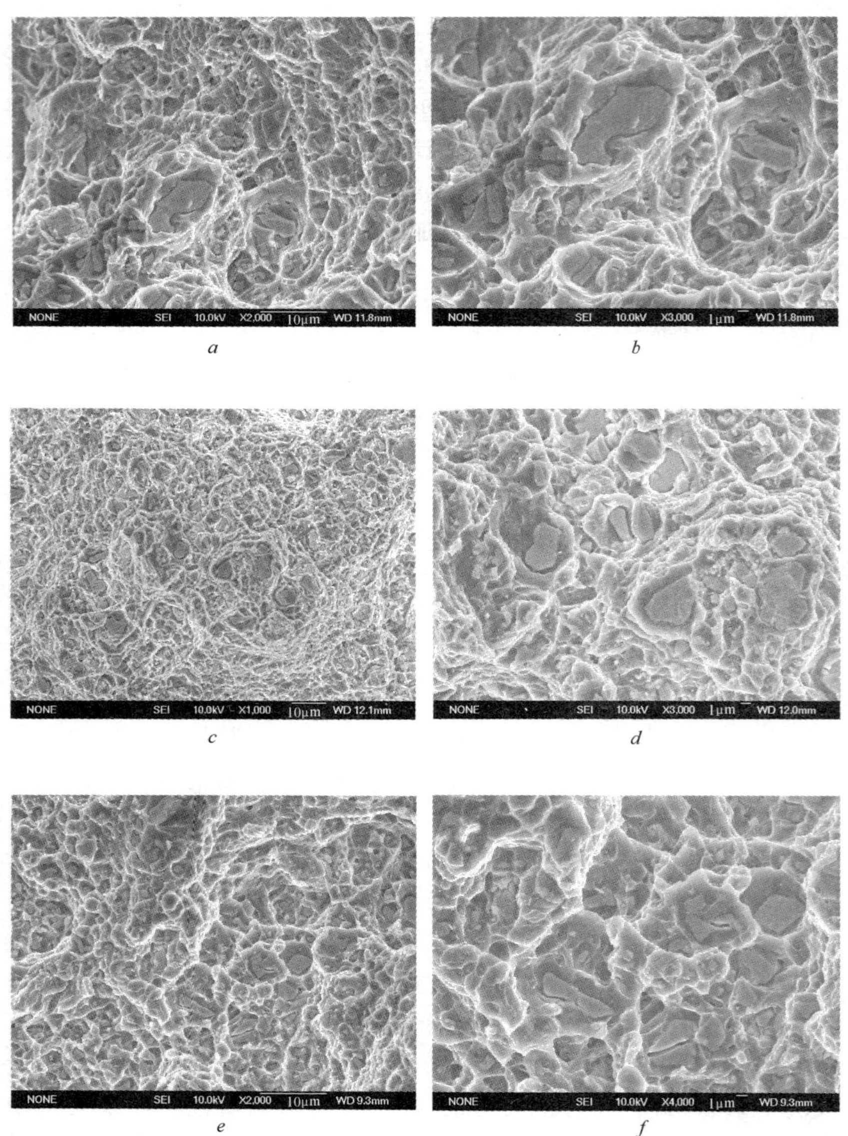

图 7-9　RE－n－EX－CT B1 合金的拉伸断口形貌

a,b—n=2;c,d—n=4;e,f—n=8

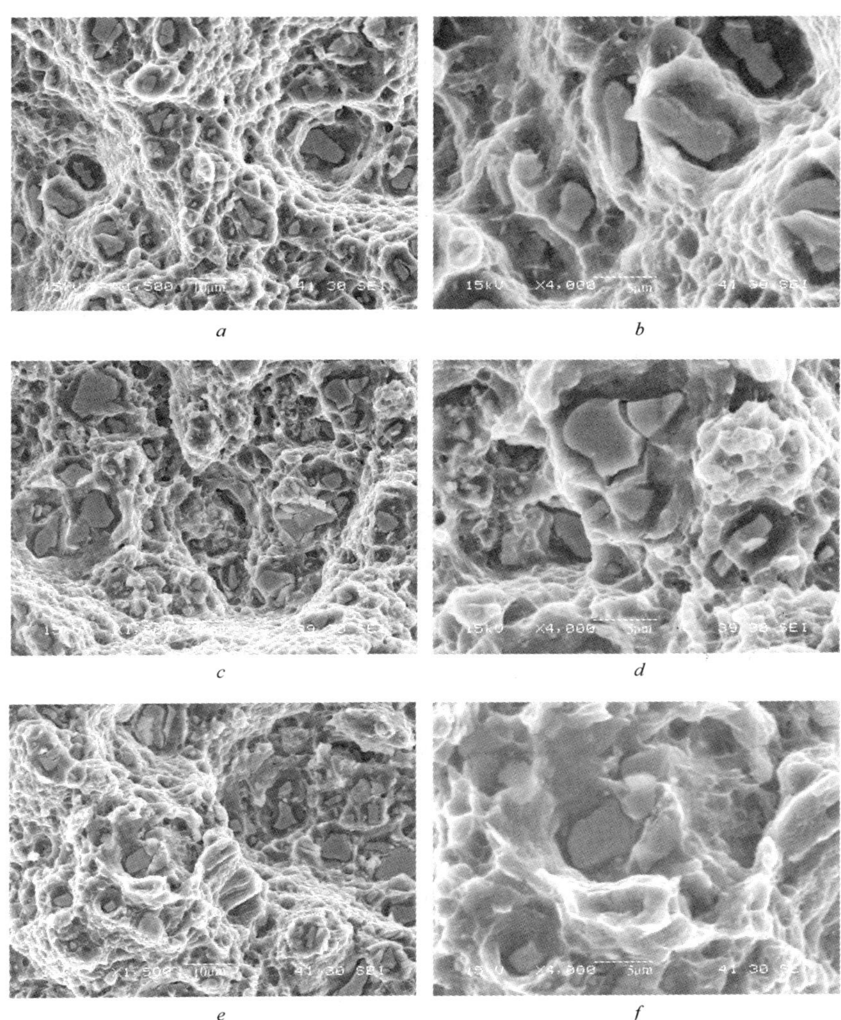

a *b* *c* *d* *e* *f*

图 7-10 RE - *n* - EX - CT 66 合金的拉伸断口形貌

a,*b*—$n=2$;*c*,*d*—$n=4$;*e*,*f*—$n=8$

7.3.2 RE - *n* - EX - CT66 合金的性能

RE - *n* - EX - CT66 合金的硬度与挤压道次的关系如表 7-1 所

示。显微硬度在 Wilson Tukon 200 显微硬度计上测试,采用的载荷为 50 g,保载时间为 15 s。挤压道次为 4 道次时,材料的硬度最高,高于 4 道次,硬度降低。硬度的变化正好反映了材料组织的变化。拉伸性能在 Instron 拉伸试验机上进行测试。试验前,试样首先经过了 200 ℃ × 16 h 的热处理。试样间标距长度 30 mm,直径为 6 mm,应变速率为$4.0\times10^{-4}\ s^{-1}$。RE – 2 – EX – CT 66 材料的抗拉强度 σ_b 为 332MPa,伸长率 δ 为 18%,RE – 4 – EX – CT 66 材料的 σ_b 为 315MPa,δ 为 23%,RE – 8 – EX – CT 66 材料的 σ_b 为 325MPa,δ 为 23%。同样,当挤压道次为 4 时,材料可以同时获得高的强度和塑性。对于 CT 66 合金经过变形后得到很高的强度的同时,同样可以得到高的塑性。

表 7–1　RE – *n* – EX – CT 66 合金的显微硬度

(Wilson Tukon 200 硬度计,实验参数 50 g/15 s)

材　料	1 号试样	2 号试样	3 号试样	硬度(HV)平均值
CT 66	78	89	91	86
RE – 2 – EX – CT66	99	97	104	100
RE – 4 – EX – CT66	102	89	100	100
RE – 6 – EX – CT66	86	87	89	87

7.4　往复挤压快速凝固 Mg – Zn – Y 合金的组织特点

7.4.1　RE – *n* – EX – RS – ZK60 合金的组织特点

图 7–11 为 RE – *n* – EX – RS – ZK60 合金显微组织。通过 RE 和 EX 后,合金的组织与正挤压态的组织不同,RE 后形成的组织流线不规则,因此,RE 有利于组织的细化和均匀化,可以有效地减少挤压后性能的各向异性[6]。

通常情况下,经过 2 道次挤压后,一般情况下很难发现有未焊合的缺陷存在。但是,经过多次抽样,确实发现经过 2 道次挤压的合金有未焊合部分(仅发现一次),如图 7–11*a* 中箭头所示。往复挤压能有效地破碎氧化层,使之成为更细小的氧化物颗粒,均匀分布于基体中,有效减少未焊合缺陷。经过 4 道次挤压，多次抽样，没有发现快速凝固薄带未焊合现象。原来 2 道次 RE 后的不规则流线变成了不均匀的圆环，与 2 道次相比组织更加均匀。经过 8 道次挤压后，可以看出，4 道次挤压过程中形成的不均匀圆环消失，组织更加均匀，强化相均匀弥散地分布于基体中。

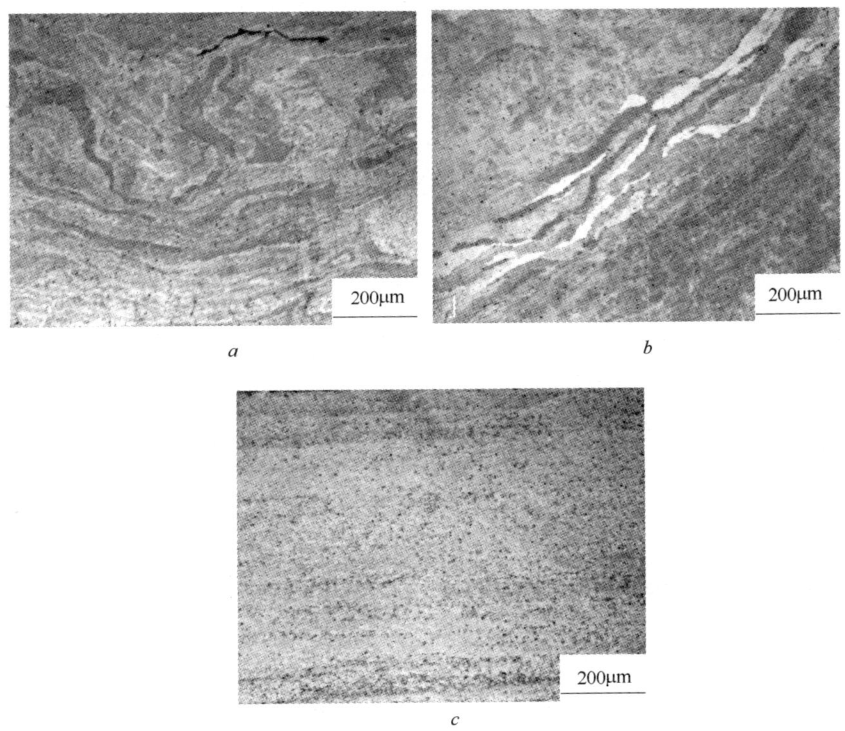

图 7-11 RE - *n* - EX - RS - ZK60 合金横截面显微组织

a—*n* = 2；*b*—*n* = 4；*c*—*n* = 8

图 7-12 为 RE - EX - RS - ZK60 合金的基体组织。横纵截面均由等轴晶组成，晶粒直径大约在 4 ~5 μm 左右，挤压过程中析出的强化相颗粒均匀分布于基体上（包括晶内和晶界）。从图中还可以看出，沿着挤压方向，分布着一些暗黑色的条带组织。这与通过单次挤压发现的带状

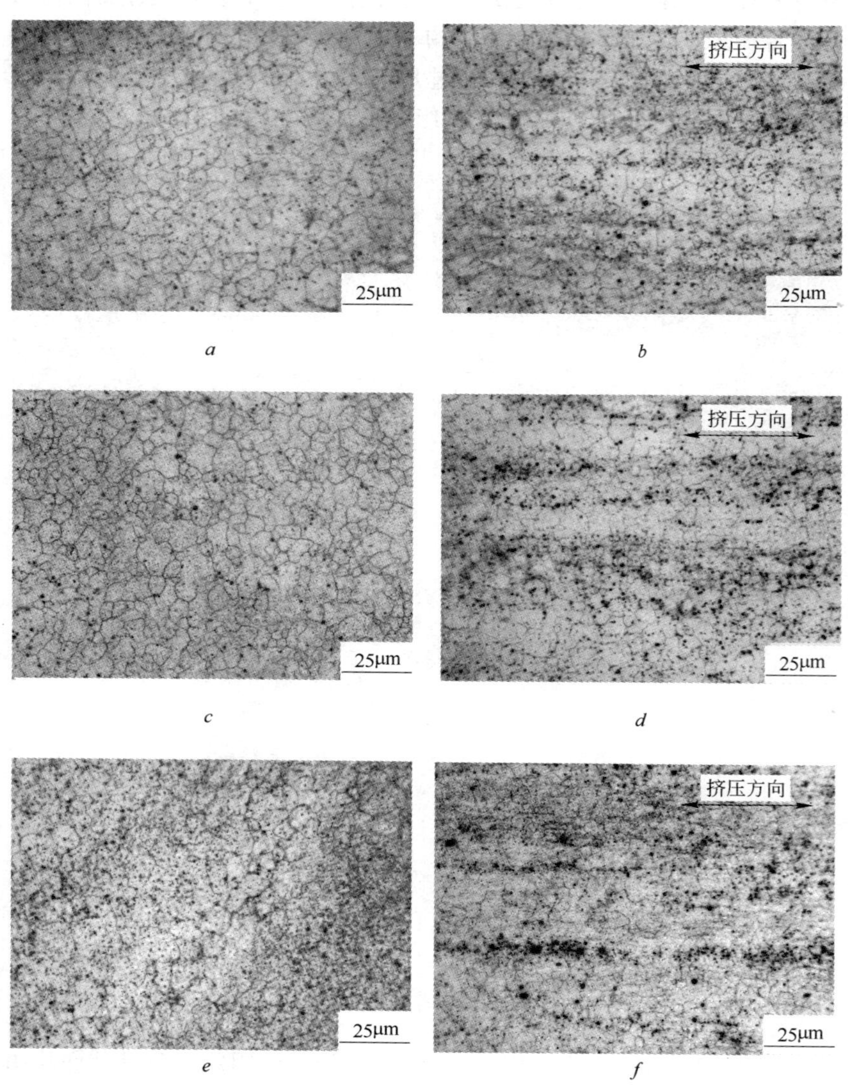

图 7-12 RE - n - EX - RS - ZK60 合金显微组织

a—n = 2 横截面；b—n = 2 纵截面；c—n = 4 横截面；d—n = 4 纵截面；e—n = 8 横截面；f—n = 8 纵截面

组织相似[67]，可能由于在纵截面受到的剪切力较大，沿着挤压方向产生了大量的位错，位错互相缠结形成许多位错结和位错割阶。而且，在挤压过程中，大量溶质原子在高位错密度处聚集，经过腐蚀后，宏观上则表现出呈黑色的条带。因此可以判断，沿着挤压方向黑色的条带可能是富 Zn 相。与 RS - ZK60 薄带组织相比较，在 300 ~ 315℃时往复挤压，晶粒尺寸与快速凝固相当。说明，往复挤压过程中晶粒的细化和长大基本维持平衡。这主要是由于在晶内和晶界弥散均匀分布的强化相颗粒有效钉扎晶界[8]，阻碍了晶界的运动，从而防止了多次变形过程中晶粒的长大。

7.4.2 RE - *n* - EX - RS 66 合金的组织特点

与 RE - *n* - EX - RS - ZK60 合金相比，RE - *n* - EX - RS 66 在材料成分上有所变化。其中，Zn 的含量增加了约 1% 。Zn 含量的增加，增大了强化相析出的机会和比例。而且在合金中还增加了合金元素 Y 和 Ce，这些合金元素都是形成强化相的主要元素。由此可见，如果说由于这些合金元素的加入，变形组织会发生什么显著变化，其原因一定与强化相在快速凝固和大变形过程中与基体之间相互作用有关。

图 7-13 为 RE - *n* - RE - RS 66 横截面中心区域的组织。经 2 道次往复挤压后，材料的组织已经均匀，在薄带之间没有焊合缺陷。经过 4 道次的挤压后，整个材料的组织都十分均匀，横截面周边和中心没有结构上的不同。在往复挤压过程中强化相颗粒尺寸基本保持不变，只有在挤压道次大于 4 后稍有长大，见图 7-14。TEM 照片发现，经过 2 道次挤压基体平均晶粒大小约为 0.7 μm，在晶粒内部弥散的强化相颗粒尺寸小于 50 nm，在晶界分布的二次相颗粒尺寸约为 0.25 μm，见图 7-15*a*。与经过单次正挤压的 RS 66 合金组织（见图 6-2 和图 6-3）相比较，往复挤压道次大于 4，合金晶粒尺寸有轻微长大，强化相颗粒也有轻微长大。图 7-15*b* 可以看出，经过 12 道次挤压后基体晶粒尺寸和强化相颗粒尺寸分别约为 1.3 μm 和 80 nm。但是，与 RS 66 组织相比，经过 12 道次晶粒尺寸至少减小了 4 倍，说明快速凝固结合往复挤压可深层次细化晶粒。在前面分析 RE - *n* - EX - RS - ZK 60 合金时知道，往复挤压不可以更深层次地细化其晶粒。与 RS 66 相比，ZK 60 合金中强化相数量更少，强化相中也没有含 Y 和 Ce 的高温稳定的强化相。因此，在 RE 过程中，强化相

对晶粒长大的抑制作用相对较弱。RE 过程中，为了更好地细化 RS 形成的细小的晶粒，第二相的数量是一个十分重要的参数。

a　b　c　d

图 7–13　RE – n – EX – RS 66 棒材中心区域组织

a—$n=2$；b—$n=4$；c—$n=8$；d—$n=12$

a　b

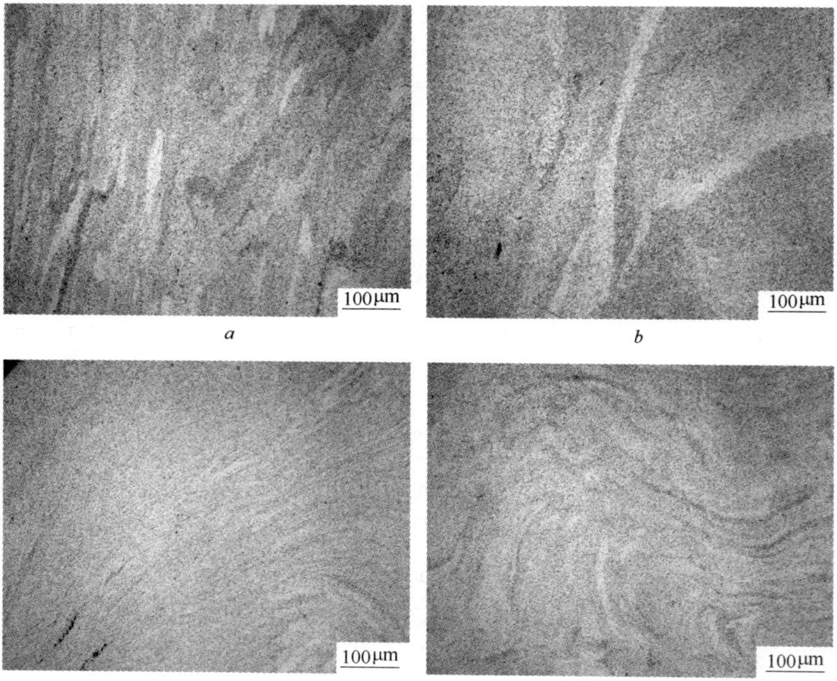

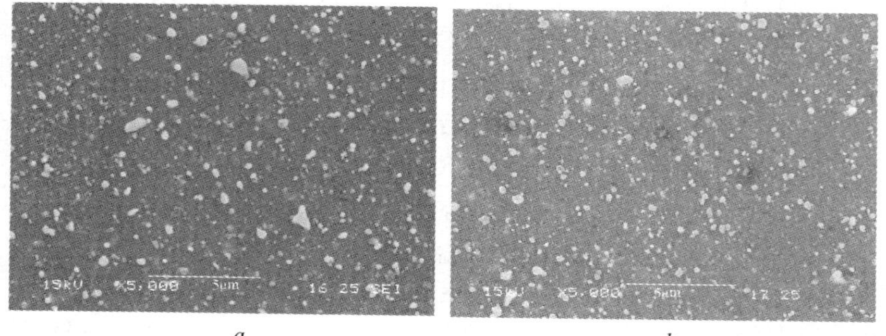

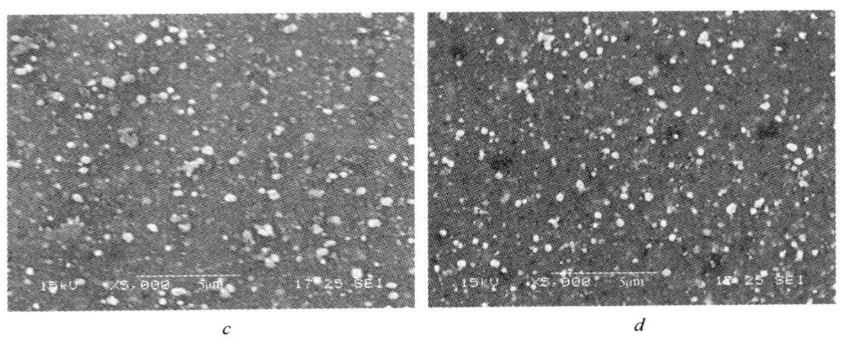

c　　d

图 7-14　RE－n－EX－RS 66 合金强化相颗粒的分布

a—n＝2 中心区；b—n＝4 中心区；c—n＝8 中心区；d—n＝12 中心区

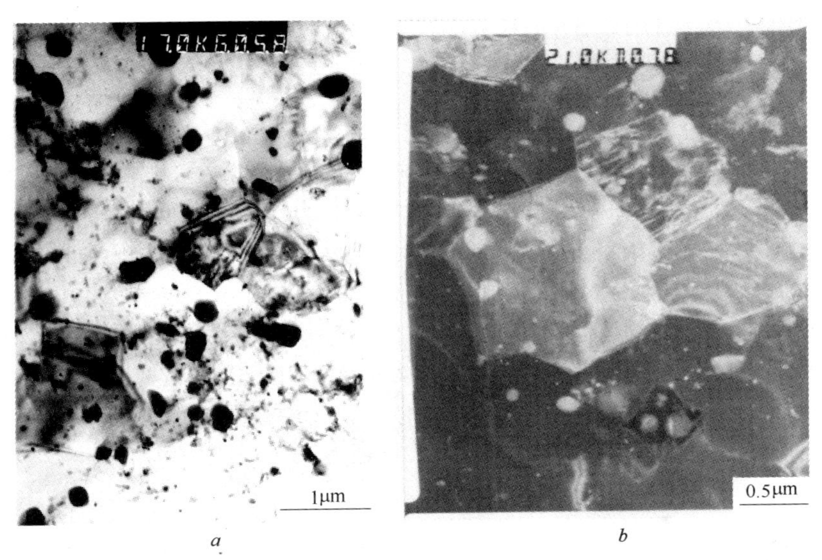

a　　b

图 7-15　RE－n－EX－RS 66 合金 TEM 照片

a—n＝2；b—n＝12

7.4.3　RE－n－EX－RS B1 合金的组织特点

快速凝固 Mg 合金薄带在往复挤压变形过程中被不断地三维揉

压，发生大塑性变形，使薄带焊合，获得高致密块体材料。图 7－16 为 RE－n－EX－RS B1 的合金组织。RE 后，薄带焊合良好，组织致密，纤维组织流线不规则。

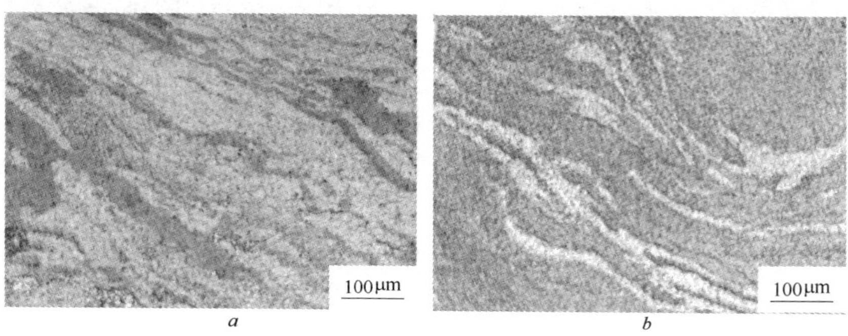

图 7－16　RE－n－EX－RS B1 合金组织

a—$n=2$；b—$n=4$

图 7－17 为 RE－n－EX－RS B1 合金的 TEM 组织。强化相颗粒主要由三个部分组成：第一部分是原薄带晶粒内部凝固时的强化相，其尺寸在 RE 过程中没有发生变化，为 100 nm 左右，如图 7－17a，b 中的小颗粒，在基体中分布更均匀。称其为第一类强化相；第二部分是在 RE 过程中，原来分布在薄带晶粒界面上的网状化合物被破碎，以不规则的颗粒分布在基体上。一般情况下，这类颗粒分布在晶界上，尺寸为

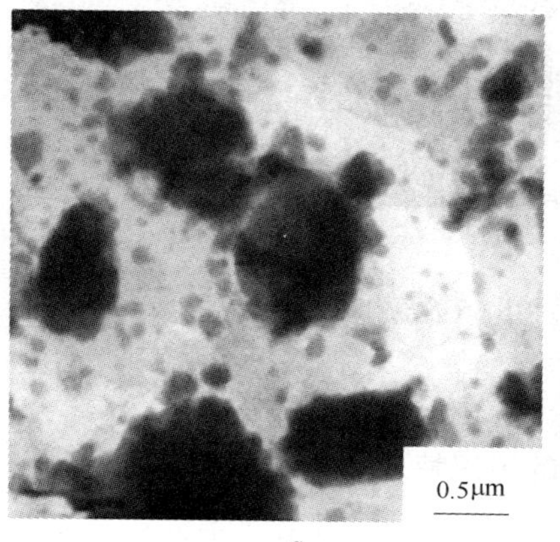

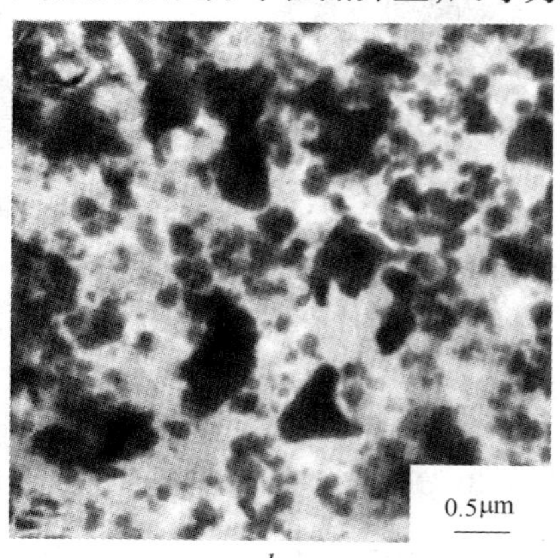

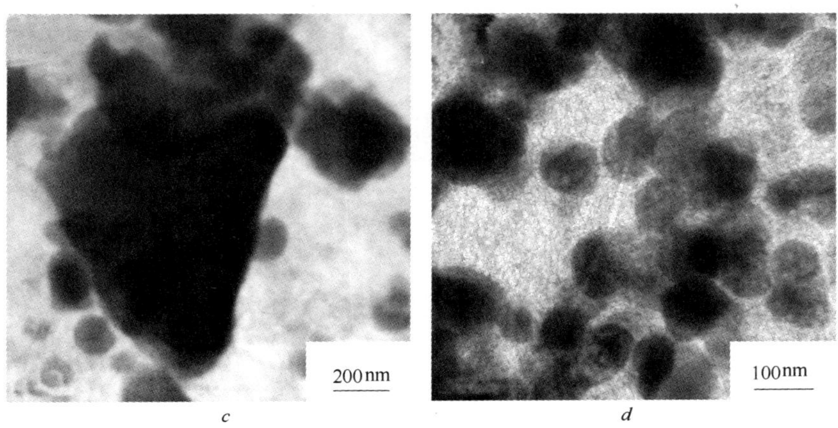

c *d*

图 7-17 RE - *n* - EX - RS B1 合金的 TEM 组织

a—*n* = 2；*b*—*n* = 4；*c*，*d*—图 *b* 的放大

0.5 μm，如图 7-17*a*，*b* 中的大颗粒。称其为第二类强化相，放大后颗粒如图 7-17*c* 所示；第三部分颗粒是在 RE 过程中，通过脱溶析出形成的沉淀相，尺寸一般为 70 nm 左右，为第三类强化相，如图 7-17*d* 所示。

图 7-18 为 RE - *n* - EX - RS B1 合金及其在 200℃保温 2h 时效处理的 XRD 谱。RE 及时效热处理后，组织中只有 α - Mg 和 Z 相。用 XRD 相含量半定量分析表明，随着 RE 道次的增加，RE - *n* - EX - RS

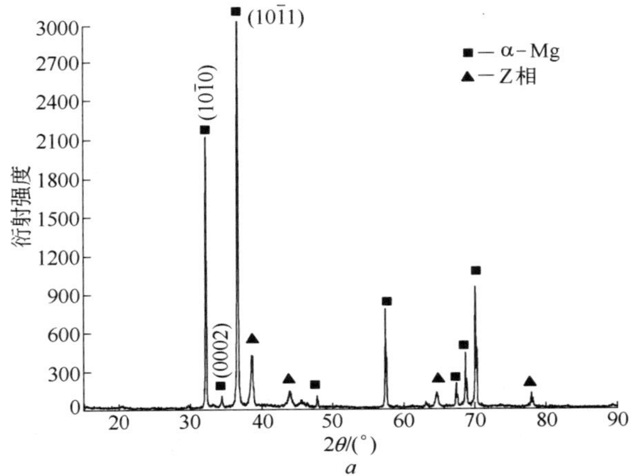

a

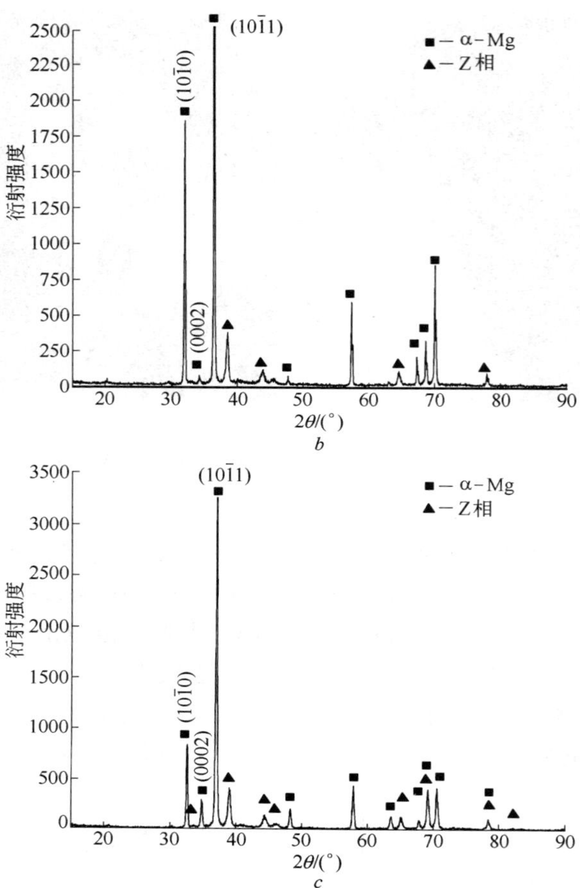

图 7-18　时效前后 RE－n－EX－RS B1 的 XRD 图谱

a—n＝2；b—n＝4；c—n＝4，200℃退火 2 h

B1 合金中 Z 相的含量增加，证实 RE 过程可以促进 Z 相的沉淀析出。由于 Z 相为二十面体准晶周期有序结构[9]，TEM 下形貌为近球形。另外，介稳相 Mg_7Zn_3 为 Z 相二十面体准晶的 1/1 体心立方近似相[10]，其基本结构类似，室温时又转变为 MgZn 相。因此，TEM 观察到的 70 nm 左右近球形的粒子中既有 Z 相，又有 MgZn 相。Kim[11] 等人也证实了在挤压变形过程中，从 α－Mg 固溶体中可能析出准晶 Z 相。准晶相颗粒可作为晶界和位错的钉扎中心，从而可以提高合金的性能[12]。

7.5 往复挤压快速凝固 Mg－Zn－Y 合金薄带的焊合

对于镁合金，RE 一般在 330℃（约 0.65T_m，$T_m \approx 923$K，为纯镁的熔点）温度下进行，变形中存在动态再结晶。每一道次 RE 由一次挤压和一次镦粗的复合工艺组成，而薄带正是在经受的反复揉搓变形过程中而焊合。因此，RE 中，材料存在加工硬化和动态软化两个动态过程。其中，在挤压时，薄带组织因流动而发生塑性变形，形成纤维组织。在后续镦粗时，纤维组织被压缩变形。薄带焊合过程可以分解为三个阶段加以分析研究：线接触阶段、焊合及再结晶阶段和最终阶段，如图 7－19 所示。

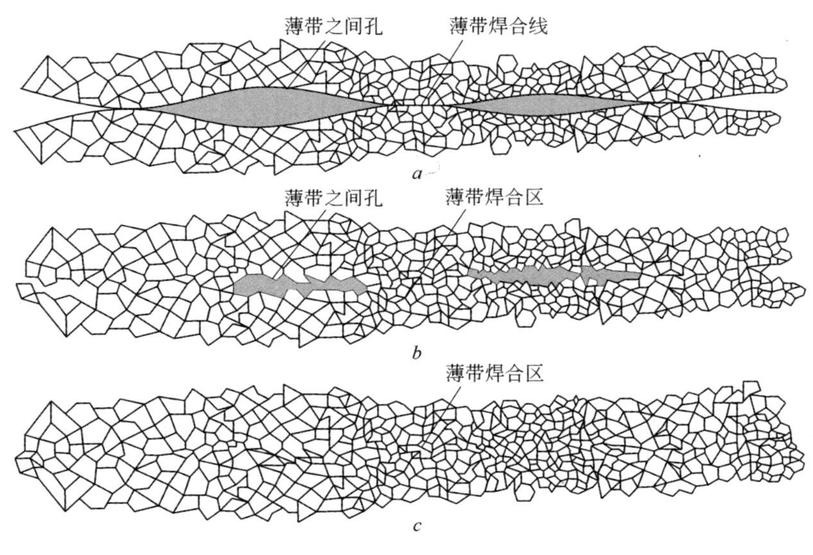

图 7－19 RE 过程中 RS 薄带焊合示意图

a—线接触；*b*—焊合过程和再结晶；*c*—完全焊合

7.5.1 线接触阶段

焊合初期，在预挤压的压应力作用下，薄带界面间出现局部点、线或面接触,未接触部位会形成小孔隙,如图 7–19*a* 所示。当材料通过挤压模具时,薄带因变形首先使接触界面两边的薄带紧密接触。而未接触的孔隙面积逐渐减小甚至消失。如果将薄带间二维界面的小孔隙近似认为是一维界面粉体的三重点上微孔,晶界上焊合压应力分布可用 Riedel[13] 公式计量:

$$\sigma = 0.25\sigma_{\infty}\left(\frac{d_p}{r}\right)^{\frac{1}{2}} \tag{7-1}$$

式中 d_p——颗粒直径,这里相当于被粉碎的薄带的平均直径尺寸;

σ_{∞}——外应力;

r——距三重点的距离,即孔隙中心到界面最近点的距离。

由式 7–1 可以看出,晶粒尺寸越大,距三重点越近,焊合压应力越高,越有利于孔隙的闭合,形成晶粒间界。

7.5.2 焊合阶段

经过第一阶段后,RE 过程中,由于变形而发生原子迁移形成局部类似粉末冶金的烧结颈,出现局部焊合,如图 7–19*b* 所示。焊合实际上是一个形核与长大的过程,图 7–20 为快速凝固薄带焊合过程中晶核的形成和长大示意图。

由于多晶体中原子的扩散能力在微观上是不均一的,晶界上的原子活化能要求比晶内低,即沿晶界的扩散能力大于晶内[14]。晶粒间界两侧的晶粒在压应力作用下,不仅产生塑性变形,部分晶粒发生转动和滑移,晶粒内出现位错塞积,畸变能升高。考虑到镁合金具有较低的堆垛层错能(纯镁的层错能只有 60 ~ 78 mJ/m^2),当满足再结晶形核所需的驱动力时,在薄带接触界面处开始形核,形成晶胚,如图 7–20*a* 所示。形核后的材料继续变形,使得晶胚具备了长大所需要的驱动力,并开始长大,如图 7–20*b* 所示。在再结晶晶胚长大过程中,原来的薄带界面和孔隙减小或消失,再结晶晶粒相互接触形成新的晶界,如图 7–20*c* 所示。再结晶后期再结晶晶粒通过扩散而长大,原来的孔隙会消失或减小或以空位形式出现,如图 7–20*d* 所示。这是因为,RE 过程材料发生流动,不仅薄带界面处的晶粒受到挤压变形,发生动态再结晶后,形成的新晶粒也参与变形。因此,在再结晶晶粒间留下的小孔隙

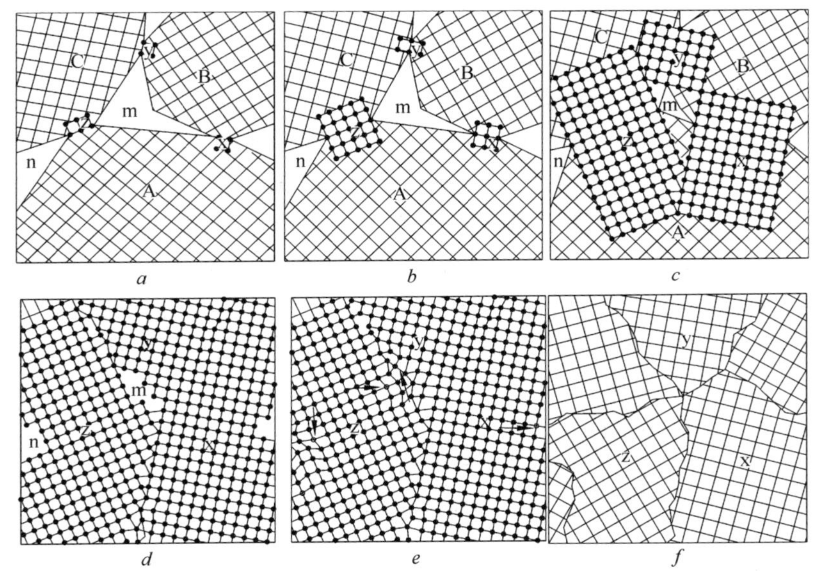

图 7-20 快速凝固薄带焊合过程中晶核的形成和长大示意图
a—晶核；*b*—长大；*c*—形成晶界；*d*—再结晶晶粒中的空位；
e—晶格畸变和空位；*f*—新晶粒

或空位处，特别易产生晶格畸变，使孔隙闭合并留下极少量的空位，如图 7-20*e* 中箭头所示。与此同时，在这些小孔隙的边界又形成二次再结晶晶胚，二次晶胚的长大使残余孔隙闭合，如图 7-20*f* 所示。最终实现晶粒内的原子跨越晶粒间界从一个晶粒移向另一个晶粒，实现晶界迁移，产生动态再结晶。

晶界迁移的结果就是在晶粒间界形核，并产生一次再结晶和二次再结晶晶粒。原子在晶界处的迁移速度 v 可表示为[14]：

$$v = \left(\frac{D_m}{RT}\right) \cdot \left(\frac{\Delta F}{s}\right) \tag{7-2}$$

式中 ΔF——体系自由能差，为迁移的驱动力，J/mol；
s——原子每次跳跃的距离，相当于一个原子间距，Å；
D_m——有效扩散系数，接近于晶界扩散系数，mol/(m^2 · s)；

R——气体常数,8.31 J/(mol·K);

T——RE 温度,K。

由此可见,原子在晶界处的迁移速度由 D_m、ΔF 及 T 确定。首先,随 RE 道次的增加,D_m 增大。另外,晶界结构,晶粒位向差,杂质元素,空位以及强化相粒子等对晶界扩散有影响,这也将影响 D_m。其次,RE 变形使材料本身产生位错和滑移,组织中积累了较高的能量,ΔF 值得以提高,晶界原子获得了迁移驱动力,这是决定原子迁移的另一个决定性因素。第三,RE 温度为扩散和提高自由能起主要作用,RE 过程中材料流经凹模细颈处时还有温升,均加速扩散和自由能提高。

晶界迁移结果使亚晶进一步合并和转动,发生动态再结晶形核及长大,晶界越过孔隙或晶粒间界移动。被晶界扫过的地方,孔隙消失。材料的密度和强度升高是这个阶段的主要特征。

7.5.3　最终阶段

这一阶段的主要特征是晶粒间界及孔隙完全消失,如图 7-19c 所示。通过动态再结晶,薄带之间完全焊合在一起,如图 7-20c 所示。由于经历了第二阶段,材料少量独立分散的微孔在压应力作用下闭合消失,形成晶界。

往复挤压道次越多,材料的流动越充分,组织均匀程度越高,有效地减小了材料的各向异性。另外,由于往复挤压使等体积挤压和镦粗,即便是挤压过程出现材料“开裂”或焊合不完全,在后续的变形过程中也会使其重新焊合。因此,往复挤压工艺是快速凝固薄带焊合成形的一种有效方法。

7.6　RE－n－EX－RS 合金的性能

7.6.1　RE－n－EX－RS－ZK60 合金的性能

表 7-2 为铸态 ZK60 和 RE－n－EX－RS－ZK60 合金的室温力学性能。由表 7-2 可知,经过往复挤压后合金的抗拉强度、屈服强度和伸长率均得以提高。往复挤压 4 道次综合力学性能最佳。

表 7-2 铸态 ZK60 及 RE - EX - RS - ZK60 合金的力学性能

往复挤压道次	σ_b/MPa	$\sigma_{0.2}$/MPa	δ/%	HV
铸态[15]	223	181	—	51
2	302	195	8	63
4	307	194	15	69
8	281	185	9	66

图 7-21 为 RE -4 - EX - RS - ZK60 合金拉伸断口形貌。从图中可以看出,断口为韧性断裂,由大小不等的韧窝组成,每个韧窝底部有一个强化相颗粒,韧窝周边有明显的撕裂棱,从整体来看,试样仍为韧性断裂。

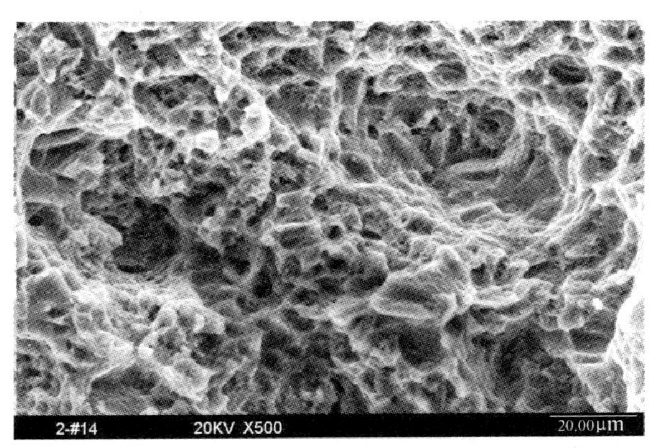

图 7-21 RE -4 - EX - RS - ZK60 合金断口照片

7.6.2 RE - n - EX - RS 66 合金的性能

图 7-22 为 RE -4 - EX - RS 66 合金拉伸工程应力 - 应变曲线。曲线可以分为 6 个区域:

(1) 从 0 应力到弹性变形极限 σ_e;

(2) 从 σ_e 到上屈服点 σ'_y;

(3) 从 σ'_y 到下屈服点 σ''_y;

(4) 从 σ''_y 到第二次屈服应力极限 σ^*;

(5) 从 σ^* 到极限拉伸应力 σ_b;

(6) 从 σ_b 到断裂应力 σ_f。

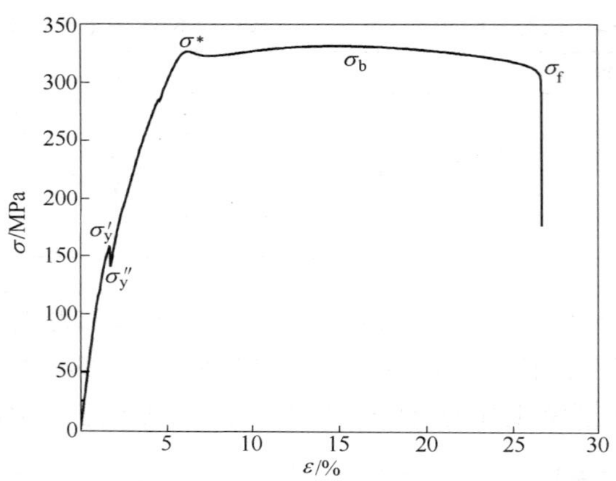

图 7-22　RE－4－EX－RS 66 合金拉伸工程应力－应变曲线

RE－n－EX－RS 66 合金拉伸测试曲线均出现二次屈服现象，对此，以 4 道次为例进行说明。

第一次屈服有明显的上、下屈服点，这种情况经常在延展性较高的 bcc 和 fcc 结构材料应力－应变曲线中见到，比如低碳钢和纯铁[16]。在应力－应变曲线上，弹性变形后材料发生一定量的变形后突然的塑性变形，应力（载荷）突然降低，形成上、下屈服点。通常情况下，在曲线上的上屈服点和下屈服点之间存在屈服平台，在许多材料中，屈服平台区域很明显。恒定的载荷下，当出现上屈服点时，试样上个别地方出现 Lüders 带，在屈服延伸阶段，Lüders 带沿试样长度方向扩展传播。与此同时，还可能陆续出现一些新的 Lüders 带，并使屈服平台呈锯齿状。这种传播过程一直延续到它全部覆盖整个试样[16]。然而，RE－n－EX－RS 66 合金基体组织具有 hcp 结构，在拉伸曲线上虽然可以观察到上、下屈服点，但是，在试样上没有发现 Lüders 带。拉伸曲线上也没有出现屈服平台。也就是说，试样在屈服点突然发生变形。

在 hcp 晶体结构的材料中，发生塑性变形主要是由于基面滑移。RS 66 薄带在 RE－n－EX 过程中发生动态再结晶（见图 7-15），基体为 hcp 结构的 α－Mg。在拉伸过程中，合金基体滑移系取向从一个晶粒变化到另一个晶粒，位错在最有利取向的滑移系上运动，晶粒越小，有利取向的晶粒越多。当应力到达临界分剪切应力时,最有利滑移的晶粒发生变形。通过 RE - EX 挤压后晶粒十分细小,所以变形过程中,屈服强度很大,并且会出现上、下屈服点。

屈服后,大部分有利滑移取向的晶粒发生变形,为了保持整体的力学性能以及沿着晶界的连续性,周围的晶粒向最有利滑移方向发生转动,随后发生变形。同时,已经变形的晶粒通过位错滑移发生进一步的变形。在这一阶段,要么需要更高的应力来维持后续的变形,要么通过晶粒转动来调整晶粒的位向,或者通过位错滑移使晶粒发生进一步变形。

在多晶合金中,要发生塑性变形,需要 5 个独立的滑移系[17],在 Mg 及 Mg 合金中,包括 a 方向的滑移,$c+a$ 方向,例如在 $<11\bar{2}3>$ 和第二个锥面方向 $\{11\bar{2}3\}$ 满足 von Mises 准则[18,19]。另外,镁基多晶合金中,a 和 $c+a$ 之间可能发生不同的位错反应[18]。任意的位错反应将对以后的位错移动产生障碍。这些阻碍位错运动的位错障碍可以存贮起来,从而导致硬化。而且,发生变形的晶粒是否通过自身转动或者通过位错滑移来使晶粒变形来调整自己的位向,这要取决于应力的影响。因为,晶界以及在晶内均匀弥散分布的强化相会阻碍晶粒的转动和位错的移动。考虑到密集分布的强化相和大量的晶界区域,因此位错的运动距离将会越来越短,最终形成 Lomer-Cottrel 锁[20],对位错运动造成严重的阻碍。所以在屈服以后,应力 - 应变曲线上出现了明显的硬化。当应力增加到第二次屈服极限后,部分牢固的 Lomer-Cottrel 位错重新组合或者可能发生了与主滑移面有公共滑移方向的交滑移,也有可能是 $c+a$ 锥面位错发生反应(一些位错反应可以产生软化),从而绕过强化相颗粒。此外,$c+a$ 螺形位错可以通过双交滑移到平行滑移面而消失,从而减小加工硬化效果[18]。因此,在曲线上出现了较大范围的软化和第二次屈服区域。屈服以后,材料进入了大的塑性变形阶段,在这一过程中,除了晶内的滑移外,晶界的转动和滑动对于大的塑性变形具有很大的贡献。从拉伸试样整体来看,在标距范围内,试样变形基本均匀,没有十分明显的颈缩现象。由此可见,经过 RE 后的材料,在工程应用中具有很好的服役价值。

表 7-3 为 RE - n - EX - RS 66 合金拉伸性能。由表可知,随着挤压道次的增加,从整体来看,强度呈下降趋势,但是,塑性保持很大值。

其中极限抗拉强度在 2 道次达到最高，为 340 MPa，最大伸长率在 4 道次达到最高，为 27%。屈强比接近 1。

表 7–3 RE – n – EX – RS 66 合金的力学性能

合 金	n	HV	σ^*/MPa	σ_b/MPa	δ/%	σ^*/σ_b
RE – n – EX – RS 66	2	88	336	340	20	0.95
	4	83	327	332	27	0.97
	8	81	307	321	23	0.96
	12	79	314	331	20	0.94

图 7–23 为 RE – n – EX – RS 66 合金的拉伸断口。从图中可以看出，不同挤压道次下断口为典型的延性断裂。断口由均匀的韧窝组成，等轴的韧窝边缘有明显的撕裂唇，每一个韧窝底部都有强化相颗粒。

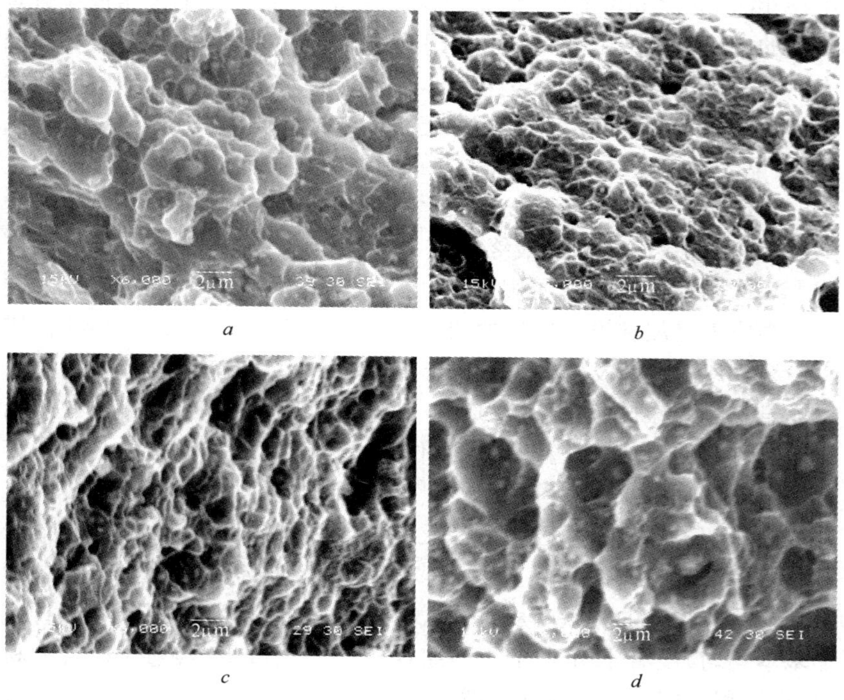

图 7–23 RE – n – EX – RS 66 合金断口照片

a—$n=2$；b—$n=4$；c—$n=8$；d—$n=12$

7.6.3 RE－n－EX－RS B1 合金的性能

RE－n－EX－RS B1 合金的拉伸强度接近或大于 400 MPa、屈强比大于 0.8，伸长率为 4% ~5%。RE 道次增加，硬度降低，如表 7–4 所示。

表 7–4 RE－n－EX－RS B1 合金的力学性能

合 金	n	HV	σ_y/MPa	σ_b/MPa	δ/%	σ_y/σ_b
RE－n－EX－RS B1	2	113	331	360	4	0.92
	4	111	375	409	5	0.92

前已述及，通过快速凝固制备的镁合金薄带的晶粒已经十分细小，任何塑性变形工艺都可能一定程度上细化快速凝固镁合金的组织。与 EX 相比，RE 并不能更深层次地细化快速凝固 ZK 60 镁合金的晶粒。但是，RE 道次的增加，析出相会增加，若 RE 工艺参数选择不当，第二相也可能长大和合并。RE 后，材料的性能取决于强化相颗粒的尺寸和分布及过饱和固溶强化的复合作用。合理的设计 RE 工艺，包括挤压比、挤压力、挤压温度和挤压道次是获得高的 ZK 60 综合性能的保障。如果 RS 镁合金中存在足够多的第二相分数，而且有足够的稳定性，要保证在 RE 温度下不分解、溶解和长大。这样，颗粒状存在的强化相就可以钉扎 RE 过程中晶粒的长大，RE 可以深层次的细化晶粒。由此可见，为了获得更加细小的晶粒，在设计合金时，可以适当考虑提高可以形成稳定化合物的合金元素的含量。由此而引起材料塑性的降低，可以通过后续工艺加以解决，如通过 RS 可以获得细小的晶粒，RS 制备的材料，再次经过后续的变形加工，进一步细化晶粒，从而在提高强度的同时，提高材料的塑性。

7.6.4 往复挤压对合金组织与力学性能的影响

7.6.4.1 RE 过程中的动态再结晶

镁合金易发生动态再结晶有三个原因[21]：

(1) 镁合金缺少易启动的滑移系，虽然棱面滑移系和锥面滑移系在高温可以启动，但是，相对于具有面心立方结构的铝合金，其启动的滑移系相当有限；

（2）镁及镁合金层错能较低，纯镁的层错能只有 60 ~ 70 mJ/m^2。层错能较低时，则扩展位错很宽，故位错难以从节点和位错网中解脱出来，也难以通过交滑移和攀移与异号位错相互抵消。因此，动态回复进行得很慢，亚组织中位错密度较高，剩余的贮能足以引起再结晶。因此，镁及镁合金在热加工时，有利于动态再结晶的发生；

（3）与铝合金相比，镁合金的晶界扩散速度较高。因此，在亚晶界上堆积的位错能够被这些晶界吸收，从而加速动态再结晶过程。

（往复）挤压过程中，薄带碎片在正应力和剪切应力的作用下不断揉压，晶粒内部位错不断增加繁殖，位错、空位密度明显升高，形成大量的胞状结构及亚晶界、孪晶界等，见图 7–24，使材料的贮能不断增加。贮能达到一定的临界值时，发生动态再结晶。再结晶时从晶格严重畸变的高能位区形成大量晶核。晶核形核后，核心中心部位畸变能很低，

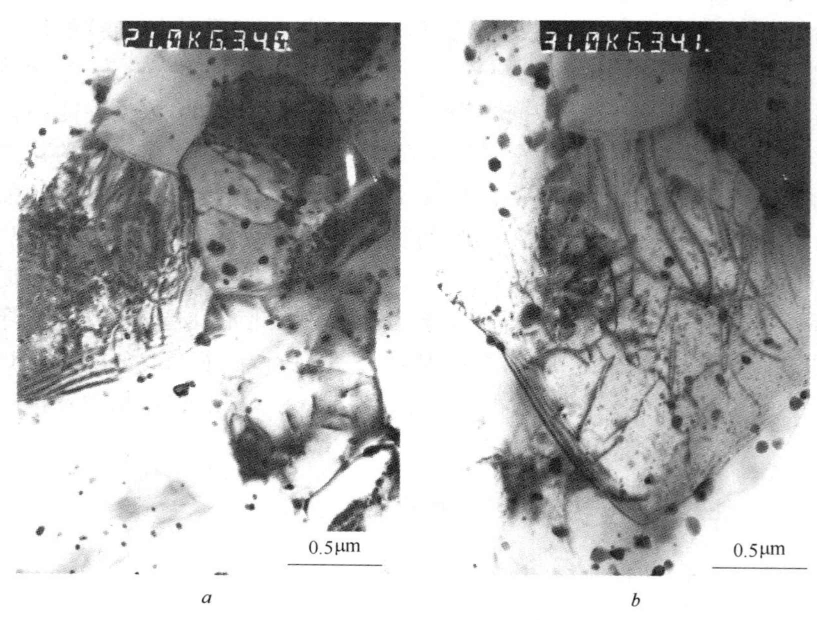

图 7–24　RE – 6 – EX – RS – ZK60 合金 TEM 照片

a—位错；*b*—晶粒内的位错胞

而周围的冷变形基体仍处于高能状态。因此，晶核周围的畸变能成为晶粒长大的驱动力，推动界面不断向高能区移动。往复挤压过程中，加工硬化和动态再结晶引起的软化过程同时进行。在再结晶晶粒形核和长大过程中，仍然受到剪切应力和正应力的作用发生畸变，使其畸变能升高。当体系贮能积累到可以激发再一轮再结晶时，则新一轮的再结晶便开始[22,23]。同时，由于挤压过程中不断从过饱和的 α－Mg 基体中析出强化相，而强化相可以有效钉扎晶界，阻止再结晶晶粒的粗化。因此，往复挤压过程中 RS 晶粒细化与长大是一个动态过程。

7.6.4.2 RE 过程中压强对材料组织的影响

本书中，主要的往复挤压采用的模具挤压筒直径为 ϕ50 mm，凹模直径为 ϕ14 mm，通常记做 ϕ14 mm/ϕ50 mm 模具，其挤压比为 12.8。为了进一步研究对比不同挤压力对材料组织和性能的影响，也采用了挤压筒直径为 ϕ20 mm，挤压凹模直径为 ϕ6.4 mm，即 ϕ6.4 mm/ϕ20 mm 模具进行了往复挤压，其挤压比为 10。

在对 ZK60 镁合金进行往复挤压过程中，采用了不同模具进行了对比研究。从组织上看，ϕ14 mm/ϕ50 mm 模具挤压的 ZK60 的组织晶粒平均尺寸约为 5.5 μm，而 ϕ6.4 mm/ϕ20 mm 模具挤压的晶粒平均尺寸约为 2.5 μm。通常认为，挤压比越大，晶粒细化程度越高[21]。但是，在挤压过程中，还需要考虑到材料受到的压力、温度、挤压凹模倾角等因素。ϕ14 mm/ϕ50 mm 模具挤压使用压力为 9 MPa，ϕ6.4 mm/ϕ20 mm 挤压使用压力为 2.5 MPa。液压机挤压柱直径为 ϕ400 mm，在不考虑挤压筒筒壁与挤压合金之间摩擦力的情况下，可以计算出使用 ϕ14 mm/ϕ50 mm 模具进行挤压时，材料受到的压强为 $9\ \text{MPa}\times\pi\times(0.5\times400)^2/\pi\times(0.5\times50)^2=576\ \text{MPa}$，使用 ϕ6.4 mm/ϕ20 mm 模具进行挤压时，材料受到的压强为 $2.5\ \text{MPa}\times\pi\times(0.5\times400)^2/\pi\times(0.5\times20)^2=1000\ \text{MPa}$。相比较可知，用 ϕ6.4 mm/ϕ20 mm 模具比用 ϕ14 mm/ϕ50 mm 模具的挤压力高约为 73.6%（两套模具使用挤压凹模倾角相等）。因此，虽然 ϕ6.4 mm/ϕ20 mm 模具的挤压比（约为 10）比 ϕ14 mm/ϕ50 mm 模具挤压比（约为 12.8）小，但是材料在挤压变形过程中受到的压强更大，因此单位面积受到的应力更大，材料的变形程度更大，晶粒变形量就更大。在较大的应力作用下，晶粒内部位错迅速增加，使材料的贮能增加。因此,发生动态再结晶更加充分,晶粒细化效果更加明显。

图 7–25 为 ϕ6.4 mm/ϕ20 mm 模具挤压的 RE－2－EX－RS－ZK60 合金的 TEM 照片。从图 7–25*a* 中可以看出, RE－2－EX－RS－ZK60 合金晶粒尺寸约为 2.5 μm。从图中可以看到,细小的强化相颗粒均匀分布在晶内与晶界。图 7–25*b* 为图 7–25*a* 中 Ⅰ 区域局部放大。从图 7–25*b* 中可以看出,分布在晶界处,特别是三叉晶界处的二次相颗粒较大,最大尺寸约为 600 nm。细小弥散的沉淀相均匀分布于晶界和晶内,颗粒尺寸为 10～50 nm。由于往复挤压过程中晶粒发生了严重变形,因此,可以观察晶粒内部分布着大量的位错和位错缠结。由于在位错附近畸变能较高,吸附了大量的溶质原子,所以,从 TEM 照片观察,位错线较通常情况下稍粗。在位错附近聚集的溶质原子,形成柯垂耳气团,有效阻碍了位错运动。另外,沿位错周围析出的强化相,可以钉扎位错,阻碍位错运动,如图中箭头所示。

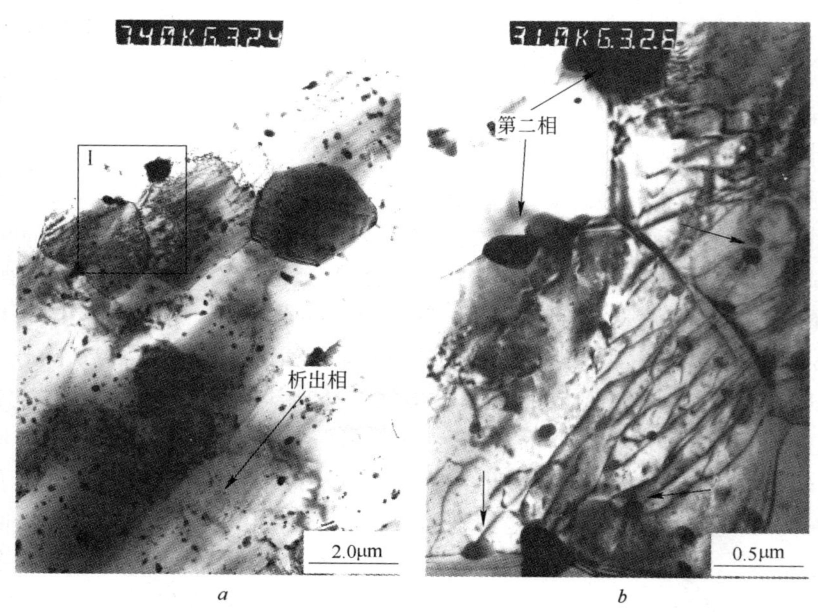

图 7–25　RE－2－EX－RS－ZK60 合金 TEM 照片

a—晶粒与强化相;*b*—强化相

对比 RS－ZK60 薄带 TEM 照片（见图 7-26），可以发现，随着往复挤压的进行，沉淀相不断从基体析出。这种沉淀过程的驱动力是化学自由焓（ΔG_c）的降低。形成沉淀相，不仅需要提供相界面能，而且需要克服由于沉淀相与 α－Mg 相比容不同所引起的应变能。假设沉淀相的体积为 V，对应于 α－Mg 的相界面积为 A，则总的自由焓变化为[24]：

$$\Delta G = -V\Delta G_v + A \cdot \gamma + V\Delta G_\varepsilon \tag{7-3}$$

式中　ΔG_v，ΔG_ε——分别是析出单位体积沉淀相所引起的化学自由焓及应变能的变化；

γ——基体与析出相的相界能。

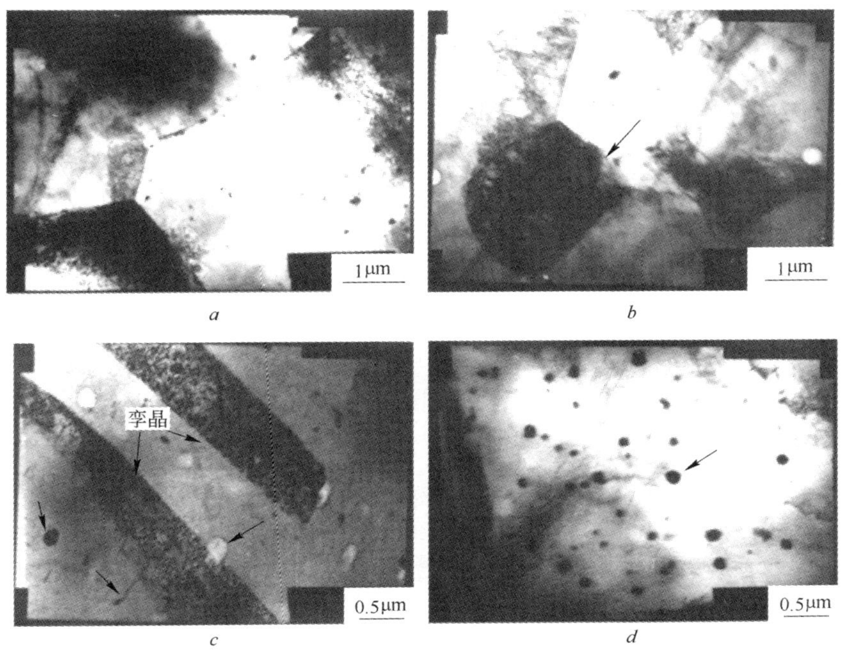

图 7-26　RS－ZK60 薄带的 TEM 照片

a—薄带中的晶粒；b—晶界；c—孪晶；d—凝固过程中强化相

若析出半径为 r 的沉淀相，则总自由焓变化为：

$$\Delta G_r = -\frac{4}{3}\pi r^3 \Delta G_v + 4\pi r^2 \gamma + \frac{4}{3}\pi r^3 \Delta G_\varepsilon \tag{7-4}$$

对 r 求导数,得到临界形核半径 r^*:

$$\frac{d(\Delta G_r)}{dr} = -4\pi r^2 \Delta G_v + 8\pi r\gamma + 4\pi r^2 \Delta G_\varepsilon = 0 \tag{7-5}$$

$$r^* = \frac{2\gamma}{\Delta G_v - \Delta G_\varepsilon} \tag{7-6}$$

将 r^* 带入式 7-4 可得到临界形核功:

$$\Delta G^* = \frac{16\pi\gamma^3}{3(\Delta G_v - \Delta G_\varepsilon)^2} \tag{7-7}$$

RS－ZK60 中 α－Mg 有很高的过饱和度,由于 ΔG_v 正比于合金的过饱和度,因此 ΔG_v 较大,需要的临界形核功 ΔG^* 就较小。所以,从热力学上来讲有利于快速凝固过饱和固溶体析出第二相。在往复挤压过程中,应变不断积累,产生了大量位错,从结构上来讲,由于 α－Mg 晶粒内部有大量位错存在,使形成析出相形核核心所需要消耗的界面能将会大大降低,因此滑移带及滑移带相交处,将是优先形核的地点。

在非平衡时,某些溶质原子将偏聚在位错线上形成柯垂耳气团[24],显然,由这一气团形成一个沉淀相核心的几率要比在完整点阵中形成的几率大,这样,位错既可以作为半共格界面的组成部分,又可以作为溶质原子的偏聚中心。

J. W. Cahn 分析了位错上的非共格形核[24]。若在单位长度位错线上形成一个圆柱形的新相核,则其自由焓改变 ΔG 为:

$$\Delta G = -A\ln r + 2\pi\gamma \cdot r + \pi r^2 \Delta G_v \tag{7-8}$$

式中　r——圆柱形新相的半径。

对于刃型位错:

$$A = \mu \boldsymbol{b}^2 / 4\pi(1-\nu) \tag{7-9a}$$

对于螺型位错:

$$A = \mu \boldsymbol{b}^2 / 4\pi \tag{7-9b}$$

式中　μ——切变弹性模量;

ν——泊松比;

$\boldsymbol{b}$——位错的柏氏矢量。

由式 7-8 可知,在位错上形核时,使位错的应变能总是得以释放,即形核的应变能总是负值。从式 7-8 右边第一项可以看出,位错的柏氏矢量愈大，则在该位错上形核造成的应变能下降越多，因而在位错上形核愈有利。

但是，当基体的过饱和度较高时，$|\Delta G|$值很大，此时沉淀相的析出不需要形核功。因此，如果不受扩散限制，沉淀将自发地进行[24]。所以在 RE 过程中，由于 RS－ZK60 合金基体 α－Mg 的过饱和度已经很高，部分共格的均匀形核率也很高，致使位错上的形核的效率被掩盖了。

综合以上分析可知，往复挤压过程中，沉淀相的析出是自发和位错形核两种机制共同作用。在 RE 初期阶段，合金的变形量较小，沉淀相主要依靠体系自由能降低，自发形核。随着析出相的增多，基体 α－Mg 过饱和度不断降低，此时，位错形核开始占主导地位。

图 7-27 为 RE－4－EX－RS－ZK60 合金的 TEM 照片。从图中可以看出，经过 4 道次的往复挤压，在三叉晶界处还存在较大颗粒的二次

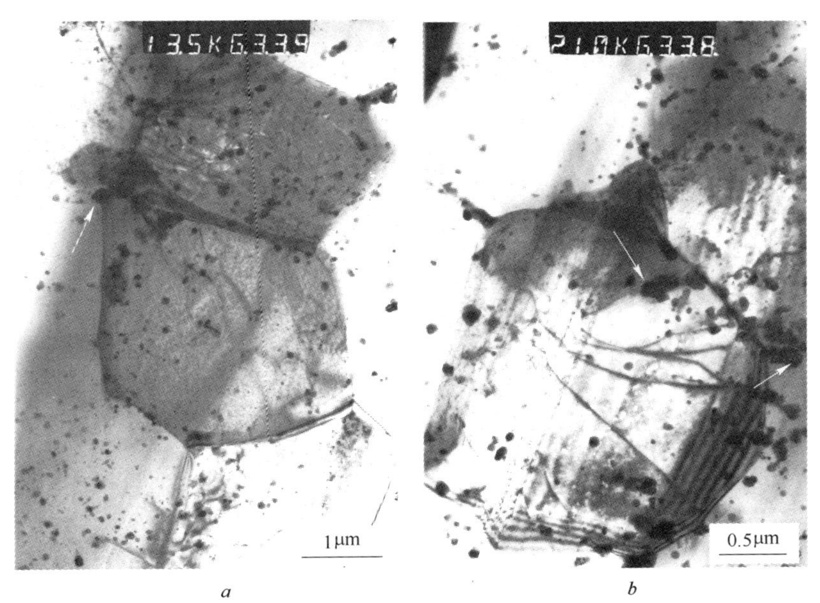

图 7-27 RE－4－EX－RS－ZK60 合金 TEM 照片

a—晶界处的颗粒相；b—沉淀相的聚集与长大

相，如图 7－27*a* 中箭头所示，颗粒尺寸约为 500 nm。随着挤压道次的增加，沉淀相逐渐增多，部分区域出现沉淀相聚集现象，如图 7－27*b* 中箭头所示。由于析出相与基体晶格不匹配，所以基体与析出相之间存在着较高的相界能，存在一定的不稳定性。随着挤压道次的增加，析出相的体积分数逐渐增大，在较高的挤压温度和挤压变形力的作用下将发生聚集和长大，以减少与基体的相界面积，降低合金能量，提高合金稳定性。但是，沉淀的聚集会降低材料的力学性能。

图 7－28 为 RE－6－EX－RS－ZK60 合金的 TEM 照片。从图中可以看出，经 6 道次挤压的合金仍存在着大量的位错，甚至覆盖整个晶粒，如图 7－28*a* 中箭头所示。从图 7－28*b* 可以发现，在 α－Mg 晶内存在着大量的位错缠结胞状亚结构－位错胞，位错胞尺寸在 250～400 nm 之间。

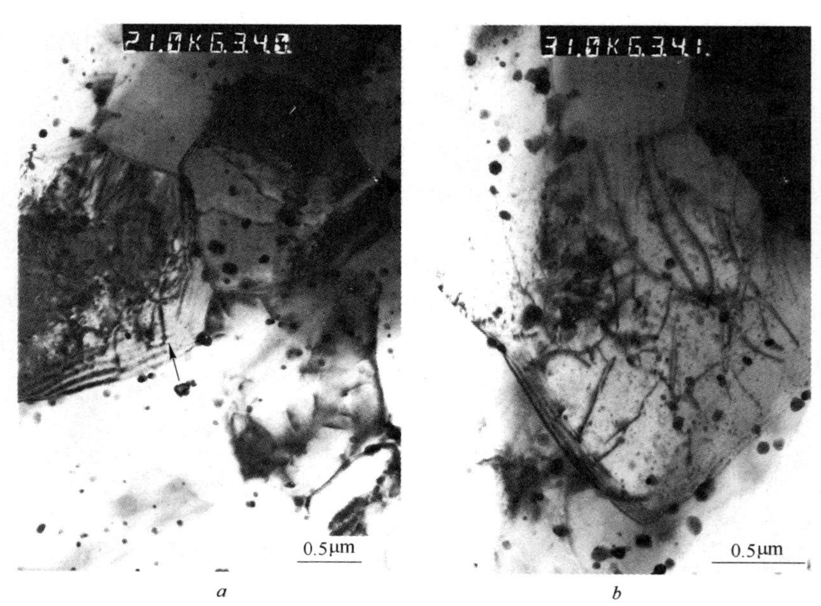

a　　*b*

图 7－28　RE－6－EX－RS－ZK60 合金 TEM 照片

a—晶粒内位错；*b*—位错胞

7.6.5 往复挤压快速凝固 Mg 合金强化机制

RE - n - EX - RS 合金的强化机制主要有细晶强化、固溶强化、沉淀强化[25,26]。

7.6.5.1 细晶强化

根据理论分析和实验结果，将屈服强度与晶粒直径的关系写为[27]：

$$\Delta\sigma_G = Kd^{-\frac{1}{2}} \tag{7-10}$$

式中 d——多晶体中各晶粒的平均直径；

K——表征晶界对强度影响程度的常数，与晶界结构有关，而与温度的关系不大。

$$K \propto M^2 \tau_C$$ [26]

式中 τ_C——滑移系开动所需的剪切应力；

M——Taylor 因子，受合金滑移系数目的影响。

Mg 为密排六方晶体结构，只有三个滑移系，少于体心立方和面心立方晶体，因此 M 值较大，细晶强化效果明显。对于镁，$K \approx 0.28\text{MNm}^{-3/2}$[6]。将 K 带入式 7-10，可得到 $\Delta\sigma_G$ 与晶粒尺寸 d 之间的函数关系，函数图见图 7-29。由图可知，晶粒尺寸 <2 μm 时，$\Delta\sigma_G$ 随着 d 的减小而迅速

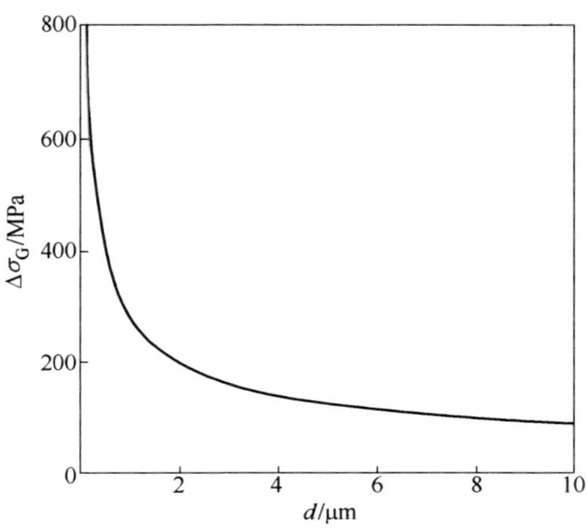

图 7-29 晶粒尺寸与细晶强化的关系曲线

增加。晶粒尺寸大于 2 μm 时，$\Delta\sigma_G$ 随着晶粒尺寸 d 的增大，降低较缓慢。对于镁合金，根据 Hall-Petch 公式，只有当晶粒尺寸小于 2 μm 时，细晶强化效果才明显。而报道晶粒尺寸在几十微米量级情况下（如铸态镁合金），通过细晶强化的论题值得商榷。

在多晶中，屈服强度是与先塑性变形的晶粒转移到相邻晶粒密切相关的，这种转移能否发生，主要取决于在已滑移晶粒晶界附近的位错塞积群所产生的应力集中，能否激发相邻晶粒滑移系中的位错源也开动起来，从而进行协调性的多滑移。根据位错塞积群在障碍处产生应力集中的关系式[27]：

$$\tau = n\tau_0 \tag{7-11}$$

可知，应力集中 τ 的大小决定于塞积的位错数目，n 越大，则应力集中也越大。式 7-11 中，τ_0 为滑移方向的分切应力值。当外加应力和其他条件一定时，位错数目 n 是与引起位错塞积的障碍——与晶界到位错源的距离成正比。晶粒越大，则这个距离越大，n 就越大，所以应力集中也越大。晶粒小则 n 也小，应力集中也越小。因此，在同样外加应力下，大晶粒的位错塞积所造成的应力集中激发相邻晶粒发生塑性变形的机会比小晶粒要大得多。小晶粒的应力集中小，则需要在较大的外加应力下才能使相邻晶粒发生塑性变形。所以晶粒越细，屈服强度也高。晶界强化是金属材料的一种极为重要的方法，细化晶粒不但可以提高材料的强度，同时还可以改善材料的塑性和韧性，这是其他强化方法所不能比拟的。在同样外力作用下，细小晶粒的晶粒内部和晶界附近的应变度相应较小，变形较均匀。相对来说，因应力集中引起的开裂机会也较少，这就有可能在断裂之前承受较大的变形量，可以获得较大的伸长率和断面收缩率。由于细晶粒金属中的裂纹不易产生也不易传播，因而在断裂过程中吸收了更多的能量，表现出较高的韧性[27]。

EX－RS 66 合金和 RE－2－EX－RS 66 合金晶粒尺寸约为 0.7 μm，根据式 7－10 可以计算出 $\Delta\sigma_G \approx 335$ MPa。ϕ14 mm/ϕ50 mm 和 ϕ6.4 mm/ϕ20 mm 模具挤压的 RE－EX－RS－ZK60 合金 $\Delta\sigma_G$ 值分别约为 119 MPa 和 177 MPa。

7.6.5.2 固溶强化

一般对固溶强化考虑尺寸效应、模量效应和短程有序（SRO）效应的作用。溶质原子尺寸效应带来的强化作用可以使用下式表示[25]：

$$\Delta\tau_{\mathrm{sol.\,size}} = 2^{1/3}G(0.1\varepsilon_{\mathrm{size}})^{4/3}c^{2/3} \tag{7-12}$$

模量效应引起的强化作用表示如下[25]：

$$\Delta\tau_{\mathrm{sol.\,mod}} = 2^{1/3}G\left[\frac{1}{32\pi^2}\frac{\eta_{\mathrm{mod}}}{1+\frac{1}{2}\eta_{\mathrm{mod}}}\right]c^{2/3} \tag{7-13}$$

固溶原子的短程有序强化作用如下[25]：

$$\Delta\tau_{\mathrm{sol.\,SRO}} = \frac{c(1-c)}{3b^3}A_{\mathrm{SRO}} \tag{7-14}$$

式 7-12～式 7-14 中，c 是固溶度，$\varepsilon_{\mathrm{size}}$、$\eta_{\mathrm{mod}}$ 和 A_{SRO} 为相应的系数。

另外，溶质原子固溶到基体中，使晶格产生畸变，其应力场会阻碍位错运动。点阵阻力是合金屈服强度的一个重要组成部分，通常称为派－纳力，可以表达为[6]：

$$\tau_{\mathrm{p}} = \frac{2G}{1-\nu}\mathrm{e}^{-\frac{2\pi\omega}{b}} \tag{7-15}$$

式中 $\omega = a/(1-\nu)$——位错宽度；

a——滑移面的面间距；

b——滑移方向上的原子间距；

G——切弹性模量；

ν——泊松比。

Mg 为密排六方结构，层错能较低，位错密度 ω 较大，故 τ_{p} 不高。RE－n－EX－RS 合金中的 Zn、Zr 等原子固溶到基体中，增加了基体的畸变能，有效地提高了点阵阻力。另外，在往复挤压过程中，溶质原子会偏聚到位错附近（见图 7-25～图 7－28），形成柯垂耳气团，对位错有一定的钉扎作用，减少可动位错密度，从而起到强化作用。

综合考虑以上影响因素，固溶强化 $\Delta\sigma_{\mathrm{s}} \approx \Delta\tau_{\mathrm{sol.\,size}} + \Delta\tau_{\mathrm{sol.\,mod}} + \Delta\tau_{\mathrm{sol.\,SRO}} + \tau_p$。Y、Ce 等元素含量少，室温下在 α－Mg 中的固溶度很小，所以其固溶强化效果不予考虑，主要考虑 Zn 对固溶强化的影响。研究表明，RE－4－EX－RS B1 合金基体中 Zn 含量约为 3.43%（原子分

数），可提高屈服强度约 30 MPa[6]。与细晶强化相比，固溶强化的效果较小。

7.6.5.3　沉淀强化

往复挤压过程中析出的强化相颗粒对材料的强化作用主要有两个方面：

（1）Orowan 强化；

（2）载荷传递强化（Load transfer）。

Orowan 强化是强化相颗粒不易被位错割断，位错绕过强化相颗粒运动而产生强化作用。对于纳米级至亚微米级的强化相颗粒，位错和颗粒之间的交互作用产生的屈服应力的增加值可以表达为[26]：

$$\Delta\sigma_{\mathrm{Orowan}} = \frac{0.81MGb}{2\pi(1-\nu)^{\frac{1}{2}}} \times \frac{\ln(d_{\mathrm{p}}/b)}{\lambda - d_{\mathrm{p}}} \tag{7-16}$$

式中　M——Taylor 因子，对于 Mg，$M \approx 6.5$；

G——剪切模量，约为 1.66×10^{4} MPa；

b——柏格斯矢量，为 3.21×10^{-10} m；

ν——泊松比，为 0.35；

d_{p}——强化相颗粒的平均直径；

λ——强化相颗粒平均间距[26]。

且：

$$\lambda = \frac{1}{2}d_{\mathrm{p}}\sqrt{\frac{3\pi}{2f_{\mathrm{v}}}} \tag{7-17}$$

式中　f_{v}——强化相的体积分数。

由式 7-16 和式 7-17 可知，强化相体积分数越大则 Orowan 强化效果就越明显：

$$\Delta\sigma_{\mathrm{Orowan}} = \frac{0.81MGb}{2\pi(1-\nu)^{1/2}} \times \frac{\ln(d_{\mathrm{p}}/b)}{\frac{1}{2}d_{\mathrm{p}}\sqrt{\frac{3\pi}{2f_{\mathrm{v}}}} - d_{\mathrm{p}}} \tag{7-18}$$

只考虑强化相颗粒尺寸 d_{p} 对 Orowan 强化效果影响时，将 f_{v} 看做常数，可将式 7-18 变为：

$$\Delta\sigma_{\mathrm{Orowan}} = K \cdot \frac{\ln(d_{\mathrm{p}}/b)}{d_{\mathrm{p}}} \tag{7-19}$$

式中 $K=\dfrac{0.81MGb}{2\pi(1-\nu)^{1/2}\left(\dfrac{1}{2}\sqrt{\dfrac{3\pi}{2f_v}}-1\right)}$

K 为常数,且 $K>0$。

对式 7-19 求导,可得:

$$\Delta\sigma'_{\mathrm{Orowan}}=K\cdot\frac{1-\ln(d_p/b)}{d_p^2} \tag{7-20}$$

由式 7-20 可知,$0<d_p<8.7\times10^{-10}$ m 时,$\Delta\sigma'_{\mathrm{Orowan}}>0$,$\Delta\sigma_{\mathrm{Orowan}}$ 的值随着 d_p 的增大而增加;$d_p>8.7\times10^{-10}$ m 时,$\Delta\sigma'_{\mathrm{Orowan}}<0$,$\Delta\sigma_{\mathrm{Orowan}}$ 的值随着 d_p 的增大而减小;$d_p=8.7\times10^{-10}$ m 时,$\Delta\sigma'_{\mathrm{Orowan}}=0$,$\Delta\sigma_{\mathrm{Orowan}}$ 的值为峰值。因此,对于 Orowan 强化而言,强化相体积分数一定时,当强化相颗粒尺寸约为 8.7×10^{-10} m 时,Orowan 强化效果最佳。实验中,RE－EX－RS 合金中的沉淀强化颗粒尺寸均在纳米或亚微米级,所以 Orowan 强化效果会随着沉淀相颗粒的增大而降低。随着往复挤压道次的升高,沉淀相有聚集的趋势,因此,如果挤压道次过多,沉淀相聚集长大,会降低 Orowan 强化效果,影响材料的性能。这也从另一个角度说明,如果能够进一步细化强化相的尺寸,可以进一步提高材料的强度。

假设强化相颗粒的体积分数为 10%,$K\approx2.277\times10^{-6}$(m·MPa),根据式 7-19 可计算出强化相颗粒尺寸与 Orowan 强化效果函数关系,见图 7-30。依据前文分析,假设 EX－RS 66、RE－2－EX－RS 66 和 RE－2－EX－RS－ZK60 合金(包括 ϕ14 mm/ϕ50 mm 和 ϕ6.4 mm/ϕ20 mm 模具)强化相颗粒尺寸分别为 10 nm、50 nm 和 25 nm,$\Delta\sigma_{\mathrm{Orowan}}$ 的值分别为 783 MPa、230 MPa 和 248 MPa。这是非常大的一个数值。因此,通过提高材料的固溶度,随后通过合理的工艺,使其脱溶形成强化相,镁合金会具有很高的强度。

载荷传递强化是载荷从基体向强化相颗粒传递,强化相可以有效承担载荷。以等轴的强化相颗粒为例,由于载荷传递产生的屈服应力的增加值可以表达为[25]:

$$\Delta\sigma_{\mathrm{LT}}=\sigma_m\left(\frac{1}{2}f_v\right) \tag{7-21}$$

式中 σ_m——基体的屈服应力；

f_v——强化相颗粒的体积分数。

往复挤压过程中析出的强化相颗粒的尺寸为纳米和亚微米级，因此载荷传递强化作用不明显，可以忽略不计。所以沉淀强化的强化效果 $\Delta\sigma_p \approx \Delta\sigma_{Orowan}$。

在不考虑其他因素（比如位错之间的相互作用，沉淀相与非共格基体的强化等）影响的情况下，可以得出：

$$\sigma \approx \sigma_0 + \Delta\sigma_G + \Delta\sigma_s + \Delta\sigma_p \tag{7-22}$$

式中 σ_0——常数，相当于单晶体的屈服应力，对于镁合金而言，$\sigma_0 \approx$ 130 MPa[6]。

根据以上分析可以计算出 EX – RS 66、RE – 2 – EX – RS 66 和通过 ϕ14 mm/ϕ50 mm 和 ϕ6.4 mm/ϕ20 mm 模具挤压的 RE – EX – RS – ZK60 的合金屈服强度分别为 1278 MPa、725 MPa、527 MPa 和 585 MPa。而实验得到的各合金的屈服强度远低于理论计算值。这主要是由于两方面原因，一方面是往复挤压过程中，部分薄带界面之间没有完全焊合，从而降低了材料的力学性能，增加了合金性能的不稳定性；另一方面，由于镁合金滑移系少，室温下只有（0001）基面滑移，滑移方向为 $<11\bar{2}0>$。晶体开始滑移的临界分切应力与屈服强度之间的关系为[27]：

$$\sigma_s = \frac{\tau_K}{\cos\phi\cos\lambda} \tag{7-23}$$

式中 σ_s——屈服极限；

τ_K——临界分切应力；

λ——F 与滑移方向的夹角；

ϕ——滑移面与法线的夹角。

在挤压过程中，晶粒会发生转动。当转动到一定角度时，Schmid 因子增大，使晶粒处于软取向而使屈服强度降低。另外，由于材料发生了强烈的塑性变形，有可能存在着织构，从而弱化了强化效果。

EX – RS 66 合金随着挤压温度的升高，屈服强度和极限拉伸强度都成下降趋势。随着挤压温度升高，一方面，基体的固溶度升高，固溶强化变强，而沉淀强化减弱，通常情况下，镁合金沉淀强化的作用要比固溶强化效果更佳[6]；另一方面，随着挤压温度的升高，沉淀相更容易聚集长大，根据图 7－30 可知，沉淀相的聚集长大，沉淀强化效果减弱。再者，由于沉淀相的减少、聚集长大，对晶界的钉扎作用就会减弱，在挤压过程中，随着温度升高，晶粒会有长大趋势，根据式 7－10，细晶强化作用也会同时降低。因此，屈服强度和极限拉伸强度会略有下降。

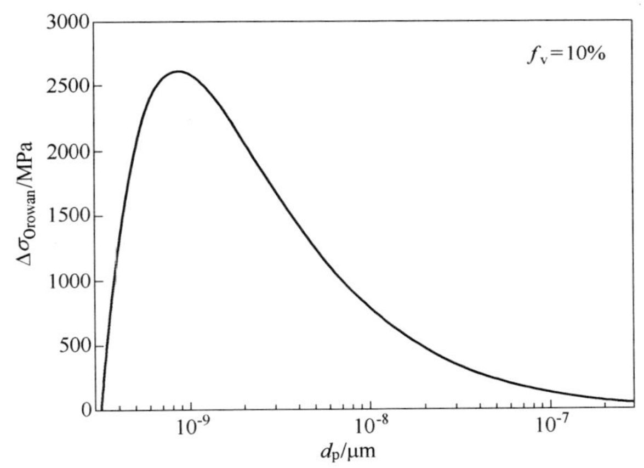

图 7－30　强化相颗粒尺寸与 Orowan 强化的关系曲线

EX－RS 66 与 RE－2－EX－RS 66 合金晶粒尺寸相当，但前者的屈服强度比后者高出约 165MPa。一方面是由于 EX－RS 66 合金中的强化相颗粒尺寸比 RE－2－EX－RS 66 合金更加细小，且没有聚集长大现象；另一方面，随着挤压时间的延长，固溶强化效果减弱。根据理论计算的沉淀强化值可知，前者比后者的理论计算值高出约 553MPa。因此，可以说明，沉淀强化在各种强化作用中占比重很大。

通过 ϕ14 mm/ϕ50 mm 挤压的 RE－n－EX－RS－ZK60 合金，4 道次的综合力学性能最佳。各挤压道次的晶粒尺寸变化不大，主要是沉淀强化作用。2 道次挤压薄带之间可能会存在焊合缺陷。焊合缺陷的存在会极大地危害到材料的性能，增加了性能不稳定性。8 道次挤压后由于沉淀相局部聚集长大，使合金沉淀强化效果减弱，因此屈服强度和抗拉强度略有下降。RE－n－EX－RS 66 合金随着挤压道次增加力学性能的变化与通过 ϕ14 mm/ϕ50 mm 挤压的 RE－n－EX－RS－ZK60 合金相似。2 道次挤压的综合力学性能最佳，随着挤压道次的增加，各力学性能指标均呈下降趋势。

与 RE－n－EX－RS－ZK60 合金相比，RE－n－EX－RS 66 合金的综合力学性能有较大提高。这主要有以下几个方面的原因：

（1）Y、Ce 元素的添加，形成弥散分布的 $Mg_{17}Ce_2$ 和 W 相，均匀弥散的分布于基体之上，强化相体积分数比 ZK60 大，因此强化作用更加明显。

（2）虽然 RS 66 合金挤压温度比 RS－ZK60 合金高，但是，均匀弥散分布的强化相能有效钉扎晶界，阻碍晶粒长大，因此 RE－n－EX－RS 66 合金的晶粒尺寸（约 1.2 μm）比 ϕ14 mm/ϕ50 mm 挤压的 RE－n－EX－RS－ZK60 合金（约 5.5 μm）小，细晶强化效果更强。所以，RE－n－EX－RS 66 合金的综合力学性能要比 RE－n－EX－RS－ZK60 合金高。

7.7　本章小结

经过多道次往复挤压，细化后的晶粒会长大。一般情况下，挤压道次一般不易高于 4 道次。经过 4 道次往复挤压后，不仅可以获得细化的基体组织，而且可以获得细小的均匀分布的第二相。RE－4－EX－CT 66 合金的平均晶粒直径为 0.7 μm，强化颗粒平均尺寸为 3 μm 左右。

合金晶粒细化的原因是变形过程中晶粒的破碎和反复再结晶，以及强化相颗粒对再结晶晶粒长大的抑制共同作用的结果。

在镁合金材料设计过程中，可以提高合金元素的加入量，从而可以进一步提高材料的强度和硬度。对于因增加合金元素而损失的塑性，可以通过合理的先进加工工艺改善，如通过 RE 等塑性变形工艺。

与 RS－ZK60 薄带组织相比较，在 300～315℃时往复挤压，晶粒尺寸与快速凝固相当。说明往复挤压过程中晶粒的细化和长大基本维持平衡。这主要是由于在晶内和晶界弥散均匀分布的强化相颗粒有效钉扎晶界[8]，阻碍了晶界的运动，从而防止了晶粒的长大。

在前面分析 RE－n－EX－RS－ZK60 合金时知道，往复挤压不可以更深层次地细化其晶粒。与 RS 66 相比,ZK 60 合金中强化相数量少,强化相中也没有含 Y 和 Ce 的高温稳定的强化相。因此,在 RE 过程中,强化相对晶粒长大的抑制作用相对较弱。RE 过程中,为了更好地细化 RS 形成的细小的晶粒,第二相的数量是一个十分重要的参数。

薄带焊合过程可以分解为三个阶段:线接触阶段、焊合及再结晶阶段和最终阶段。整个过程中存在再结晶形核与长大和晶界的移动。

RE - n - EX - RS 合金的强化机制主要有细晶强化、固溶强化、沉淀强化。其中沉淀强化效果最为显著。

参 考 文 献

[1] Richert M, Stüwe H P, Zehetbauer M J. Work hardening and microstructure of $AlMg_5$ after severe plastic deformation by cyclic extrusion and compression[J]. Materials Science and Engineering A355, 2003:180 ~ 185.

[2] Richert M, Mcqueen H J, Richert J. Microband formation in cyclic extrusion compression of aluminum[J]. Canadian Metallurgical Quarterly. 1998, 37:449 ~ 457.

[3] 毛卫民,赵新兵. 金属的再结晶与晶粒长大[M]. 北京:冶金工业出版社,1994:29 ~ 34.

[4] Jien Wei Yeh(叶均蔚), Yuan Shi Ying, Peng Chao Hung. Microstructures and Tensile Properties of an Al - 12 Wt Pct Si Alloy Produced by Reciprocating Extrusion[J]. Metallurgical and Materials Transactions A30. 1999:2503 ~ 2512.

[5] 崔约贤,王长利. 金属断口分析[M]. 哈尔滨:哈尔滨工业大学出版社,1998:34 ~ 57.

[6] 刘礼. 往复挤压 Mg 合金的组织与性能 [D]. 西安:西安理工大学,2006:17 ~ 50.

[7] Matsubara K, Miyahara Y, Horita Z, et al. Developing superplasticity in a magnesium alloy through a combination of extrusion and ECAP[J]. Acta Materialia, 2003, 51: 3073 ~ 3084.

[8] Bae D H, Lee H H, Kim K T, et al. Application of quasicrystalline particles as a strengthening phase in Mg - Zn - Y alloys[J]. Journal of Alloys and Compounds, 2002, 342: 445 ~ 450.

[9] Singh A, Watanabe M, Kato A, et al. Formation of icosahedral-hexagonal H phase nano - composites in Mg - Zn - Y alloys[J]. Scripta Materialia. 2004, 51(10):955 ~ 960.

[10] Sato T J, Abe E, Tsai A P. Decagonal quasicrystals in the Zn - Mg - R alloys (R = rare - earth and Y)[J]. Mater Sci Eng, 2001, A304 ~ 306:867 ~ 870.

[11] Kim I J, Bae D H, Kim D H. Precipitates in a Mg - Zn - Y alloy reinforced by an icosahedral quasicrystalline phase[J]. Material Science and Engineering A, 2003, 359(1):313 ~ 318.

[12] Singh A, Nakamura M, Watanabe M, et al. Quasicrystal Strengthened Mg - Zn - Y alloys by extrusion[J]. Scripta Materialia. 2003, 49(11): 417 ~422.

[13] Riedel H. Fracture at high temperature[M]. Berlin: World Publishing Corporation. Springer Verlag, 1987: 418.

[14] 宋余九. 金属的晶界与强度[M]. 西安: 西安交通大学出版社,1988:77 ~79.

[15] 张津,章宗和. 镁合金及应用[M]. 北京: 化学工业出版社,2004: 1 ~55.

[16] Donald R Askeland, pradeep P pulay. The Science and Engineering of Materials 影印本[M]. 北京: 清华大学出版社,2005: 234 ~286.

[17] 俞汉清,陈金德. 金属塑性成型原理[M]. 北京: 机械工业出版社,2001:11.

[18] Trojanová Z, Lukáč P. Compressive deformation behavior of magnesium alloys[J]. Journal of Materials Processing Technology, 2005, 162 ~163:416 ~421.

[19] Koike J, Kobayashi T, Mukai T, et al. The activity of non-basal slip systems and dynamic recovery at room temperature in fine-grained AZ31B magnesium alloys[J]. Acta Materialia, 2003, 51: 2055 ~2065.

[20] 贾维平,李守新,王中光,等. 铜三晶体的循环变形行为及位错形态[J]. 材料研究学报,2000,14(6): 615 ~624.

[21] 陈振华. 变形镁合金[M]. 北京: 化学工业出版社,2005.

[22] 郑水云. Mg - Zn - Y 合金的组织与力学性能研究 [D]. 西安:西安理工大学,2006: 14 ~47.

[23] Inem B. Dynamic recrystallization in a thermomechanically processed metal matrix composite [J]. Materials Science and Engineering A,1995,197:91 ~95.

[24] 肖纪美. 合金相与相变[M]. 北京:冶金工业出版社,1987: 220 ~274.

[25] 陈剑锋,武高辉,孙东立,等. 金属基复合材料的强化机制[J]. 航空材料学报,2002,22(2):49 ~53.

[26] Mabuchi M, Higashi K. Strengthening mechanisms of Mg - Si alloys[J]. Acta Materialia, 1996, 44(11):4611 ~4618.

[27] 崔忠圻. 金属学与热处理[M]. 北京:机械工业出版社,2000: 200 ~218.

8　往复挤压快速凝固 Mg－Zn－Y 合金的疲劳性能

镁合金的化学活性较高,铸造镁合金结构件表面粗糙,铸造过程中会产生残余应力,因此,镁合金工件在复杂工作条件下容易产生疲劳裂纹并加剧扩展。镁合金抗疲劳、蠕变性能较差,其疲劳与断裂行为涉及到力学、化学等多个学科,可能存在腐蚀与疲劳的交互作用,使得镁合金的疲劳问题变得相当复杂。镁合金作为一种新型工程结构材料,对其疲劳行为的研究远没有对其他工程结构材料研究得那么深入和透彻。这是因为:

(1) 疲劳性能与微观组织的关系研究不深入,关于密排六方结构材料疲劳的研究远没有对体心立方晶系(如铁)和面心立方晶系(如铝)研究的深入;

(2) 由于疲劳性能的测试比较麻烦,目前主要是集中在做应力－寿命曲线,而对于较复杂的应变－寿命曲线研究很少;

(3) 对如何提高镁合金疲劳性能的研究也并不深入。目前国内外对镁合金的抗疲劳性能的研究尚处于初级阶段,特别是其高周疲劳性能的研究相对较少。关于镁合金疲劳问题的研究报道主要涉及疲劳裂纹的萌生与扩展行为、循环应力响应行为、应力－寿命曲线、应变－寿命曲线等。

对镁合金疲劳的研究,可归纳为两个方面:一是宏观方面,即从分析疲劳应力或应变着手,研究疲劳载荷下的力学规律,建立起一系列疲劳抗力指标,为正确选材和安全设计提供直接或间接资料;另一方面,从微观机制着手,研究在疲劳载荷下金属内部的组织结构的改变和断口形态,寻找疲劳裂纹产生的原因和裂纹扩展的机制及影响因素,从而寻找提高疲劳抗力的途径。本章基于以上两点,探讨往复挤压快速凝固 RE－n－EX－RS 66 合金的疲劳性能。

8.1 金属材料的疲劳性能

8.1.1 疲劳的有关定义及分类

疲劳:国际标准化组织(ISO)在 1964 年发表的报告《金属疲劳试验的一般原理》中给疲劳下了一个描述性的定义:“金属材料在应力或应变的反复作用下所发生的性能变化叫做疲劳。在一般情况下,这个术语特指那些导致开裂或破坏的性能变化。”

疲劳极限:在恒幅加载条件下,合金的应力 – 寿命曲线通常在约 10^6疲劳循环数的位置上出现一个平台,应力幅低于平台值时,试样可无限循环而不至于被破坏。这个应力幅就叫疲劳极限。

疲劳寿命:在应力 – 寿命法中,用出现疲劳损伤和萌生致命疲劳裂纹(该裂纹的扩展将造成最终失效)的总循环周数或时间来定义构件的疲劳寿命。

高周疲劳:产生宏观裂纹或完全破坏的循环次数高于 5×10^4 的金属疲劳。

低周疲劳:在低于 5×10^4 次循环的弹 – 塑性范围产生宏观裂纹或完全破坏的金属疲劳。

疲劳曲线($S-N$ 曲线):相同试样循环应力(S)的最大值或振幅与寿命(N)间的关系,按循环的平均应力参数或按循环不对称系数绘制[1]。

疲劳破坏以许多不同的形式出现,包括仅有外加应力或应变波动造成的机械疲劳;循环载荷同高温联合作用引起的蠕变疲劳;循环受载部件的温度也变动时引入的热机械疲劳;在存在侵蚀性化学介质或致脆介质的环境中施加反复载荷时的腐蚀疲劳;载荷的反复作用与材料之间的滑动和滚动接触相结合分别产生的滑动接触疲劳和滚动接触疲劳;脉动应力与表面间的来回相对运动和摩擦滑动共同作用产生的微动疲劳。

按照应力状态不同,疲劳可分为弯曲疲劳、扭转疲劳、拉压疲劳及复合疲劳;按照环境和接触情况不同,疲劳可分为大气疲劳、腐蚀疲劳、高温疲劳、接触疲劳、热疲劳等;按照断裂寿命和应力高低不同,疲劳可分为高周疲劳和低周疲劳;高周疲劳的断裂寿命较长,断裂应力水平较低,也称低应力疲劳,一般常见的疲劳多属于高周疲劳;低周疲劳的断裂寿命较短,断裂应力水平较高,往往有塑性应变发生,也称高应力疲劳或应变疲劳。

机器和结构部件的失效大多数是由于发生上述某一种疲劳过程造成的,但疲劳断裂基本形式只有两种,即由切应力引起的切断疲劳及由正应力引起的正断疲劳。切断疲劳的特点是:疲劳裂纹起源处的应力应变场为平面应力状态。初裂纹的所在平面与应力轴约成45°角,并沿其滑移面扩展。正断疲劳的特点是:疲劳裂纹起源处的应力应变场为平面应变状态,初裂纹的所在平面大致上与应力轴相垂直,裂纹沿非结晶学平面或不严格地沿着结晶学平面扩展。其他形式的疲劳断裂,都是由这两种基本形式在不同条件下的复合[2~4]。

8.1.2 疲劳裂纹的萌生与扩展

一个工程构件的疲劳损伤包含几个不同的阶段,缺陷可以在原先没有损伤的部位形核,然后以稳定的方式扩展,直到发生突然断裂。对于这种最一般的情况来说,疲劳损伤的发展可以大致分为下面几个阶段:

(1) 亚结构和显微结构发生变化,从而永久损伤形核;

(2) 产生微观裂纹;

(3) 微观裂纹长大和合并,形成“主导”裂纹。主导裂纹可能最终导致突然破坏(从实际观点上看,这一阶段的疲劳通常是裂纹萌生与扩展之间的分界线);

(4) 主导宏观裂纹的稳定扩展;

(5) 结构失去稳定性或完全断裂。

裂纹源一般包括滑移带、孪晶和晶界。大多数微裂纹源是直接出现在滑移带内或与它有联系的。几乎所有的疲劳裂纹形成过程的实验研究都发现,在低于屈服应力下,疲劳试样的表面有滑移带出现。疲劳应力越高,强烈滑移带的数目也越多,疲劳裂纹也就越早形成。疲劳引起的滑移带与静拉伸造成的滑移带不同,它常在表面“挤出”,呈小峰状。材料在疲劳载荷的作用下,因位错运动而造成的滑移带,是产生疲劳裂纹最根本的原因。裂纹源的形成主要以在循环应力作用下试样表面滑移变形的形式形核，在循环应力的作用下，金属表面形成滑移台阶、挤出、挤入、峰和谷，导致表面粗糙不平和显微裂纹的萌生，与夹杂物和第二相质点相撞的滑移带也是某些微裂纹产生的核心。夹杂物的出现而在其周围组织中所造成的应力集中可造成疲劳性能的降低。夹杂物与基体界面间的开裂和脱落，是疲劳开裂的必要步骤，并导致应力集中系数的成倍增大。

评估合金对周期载荷的抗力的一个重要指标是疲劳裂纹开始扩展的应力强度因子范围（疲劳门槛值）ΔK[5]。自从 Elber 发现闭合效应并引入有效应力强度因子范围的概念以来，大量研究表明，由于疲劳裂纹只有在完全张开的条件下才能扩展，而裂纹张开的应力强度因子很大程度上取决于应力比。一般认为，在一定范围内，随着应力比增大，疲劳门槛值降低[6~8]。疲劳的不同设计原理之间的主要区别在于如何定量处理裂纹萌生阶段和裂纹扩展阶段。对裂纹萌生和扩展的作用取不同的权重，会造成计算出的疲劳寿命有显著的差别。例如许多结构合金对疲劳长裂纹的扩展阻力通常随晶粒尺寸的增大而增大，而根据应力－寿命图估计的疲劳总寿命表现出相反的趋势，即强度较高的材料和细晶显微组织通常具有较长的疲劳寿命。这是由于前一种方法主要涉及对疲劳裂纹扩展的阻力，而后一种方法主要根据名义上无缺陷的实验室试样的试验结果，主要涉及对裂纹萌生的阻力。对试样施以激振时，试样的刚度（或弹簧系数）随着裂纹扩展而降低，这样就会使试验中应力的幅值减小，造成裂纹的扩展速度降低。对于已有裂纹的试样，不管其弹簧系数怎样，应力的幅值总保持不变，因而裂纹扩展速率就随着循环周次的增加而增大。因此在制订试验计划的阶段，就应当考虑裂纹扩展和裂纹发生哪个比较重要[9]。此外，疲劳裂纹的扩展速度要结合材料的实际应用环境来分析，温度与裂纹扩展过程中发生的组织变化，都可能影响裂纹的扩展速度。

8.1.3 材料的 $S-N$ 曲线

目前评定金属材料疲劳性能的基本方法就是通过试验测定其 $S-N$ 曲线，即建立最大应力 σ_{max} 与其相应的断裂循环周次 N 之间的关系曲线。不同金属材料的 $S-N$ 曲线形状大致可分为两类,其中一类曲线从某应力水平以下开始出现明显的水平部分,这表明当所加交变应力降低到这个水平数值时,试样可以承受无限次应力循环而不断裂[10]。另一类 $S-N$ 曲线的左支有时也会出现转折或断开。转折点往往是不同破坏区域的交界点,如循环蠕变和低周疲劳的交界点,低周疲劳和高周疲劳的交界点等;断开则可能是由于裂纹尖端由平面应力状态转变为晶间破坏等原因引起[11,12]。

8.1.4 疲劳的研究进展

据统计,机械零件 50% ~90% 的损坏属于疲劳破坏。因此,对疲劳问题的研究越来越被关注。金属材料的疲劳破坏是材料在交变载荷作用下逐渐累积损伤、产生裂纹及裂纹逐渐扩展,直到最后破坏的过程。疲劳破坏是机械结构最常见的失效形式,其特点是:

(1) 疲劳破坏表现为较低应力下的疲劳破坏。疲劳失效在远低于材料的强度极限甚至屈服强度下发生;

(2) 疲劳破坏通常没有明显的宏观塑性变形,常常出现突然断裂,造成灾难性的设备事故和人身事故。

疲劳的研究可追溯到 19 世纪上半叶。1829 年,德国矿业工程师对用铁制作的矿山升降机链条进行了反复加载试验。试验中,链条支撑在一直径 360 cm 的圆盘上,而一端受载。曲柄连接器带动一扇形块使圆盘来回摆动,使链节受到每分钟 10 次的反复弯曲作用,总计高达 100000 次。1860 年,Wohler 提出了利用应力幅 - 寿命曲线($S-N$ 曲线)来描述疲劳行为,提出了循环加载旋转弯曲试验原理。1874 年,H. Gerber 开始研究疲劳设计方法,提出了考虑平均应力影响的疲劳计算方法。1886 年,Bauschinge 证明了金属在反向载荷作用下的弹性极限与在单向形变中的差别,确认了循环应变软化和循环应变硬化。1900 年,Ewing 和 Rosenhain 证明了多晶材料的许多晶粒内都会出现滑移带。这些滑移带在疲劳形变的过程中逐渐变宽,形成裂纹。提出试样的突然破坏是由某条起主导作用的裂纹向前扩展造成的。指出了滑移带与试样光滑表面相交形成了高出表面和压入表面的滑移台阶(“挤出”和“侵入”),为解决金属疲劳损伤和裂纹萌生的微观机制开辟了道路。1910 年，Basquin 提出了描述金属 $S-N$ 曲线的经验规律——应力对疲劳循环数的双对数图在很大的应力范围内为线性。

20 世纪二三十年代，研究工作主要集中于金属的腐蚀疲劳。提出了疲劳破坏的累积损伤模型，单向形变和循环形变的缺口效应，变幅疲劳以及材料强度的统计理论。

1927 年，Tomlinson 提出了因为微动腐蚀对金属疲劳性能的有害影响。1954 年 Coffin 和 Manson 建立了塑性应变造成损伤的理论，也就是 Coffin-Manson 关系，它是一种应用最为广泛的根据应变来描述疲劳的方法。1957 年，Irwin 用线弹性断裂力学方法，采用应力强度因子 K 来描述在裂纹顶端存在小范围塑性形变下的疲劳裂纹扩展。1956 年，Thompson 等人发现了疲劳辉纹。1970 年，Elber 指出，疲劳裂纹扩展速率的控制因素不是应力强度因子范围 ΔK 的名义值，而是它的有效值。疲劳裂纹扩展速率不仅与 ΔK 的瞬时值有关，而且与加载历史和裂纹尺寸有关。当远场 ΔK 值相同时，疲劳小裂纹（典型疲劳小裂纹的长度小于几个毫米，且可用线弹性断裂力学来表述）的扩展速率往往明显高于长裂纹（典型长裂纹有几十毫米长）的扩展速率。此外，尺度同特征微观组织结构尺寸相当或比之更小的疲劳裂纹，其扩展速率常常随裂纹长度的增加而下降。不能用现有的断裂力学理论来分析这类裂纹扩展。这种“短裂纹问题”对由实验室小尺寸试样数据来进行大型结构件设计的设计方法学的发展有重大的影响。

虽然恒定循环应力幅作用下的疲劳破坏是疲劳基本研究的主要内容，但由于工程应用中的服役条件不可避免的含有变幅载荷谱、腐蚀环境、低温或高温以及多轴应力状态，因此建立能够处理这些复杂服役条件的可靠寿命预测模型是疲劳研究中最棘手的挑战之一。目前，把概念应用于实际情况还经常需要采用半经验式的处理方法[2,13,14]。

疲劳研究发展很快。其发展情况与现有水平可以大致归纳如下[15]：

（1）由于在疲劳研究中应用了扫描电镜和透射电镜等现代分析方法，对疲劳裂纹的萌生与扩展机制有了深入的了解，特别是对疲劳裂纹尖端小范围内材料的失效过程有了更深入的认识。

（2）在材料的形状、尺寸和表面加工情况等因素对疲劳强度的影响机制方面,积累了较多的经验,而且提出了一些解释或假说。

(3) 对疲劳的累积损伤问题进行了大量的实验研究,发展了各种各样形式简洁、应用方便的疲劳理论,并且已经发展了处理多轴非比例载荷的疲劳问题。但对于复杂的交变载荷还没有更加深入的认识。

(4) 在抗疲劳设计方面,除了常规的无限设计方法继续使用外,有限寿命设计方法已经在机械设计中广泛应用。

(5) 近代对低周疲劳的研究越来越多,在低周疲劳研究的基础上发展出的有限寿命设计法 - 局部应力 - 应变分析法在美、德、英各国得到了广泛应用。对于双频疲劳也开始进行研究,但工作还做得不多。

(6) 由于疲劳计算只能近似估算零部件的疲劳寿命,在精确确定零部件寿命时仍然靠疲劳实验,因此,模拟机械服役载荷条件的全尺寸模型模拟疲劳实验发展很快。

(7) 在疲劳实验中,已经广泛使用概率统计方法进行实验设计和数据处理。在疲劳设计中也已开始利用概率统计方法进行疲劳可靠性试验。

(8) 断裂学的发展,给疲劳裂纹扩展问题的研究提供了一种新的有效方法,从而促进了疲劳研究与疲劳设计工作的发展。现在已经在断裂学方法的基础上,发展出了一种新的抗疲劳设计方法——损伤容限设计。目前,断裂力学和疲劳这两门学科已经越来越紧密的结合在一起。

(9) 疲劳实验研究工作,已逐渐由正常条件下的疲劳扩展到特殊条件下的疲劳问题,如腐蚀疲劳、接触疲劳、微动疲劳、随机疲劳、高温疲劳和复合应力疲劳等。这些疲劳问题大多还没有很好解决,都还在广泛进行研究中。

(10) 各国都十分重视产品使用情况调查和事故产生的失效分析工作。因此失效分析工作得到了很快的发展。

(11) 对提高零部件的疲劳强度的强化方法,特别是表面处理的方法进行了越来越多的研究,许多方法成效显著,已经在生产中广泛使用。

8.1.5 镁合金疲劳性能的研究现状

由于镁合金的化学活性较高,因此其疲劳与断裂行为涉及到力学、化学等多个学科。由于可能存在腐蚀与疲劳的交互作用,使得镁合金的疲劳问题变得相当复杂。目前关于镁合金的疲劳研究已有一些报道,主要涉及到疲劳裂纹萌生、疲劳裂纹扩展、循环应力响应曲线、应力 - 寿命曲线、应变 - 寿命曲线等。

在压铸镁合金中,疲劳裂纹常常萌生于表面或次表面的气孔处[16]。对于挤压态 AZ31 镁合金而言,裂纹首先在晶粒内部萌生,然后穿晶扩展[17]。而对于 AM50 合金,裂纹将在 Mg 基体相的晶界处萌生,然后沿着 Mg 与共晶体之间的界面扩展,但不会贯穿整个 Mg 晶粒。而且当外加应力 σ_{max} 接近或者超过合金的屈服强度时,由于晶界滑移将会导致疲劳裂纹分叉。Eisenmeier 等人在一定循环周次后中止疲劳实验,然后对相应疲劳试样的表面复型进行 SEM 观察,证实在应变控制条件下,疲劳裂纹的扩展是通过小裂纹的合并而进行的。疲劳裂纹既可以沿着枝晶间区域扩展,亦可直接穿过枝晶区域扩展,这主要取决于显微组织状态。在较低的压缩应力作用下,疲劳裂纹将会闭合。而在较低的拉伸应力作用下,疲劳裂纹则会张开[18,19]。当外加应力幅略高于合金的疲劳极限时,疲劳裂纹的扩展将受到晶界的阻碍作用,此时将发生非平面滑移,导致断裂面两侧晶体间的高度差显著增大。当由于应力循环而使得裂纹前沿的积聚能量达到足以克服晶界的阻滞作用时,疲劳裂纹便可穿过晶界并向相邻晶粒中扩展。此后,借助非平面滑移在晶界处所积聚的能量将得以释放,断裂面两侧晶体间的高度差随之显著减小。与此同时,由于疲劳裂纹开始扩展,裂纹宽度迅速增大[20]。

镁合金中早期的疲劳裂纹主要是受剪切应力控制并常呈现解理断裂特征。这种解理断裂通常发生在高指数面上,并且裂纹的形态因孪晶和滑移而强烈变化着。镁合金疲劳断裂表面上有时也呈现一些韧窝特征,它们来源于加载过程中出现并长大直至在塑性应变和塑性断裂条件下聚合而成的微空洞。由于第二相与基体界面处的结合力较小,沉淀相或者夹杂物的破碎、局部的应力集中都可能形成一些微空洞[15]。

镁合金断裂韧性差,故裂纹传播速度比其他轻质合金快。疲劳强度是镁合金零件设计和使用的重要参考指标。而镁合金作为一种新型的结构材料,对其疲劳性能方面的研究仍处于初级阶段,尤其是疲劳性能与微观组织的关系研究不深入,限制了镁合金的应用。

8.1.6 影响镁合金疲劳的因素与改进方法

影响镁合金疲劳强度的主要因素有[21~26]:显微组织的影响、冶金因素的影响、环境因素的影响、应力集中、试样尺寸、试样表面状况、载荷频率的影响、热处理。

铸造镁合金的疲劳行为主要由铸造缺陷如气孔所控制,变形镁合金的疲劳行为与夹杂物和第二相粒子有很大的关系[27]。材料疲劳性能改进应遵循两种方法:对材料进行表面处理和避免材料内部的缺陷,提高断裂韧性。而目前已知的提高镁合金疲劳强度的方法包括对镁合金进行表面机械加工及热处理,常用的镁合金表面机械加工方法有机械抛光、喷丸处理和表面滚压等。

对于镁合金而言,也可通过热处理来提高它的抗疲劳性能。但也有人认为对铸态镁合金进行时效处理可促进第二相的析出,因而可增大疲劳裂纹的扩展速率,从而降低合金的疲劳寿命[28]。

稀土的添加对合金力学性能的改善主要归因于下面两个因素:晶粒细化和金属间化合物数量、尺寸、形状和分布方面的变化。晶粒细化对材料强度的影响大于纹理异向的软化作用,但细晶材料对疲劳裂纹扩展速率的阻力很小,因为塑性变形区远大于晶粒尺寸,卸载时反向滑移很难发生,故发生损伤积累。晶粒尺寸对疲劳性能的影响是复杂的,由内在外在的原因交互影响。

总之,虽然对于镁合金疲劳性能的研究已经取得了一定的进展,但存在的问题也是显而易见的:一是疲劳性能与微观组织的关系研究不深入,关于密排六方结构材料疲劳的研究远没有对体心立方晶系(如铁)和面心立方晶系(如铝)研究的深入;二是镁合金疲劳性能的测试方面,因为疲劳性能的测试比较麻烦,目前主要是集中在做应力-寿命曲线,而对于较复杂的应变-寿命曲线研究很少;三是对如何提高镁合金疲劳性能的研究也并不深入。随着镁合金应用范围的不断扩大和研究的不断深入,此方面的研究成果必将系统化,进而形成成熟的理论,从而使镁合金的研究和应用提高到一个新的水平。对镁合金疲劳的进一步研究,主要归纳为两个方面:一个是宏观方面,即从分析疲劳应力或应变着手,研究疲劳载荷下的力学规律,建立起一系列疲劳抗力指标,为正确选材和安全设计提供直接或间接资料;另一方面是从微观机制着手,研究在疲劳载荷下金属内部的组织结构的改变和断口形态,寻找疲劳裂纹产生的原因和裂纹扩展的机制及影响因素,从而寻找提高疲劳抗力的途径。本书基于以上两个方面具体探讨 RE – n – EX – RS 66 合金的疲劳性能,以期为材料的实际应用和进一步研究打下基础。

8.2 RE – 2 – EX – RS 66 合金疲劳研究路线

采用 RE – 2 – EX – RS 66 合金为研究对象。具体的技术路线为:测试 RE – 2 – EX – RS 66 合金的硬度与抗拉强度;根据抗拉强度值拟定高周疲劳实验参数;根据拟定出的实验参数进行疲劳实验,分别得到条件疲劳强度值和 $S-N$ 曲线左半部的数据;根据数据拟合出完整的 $S-N$ 曲线;通过 SEM 对疲劳断口进行分析,研究 RE – 2 – EX – RS 66 合金的疲劳断裂机制及快速凝固往复挤压工艺对疲劳性能的影响。

8.2.1 疲劳试样与夹具

疲劳试验在 HT – 9711 型动态疲劳试验机(图 8–1)上进行,该机由负荷机架(即主机)、电气控制台和液压动力源三大部分组成。试验机的基本原理是采用伺服式闭环控制系统进行工作。试验机配有微机监测系统进行应力或应变等的自动调节以及试验数据的自动处理,可将实验过程中的载荷/时间、位移/时间和力量/位移图等试验结果储存起来并可随时调出使用,其加载载荷的感测校正精度不大于 ±1%,该机为最高加载频率 50 Hz 的低频试验机。将 RE – 2 – EX – RS 66 合金棒料沿纵向加工成标距长度 16 mm,标距直径 5 mm,总长度 78 mm 的轴向光滑疲劳试样,如图 8–2 所示。

图 8-1 HT－9711 动态材料试验机

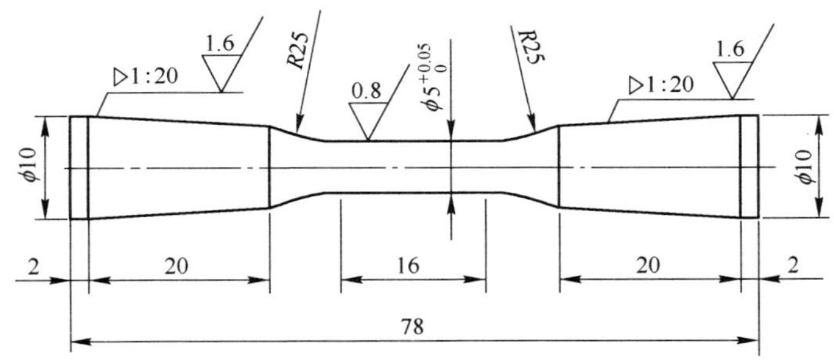

图 8-2 疲劳试样的尺寸

试样的加工要求：

（1）疲劳试样长度方向沿 RE－2－EX－RS 66 合金棒料挤压方向；

（2）加工表面避免划伤，表面不能产生大的加工硬化，最后精磨分几次到位；

（3）试验前，沿试样的轴向用 1200 号的 SiC 砂纸细磨，以排除试样表面加工缺陷对合金高周疲劳性能的影响，避免裂纹在应力集中部位优先萌生。

由于试验机原配液压夹头的压力远大于实验材料的承受强度，故原有夹头不能直接夹在 RE－2－EX－RS 66 镁合金疲劳试样两端，需另配新过渡夹具。设计的新夹具的具体尺寸如图 8-3 所示。

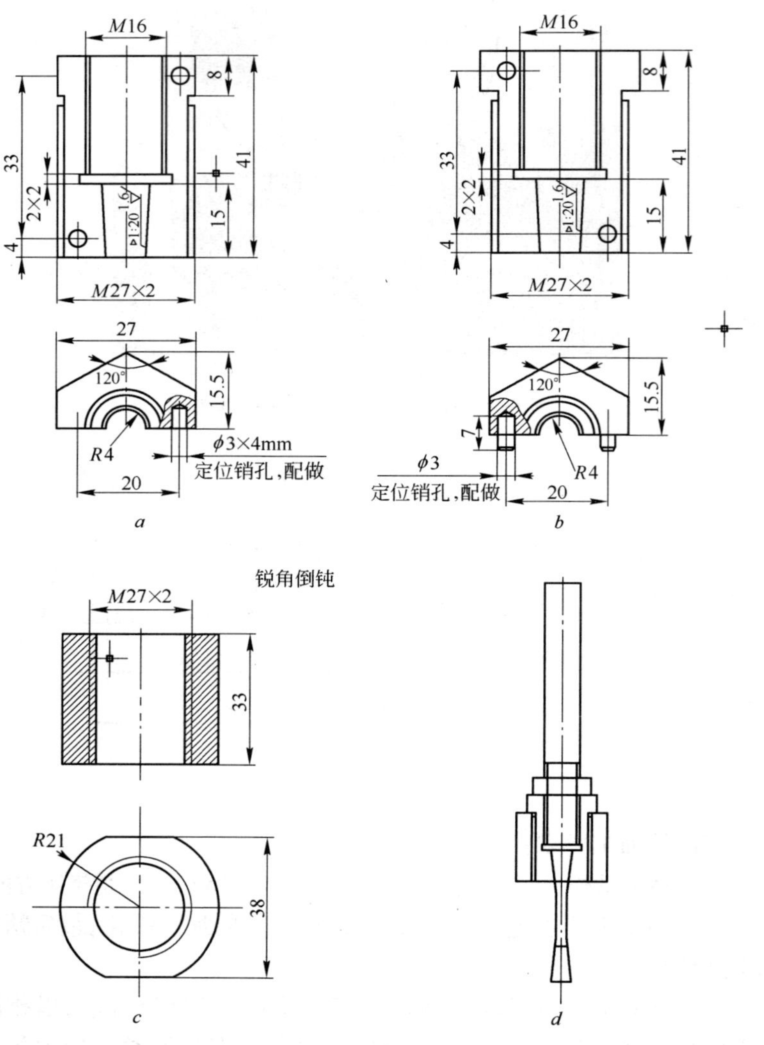

图 8-3　疲劳试验过渡夹具

a—试样左半夹头；b—试样右半夹头；c—固定螺母；d—组装图

新夹具的材料为45 调质钢。如图 8–3*a*、*b* 为夹住试样锥形端头的夹具,分为两半,对角线有销固定。夹具的内侧分为两部分,上半部分为粗牙螺纹,下半部分为一锥度为 20°的通孔,此锥度与疲劳试样两端的锥度一致,但孔径比试样略小,夹具的外侧加工粗牙外螺纹。顶杆的下端加工有与夹具上半部分的螺纹相匹配的外螺纹,夹具与顶杆的内外螺纹互相咬合,顶杆可顶紧试样,起到固定试样的作用。套筒(图 8–3*c*)的内部加工有与夹具的外螺纹相匹配的螺纹,夹具的外螺纹与套筒的内螺纹咬合。组装好后的疲劳试验夹具如图 8–3*d* 所示。

由于疲劳试验所加的载荷为动态载荷,如何在实验的运行过程中保持试样的固定至关重要。目前关于疲劳试验的资料报道,均为在试样两端加工外螺纹,但实践证明对于强度低的轻质金属,这种方法是不可行的。本次实验的试样两端直径为10 mm,所采用的 HT－9711 型动态疲劳试验机的液压夹头所施加的力,远大于 RE－2－EX－RS 66 合金试样的承受能力,且镁合金对缺口的敏感性很强,加工的螺纹起到了尖缺口的作用[29],裂纹容易在螺纹处萌生,进而在螺纹处发生断裂而达不到实验效果。本书实验设计的新夹具避免了在镁合金试样表面加工螺纹,同时试验机液压夹头所施加的力不直接作用在疲劳试样上,保证了实验可以稳定安全的运行,确保了试样可以在实验设计的标距处断裂,可达到高周疲劳实验的周次要求。疲劳实验运行平稳,夹具可反复使用。

8.2.2 常规性能测试

显微硬度测试在 HV－120 型维氏硬度计上进行,实验载荷 5 kg,保压时间 30 s,将试样的横截面在 1000 号细砂纸上磨平后进行硬度测试。显微硬度值 HV_5(kg/mm^2)按照如下公式计算:

$$HV_5=\frac{1.8544\times P}{d^2} \tag{8-1}$$

式中 HV_5——显微硬度;

P——加载载荷,kg;

d——压痕直径,mm。

对同一试样在相同实验条件下测试 7 个点,取其平均值作为试样的硬度值。

室温拉伸试验在 WDW –200 微机控制电子万能试验机上进行，拉伸速度为 1 mm/min，初始应变速率为 $3.3\times10^{-4}\ s^{-1}$。试样标距长度 36 mm，标距间直径 6mm，总长度 71 mm 的单肩圆截面比例试样。

8.2.3　疲劳性能测试

8.2.3.1　*疲劳实验参数的选择*

疲劳实验参数的选择如下所述：

（1）加载频率的选择：实验过程中，加载频率过低会使实验周期增长，从经济性看不可行；加载频率过高则可能引起试样温度升高（疲劳试验要求温升不能超过 2℃），疲劳强度降低。对于常用材料，在相当大的频率范围内（10 ~ 150 Hz），加载频率对疲劳强度的影响并不大。另外，加载频率还要受实验机载荷范围的限制。在大负荷下，如加载频率过高，则可能引起实验机不能及时作出动态响应。综合以上因素，实验加载频率选为 10 Hz。

（2）循环波形的选择：在控制应变的实验中，三角波能保持应变速率在整个循环拉压过程中保持不变的状态。在控制应力的实验中，正弦波定义准确，且易于标准化。试验选用应力控制参量，加载波形为正弦波。

（3）应力加载方式：采用轴向加载。特点是试样横截面上受力均匀，试验结果能确切地反映材料的疲劳特性。

（4）应力比：取应力比为 0.1。载荷从加载达到稳定的时间短，适合本次试验的低频试验机。

（5）实验温度：室温。

（6）疲劳极限：实验规定加载循环到 1×10^{6} 次所对应的应力为疲劳极限或耐久极限。

8.2.3.2　*疲劳试验方法*

疲劳试验采用国家标准试验方法 GB3075《金属轴向疲劳试验方法》。

（1）$S-N$ 曲线的测定：$S-N$ 曲线的测定包括有限寿命的测定和疲劳极限的测定。有限寿命部分测定采用成组法，疲劳极限部分采用升降法。试验中,由于疲劳试样数量有限,所以在高应力区采用常规的成组试验法,在疲劳极限处采用小子样升降法[30]。

成组试验法的原理是:取不同的应力级别,各级应力水平上试样的数量分配应随着应力水平的降低而逐渐增加,实验结果取平均值。

升降法原理是:试验前先粗略估算试样的疲劳极限值,然后确定应力增量 $\Delta\sigma$,应力增量一般为预计条件疲劳极限的3%~5%。试验时也可根据实际情况,在高应力区选择较大的应力增量,在疲劳极限附近选择较小的应力增量。试验的第一个试样选择在高于疲劳极限值的应力下开始。若第一根试样在达到规定循环周次以前破坏,则下一根试样的试验应力降低一个应力增量;若第一根试样在达到规定循环周次时未破坏,则下一根试样的试验应力增加一个应力增量。以后的试样按与此相同的方法继续,直到得到有效数据。

(2)疲劳极限的估算:合金的疲劳极限 $\sigma_{R(N)}$ 可由下面的经验公式[21]估算,再根据疲劳极限确定各级应力水平。

$$\sigma_{R(N)} \approx 0.5\sigma_b \tag{8-2}$$

(3)$S-N$ 曲线的绘制:由试验数据绘制 $S-N$ 曲线时,分逐点描绘法和直线拟合法。逐点描绘法的应力通常使用线性坐标,寿命使用对数坐标。将数据点画在坐标图上以后,将它们连成光滑曲线即可。在数据点的连接过程中,应力求做到使曲线均匀地通过各数据点,曲线两侧的数据点与曲线的偏离应大致相等。直线拟合法需将对数疲劳寿命的中值或均值在双对数坐标上用二参数 $S-N$ 曲线方程进行线性回归,得到 $S-N$ 曲线的斜线部分。将此斜线与测出的疲劳极限所在的水平线用光滑的曲线过渡相连,即得到完整的 $S-N$ 曲线。

8.2.4 疲劳断口分析

采用JSM-6700F扫描电子显微镜对RE-2-EX-RS 66合金的疲劳断口进行分析,确定疲劳源的位置,分析疲劳源产生的原因,判断工艺对疲劳源萌生位置的影响。观察疲劳裂纹扩展的特点,分析合金的组织对裂纹萌生及扩展的影响,探讨合金疲劳断裂微观机制的特点。

8.3 RE－2－EX－RS 66 合金的疲劳性能

RE－2－EX－RS 66 合金的平均硬度 HV_5 为 88，RE－4－EX－RS 66 合金平均硬度 HV_5 为 83，RE－5－EX－RS 66 合金平均硬度 HV_5 为 81。

实验测得 RE－2－EX－RS 66 合金的抗拉强度 σ_b 为 348 MPa，屈服强度 σ_y 为 336 MPa，伸长率 δ 为 20%，如表 8-1 所示。RE－2－EX－RS 66 合金有着最好的屈服强度、抗拉强度和很高的伸长率。

表 8-1 RE－*n*－EX－RS 66 合金的拉伸性能

拉伸性能	σ_y/MPa	σ_b/MPa	δ/%
RE－2－EX－RS 66	336	348	20
RE－4－EX－RS 66	327	332	27
RE－8－EX－RS 66	307	321	23
RE－12－EX－RS 66	314	331	20

RE－2－EX－RS 66 合金的抗拉强度 σ_b 为 348MPa。由式 8-2 可估计出 RE－2－EX－RS 66 合金的疲劳极限 $\sigma_{R(N)}$ = 174 MPa，从而确定出实验采用的应力水平为 235 MPa、210 MPa、180 MPa、165 MPa、160 MPa、155 MPa 和 150 MPa。

8.3.1 疲劳试验结果

试验载荷波形为正弦波，应力比 0.1，频率 10 Hz。图 8-4 为载荷最大值 310 kg（对应应力水平为 155 MPa）时对应的载荷－时间曲线。可见，实验的加载波形圆滑平稳。图 8-5 为载荷最大值 310kg 时对应的位移－时间曲线。可见，试样在轴向拉－拉状态下产生的伸长量也随着时间的变化呈正弦波变化。载荷增大，伸长量增大；载荷减小，伸长量随之减小。图 8-6 为载荷最大值 310 kg 时对应的载荷－位移曲线。该图直观地显示了试样的伸长量随着载荷的增大而增大的趋势。

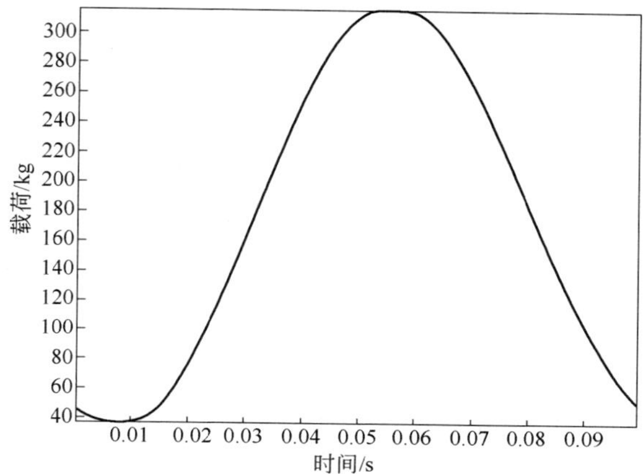

图 8-4 载荷-时间的对应关系图

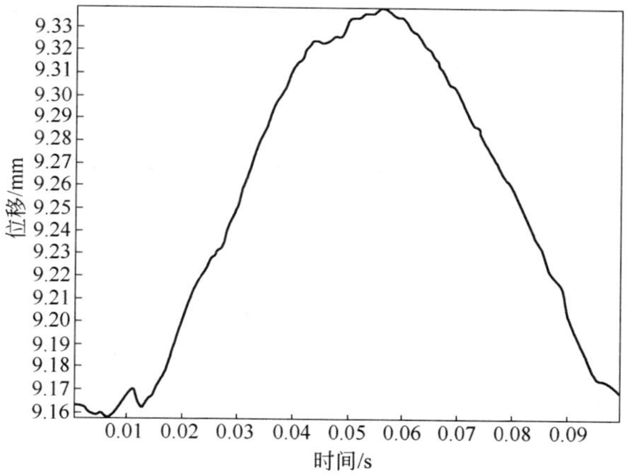

图 8-5 位移-时间的对应关系图

图 8-7 为加载载荷最大值 320 kg(对应应力水平为 160 MPa)时对应疲劳寿命 153664 周次的载荷/寿命图。由图 8-7 可见,两条曲线起始于纵坐标 176 kg 处,一条迅速上升,一条迅速下降。在约 5000 周次处达到各自峰值,此后基本保持水平。这表明疲劳加载从预加载荷 176 kg(载荷最大值 320 kg 与最小值 32 kg 时的算术平均值)处达到稳定的实验要求载荷所需时间约为 5000 周次。如图 8-8 所示,两条曲线

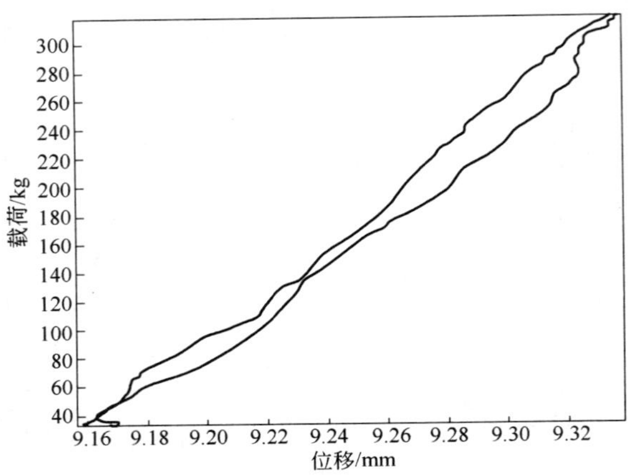

图 8–6　载荷 – 位移的对应关系图

对应的纵坐标之差即为实验材料的伸长量，试样产生的伸长量也在循环约 5000 周次处即达到稳定峰值，此后一直到断裂，材料的伸长量增加幅度很小。

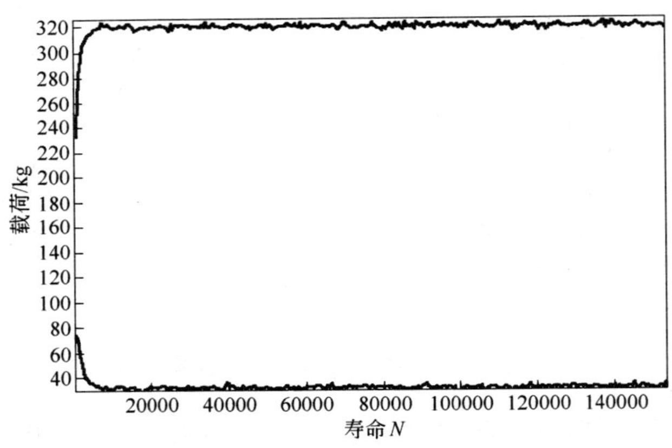

图 8–7　疲劳过程载荷 – 寿命图

不同应力 σ_{max} 下试样断裂伸长量 Δl 见表 8–2。随着应力水平的降低，疲劳断裂时试样的伸长量减小。相对于 76 mm 的试样长度，其延伸率只有千分之几，总的来说，疲劳断裂时试样的伸长量很小，疲劳

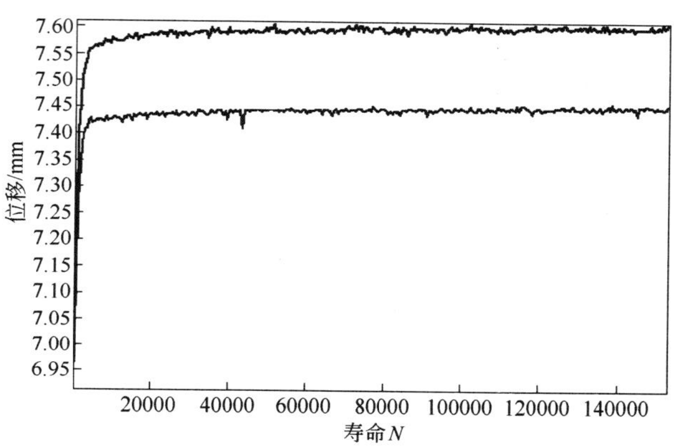

图 8-8 疲劳过程位移－寿命图

断裂为瞬时断裂。

表 8-2 RE－2－EX－RS 66 合金疲劳试样伸长量

σ_{max}/MPa	Δl/mm				
235	0.23				
210	0.22	0.21			
180	0.20	0.18	0.19		
165	0.20	0.17	0.16	0.18	
160	0.15	0.15	0.17	0.18	0.15
155	0.17	0.16			
150	0.15	0.15			

8.3.2 RE－2－EX－RS 66 合金的疲劳性能

8.3.2.1 实验数据

实验选取 13 根疲劳试样求取合金的疲劳极限，具体测试结果数据见表 8-3。由表 8-3 的 RE－2－EX－RS 66 合金高周疲劳极限的测试结果可知：第 5 根试样在应力为 150 MPa 下破坏。由于估算材料的疲劳极限高于 150 MPa，故推测试样内部可能有显著缺陷，故第 6 个试样未继续降低应力水平。实验结果证明估计准确。

表 8–3 RE – 2 – EX – RS 66 合金高周疲劳极限

试样	最大载荷/kg	载荷/kg	振幅/kg	σ_{max}/MPa	N	是否断裂
1	330	182	149	165	0.0538×10^6	是
2	300	165	135	150	1.0×10^6	否
3	330	182	149	165	0.0547×10^6	是
4	320	176	144	160	0.3028×10^6	是
5	300	165	135	150	0.2754×10^6	是
6	320	176	144	160	0.1537×10^6	是
7	310	171	140	155	1.0×10^6	否
8	320	176	144	160	1.0×10^6	否
9	330	182	149	165	0.0238×10^6	是
10	320	176	144	160	1.0×10^6	否
11	330	182	149	165	0.1603×10^6	是
12	320	176	144	160	0.0904×10^6	是
13	310	171	140	155	1.0×10^6	否

8.3.2.2 疲劳极限的计算

将表 8–3 的疲劳极限数据用式 8–3[31] 进行统计处理，即可得出试样的疲劳极限的平均值 σ：

$$\sigma = \frac{1}{m}\sum_{i=1}^{n} V_i\sigma_i \tag{8-3}$$

式中 m——有效试验的总次数（试样破坏与否均计算在内）；

n——试验的应力水平级数；

σ_i——第 i 级应力水平的应力值；

V_i——第 i 级应力水平下的试验次数。

按照上述方法计算应力比 0.1，循环周次 10^6 条件下的疲劳极限 $\sigma_{0.1(10^6)} = 159$（MPa）。

方懿、刘晓莹等人的实验结果表明，添加 0.5% ~ 1.5% Nd 元素的 AZ91 压铸合金的疲劳极限在 50 ~ 75 MPa 之间。AZ91 压铸镁合金混合添加 1.0% Ce 和 0.4% Ca 时，合金的疲劳寿命幅度提高最大，疲劳强度达到 90.2 MPa[15,16]。Carsten Potzies 等人[32]研究的一些镁合金对应 10^6 循环周次的疲劳极限如表 8–4 所示。

表 8-4 一些镁合金对应 10^6 循环周次的疲劳极限

镁合金	金属型铸造 AZ91	压铸 AZ91	挤压 AZ31	锻造 AZ80	锻造 Mg－10% Al	锻造 Mg－5% Al	锻造 Mg－4% Zn
σ/MPa	55	72	128	140	150	130	110

据资料显示[33,34]，锻造 Mg－Zn－Y－Zr 合金在循环次数为 10^6 ~ 10^7 时达到疲劳极限约为 90MPa。对比国内外的相关资料，RE－2－EX－RS 66 有着非常高的疲劳极限。可见 RE－n－EX－RS 工艺有效地提高了合金的疲劳性能。

8.3.3 分布函数验证

疲劳试验所得的数据往往具有很大的随机性和分散性。为了正确地处理这些数据，以反映本来的规律，必须借助统计分析方法。

将疲劳试验数据进行概率统计处理时，首先要确定这些数据符合什么分布函数。国内外多年来的材料疲劳研究结果表明，在疲劳统计中，有两种分布函数最能符合疲劳试验的数据，即疲劳对数寿命按照正态函数分布和疲劳寿命按照威布尔函数分布[35]。为此，对本次实验数据进行正态分布验证。

8.3.3.1 正态分布的特征

正态分布，又名高斯分布，是在实验基础之上建立起来的数理统计中的最重要的一个理论频率分布，在统计学的许多方面有着重大的影响力。

正态分布可以用如下的频率函数 $f(x)$ 表示：

$$f(x)=\frac{1}{\sigma\sqrt{2\pi}}\mathrm{e}^{-(x-\mu)^2/2\sigma^2} \tag{8-4}$$

式中 σ——标准差；

μ——均值。

在式 8-4 中，令 $\mu=0,\sigma=1$，则得关于 x 的标准正态函数 $\varphi(x)$：

$$\varphi(x)=\frac{1}{\sqrt{2\pi}}\mathrm{e}^{-\frac{x^2}{2}} \tag{8-5}$$

正态函数分布的概率计算可由面积的积分来计算。函数 $y=f(x)$ 为一正态分布函数。对于正态分布的母体，它的子样小于某一给定值($x<x_0$)的概率，记作 $p(x<x_0)$，等于直线 $x=x_0$ 与曲线 $f(x)$ 下左方的面积。

在疲劳数据统计处理中，当对数疲劳寿命按正态分布时，这面积表

示破坏概率,即

$$p(x < x_0) = \frac{1}{\sigma \sqrt{2\pi}} \int_{-\infty}^{x_p} e^{-(x-\mu)^2/2\sigma^2} dx \tag{8-6}$$

p 的变化范围在 0 和 1 之间。显然,

$$\frac{1}{\sigma \sqrt{2\pi}} \int_{-\infty}^{+\infty} e^{-(x-\mu)^2/2\sigma^2} dx = 1 \tag{8-7}$$

根据正态频率分布,还可以求出正态变量大于某一给定值 x_0 的概率 $P(x > x_0)$,即“超值累计频率函数”P。

$$P(x > x_0) = \frac{1}{\sigma \sqrt{2\pi}} \int_{x_p}^{+\infty} e^{-(x-\mu)^2/2\sigma^2} dx \tag{8-8}$$

当研究对象 x 为对数疲劳寿命时,超值累计频率函数 P 相当于存活率,很显然:

$$p + P = 1 \tag{8-9}$$

8.3.3.2 正态分布母体参数

确定正态分布母体参数常用的方法有解析法和作图法。

A 解析法

当已知变量的分布符合正态分布时,可以利用子样平均数 $\bar{x}$ 和子样标准差 s 分别作为母体平均值 $\hat{\mu}$ 和母体标准差 $\hat{\sigma}$,即:

$$\bar{x} = \frac{1}{n} \sum_{i=1}^{n} x_i = \hat{\mu} \tag{8-10}$$

$$s = \sqrt{\frac{\sum_{i=1}^{n} (x_i - \bar{x})^2}{n-1}} = \hat{\sigma} \tag{8-11}$$

B 作图法(以疲劳寿命为例)

作图法的步骤如下所述:

(1) 估算存活率 $\hat{p}$。将试样按疲劳寿命从小到大编号,对第 i 个试样的存活率 $\hat{p}$ 按如下公式计算:

$$\hat{p} = 1 - \frac{i}{n+i} \tag{8-12}$$

式中 n——试样的总个数。

(2) 以变量 x_i(对疲劳寿命通常取为对数寿命)为横坐标,存活率 $\hat{p}$ 为纵坐标在正态坐标纸上作出 $P-N$ 曲线,各数据点分页若为一直

线,说明母体遵从正态分布。

(3) 对应 50% 的存活率即为母体的平均值估计量,即

$$\hat{\mu}=\hat{x}_{50} \tag{8-13}$$

(4) 母体的标准偏差可由对应 84.1% 的存活率[35]按下式给出:

$$\hat{\sigma}=\mu-\hat{x}_{84.1} \tag{8-14}$$

8.3.3.3 正态分布函数的检验

正态分布规律可以通过正态概率坐标纸进行验证。令标准正态偏量 $u_p=\dfrac{x_p-\hat{\mu}}{\hat{\sigma}}$,则根据正态分布原理,$u_p$ 与超值累计频率函数 P 之间存在着一一对应关系,如表 8-5 所示。

表 8-5 标准正态偏量 u_p 与超值累计频率函数 P 的对应关系[35]

u_p	-1.282	-0.842	-0.524	-0.253	0	0.253	0.524	0.842	1.282
P	0.90	0.80	0.70	0.60	0.50	0.40	0.30	0.20	0.10

在等间距坐标系中,u_p 和 P 的关系为一曲线。首先,在横坐标轴上,按等间距标明 u_p 的标尺,并且在纵坐标轴上标明 $P=0.5$ 的位置,即图 8-9 中的 A 点。然后,过 A 点作任意一条倾斜直线。在纵坐标轴上按照表 8-5 中的数值标定坐标值。利用这种方法制作的坐标纸即为正态概率坐标纸。由于 u_p 与 x_p 成线性关系,如 x_p 为正态分布,则在

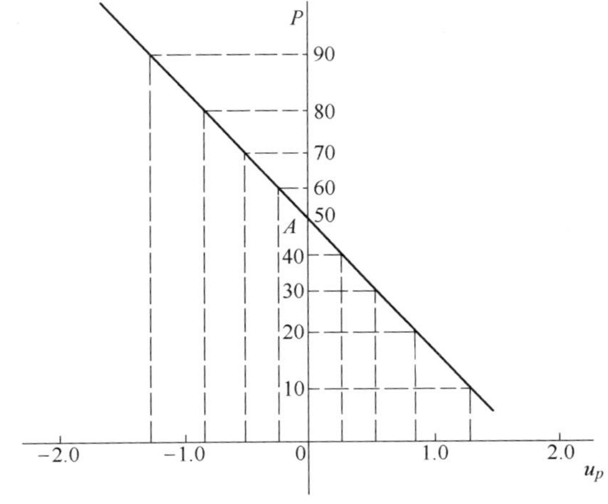

图 8-9 正态概率坐标纸原理图

正态概率坐标纸上 u_p 与 P 也成线性关系。在疲劳统计分析中,常常借助这一性质,来推断被抽样母体是否符合正态分布。

8.3.4 RE –2 – EX – RS 66 合金疲劳数据的正态分布验证

由 8.3.3 所述原理制作的正态对数概率纸其横坐标为对数寿命值 $\lg N_i$,纵坐标为存活率 $\hat{p}$。由式 8–12 计算得出。数据落在一条直线上,则表明实验数据符合正态分布。大量的研究表明[30],在中等寿命区,对于结构钢、铝合金以及铜等材料,在轴向加载和弯曲疲劳实验中,对数疲劳寿命基本上遵循正态分布。但对于镁合金材料,尚未见关于疲劳数据是否符合正态分布的报道。对于 RE –2 – EX – RS 66 合金来说,我们对其 165MPa 下的对数疲劳寿命的分布规律用作图法进行了研究,结果如图 8–10 所示。可见,在正态概率坐标纸上,实验数据点基本成直线分布,可以认为 RE –2 – EX – RS 66 合金的对数疲劳寿命为正态分布。

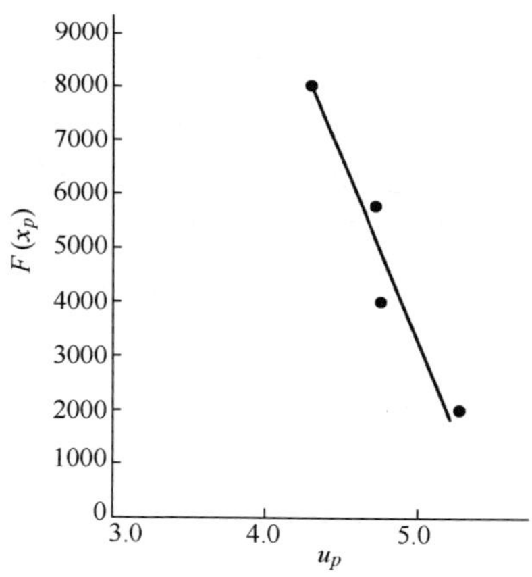

图 8–10 RE –2 – EX – RS 66 合金 165 MPa 下的对数寿命的正态分布

8.4 *S* – *N* 曲线与 *P* – *S* – *N* 曲线

8.4.1 实验数据

由成组实验法测得的 RE –2 – EX – RS 66 合金的有限疲劳寿命结果如表 8–6 所示。根据表 8–6 的每一级应力水平下测得的疲劳寿命 N_1,N_2,N_3,…计算中值疲劳寿命 N_{50}(存活率 50%),结果如表 8–6 所示。

表8-6 RE－2－EX－RS 66合金有限疲劳寿命的实验结果

σ_{max}/MPa	N				
235	19873	15609			
210	30500	26724			
180	20032	58668	23774		
165	53771	54747	23785	160321	
160	90424	153664	302839	1000000	1000000

$\sigma_1 = 235\ \text{MPa}: N_{50} = 1/2 \times (19873 + 15609) = 17741$

$\sigma_2 = 210\ \text{MPa}: N_{50} = 1/2 \times (30500 + 26724) = 28612$

$\sigma_3 = 180\ \text{MPa}: N_{50} = 1/3 \times (20032 + 58668 + 23774) = 34158$

$\sigma_4 = 165\ \text{MPa}: N_{50} = 1/4 \times (53771 + 54747 + 23785 + 160321) = 73156$

如果有越出情况（即大于规定的10^6循环周次），这一组试样的N_{50}不按上述公式计算，而取这一组疲劳寿命排列的中值。σ_5 = 160 MPa时测得的疲劳寿命第4个，第5个数值出现越出。因为这一组测试总数5是奇数，则其中值就是第3个疲劳寿命值，即N_{50} = 302839。

8.4.2 RE－2－EX－RS 66合金的S－N曲线

把成组试验法所得到的各级应力水平下的合金中值疲劳寿命N_{50}或lg N_{50}数据点，标在$\sigma-N$或$\sigma-\lg N$坐标图中，制成S－N曲线，这条曲线就是具有50%存活率的S－N曲线。

在$\sigma-N$或$\sigma-\lg N$坐标图中将各级应力水平下的中值疲劳寿命N_{50}或lg N_{50}数据点用曲线光滑地连接起来。图8-11为根据表8-6中的数据制出的RE－2－EX－RS 66合金的有限长寿命的S－N曲线。

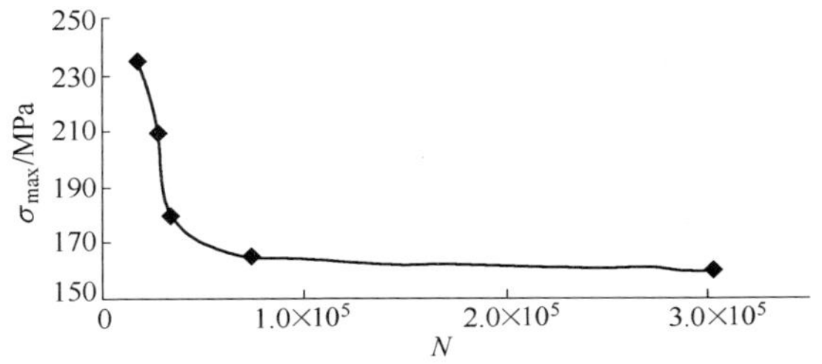

图8-11 RE－2－EX－RS 66合金的有限长寿命的S－N曲线

在用逐点法绘制 $S-N$ 曲线时，按升降法测得的条件疲劳极限，可以和成组试验数据点合并在一起，绘制完整 $S-N$ 曲线，如图 8–12 所示。

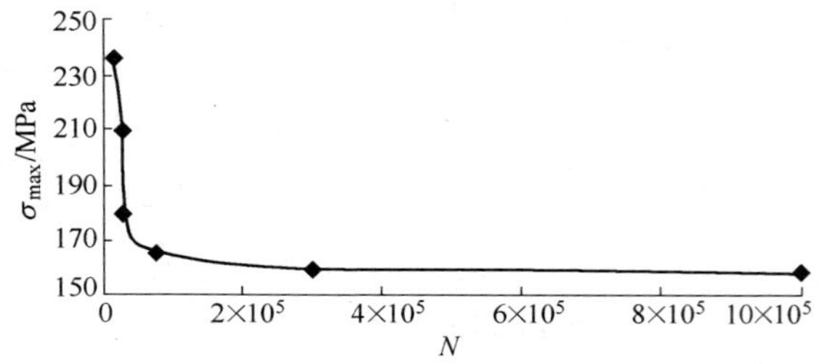

图 8–12　RE – 2 – EX – RS 66 合金的完整 $S-N$ 曲线

由图 8–11 及图 8–12 可以发现，RE – 2 – EX – RS 66 合金的疲劳 $S-N$ 曲线具有比较明显的转折，在从 10^5 周次处往后，曲线已接近水平。因此，可将 RE – 2 – EX – RS 66 合金的疲劳 $S-N$ 曲线视为第一类疲劳曲线。Carsten Potzies 和 Karl Ulrich Kainer[32] 总结的 Al 含量 5% ~10% 的镁铝合金以及 Mg – 4% Zn 合金，D. K. Xu 等人[33,34] 研究的 Mg – Zn – Y – Zr 合金的 $S-N$ 曲线都具有明显的水平部分，属于第一类疲劳曲线。

另外，把 RE – 2 – EX – RS 66 合金所有 20 个疲劳试样的原始数据点用曲线拟合出来，如图 8–13 所示，同样发现曲线具有明显的水平部

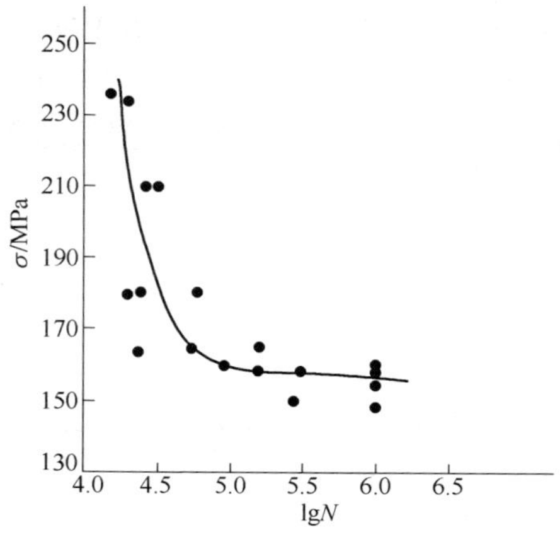

图 8–13　RE – 2 – EX – RS 66 合金原始数据点的 $S-N$ 曲线

分,属于比较典型的第一类疲劳曲线。

但应注意的是,两类 $S-N$ 曲线的区别也只是相对的。一些镁铝合金如 AZ80、AZ90 在 10^9 循环周次下依然没有出现水平部分的迹象。近来随着研究的不断深入,已发现高强度和超高强度钢也没有真实的疲劳极限[36,37],在经过 10^8 或更高周次以后也有发生疲劳断裂的。对 RE-2-EX-RS 66 合金大于 10^6 之后的更高周次下的疲劳做研究,尚需进一步探讨。

8.4.3 RE-2-EX-RS 66 合金的 $P-S-N$ 曲线

在涉及疲劳设计时,对于应力在疲劳极限以下工作的构件,采用升降法测定的条件疲劳极限 $\sigma_{R(N)}$,就可以满足设计要求。但对有限寿命设计,仅按上述常规成组法测定存活率 50% 的中值 $S-N$ 曲线,作为设计依据,往往偏于危险。因为,有一半产品在达到预定寿命之前出现早期破坏。为此,需要测得具有更高存活率的 $S-N$ 曲线,如存活率为 99.9% 的 $S-N$ 曲线,该曲线给出的寿命 N 对 1000 个产品,只有一个可能造成早期断裂。这种 $S-N$ 曲线给出的数据具有较大的可靠性。因此,疲劳性能测试中常将试验数据用概率统计方法画出不同存活率的 $P-S-N$ 曲线[30]。

疲劳强度试验中,在每一个应变水平上都用一组相同的试样作疲劳试验,得到一组寿命数据。在确定了疲劳寿命数据的分布规律后,将各应力水平的中值寿命(即 50% 存活率寿命)用曲线拟合,即可得到"中值"曲线,通常称为 $S-N$ 曲线。同样,将每一载荷水平给定存活率(设为 P)相同的疲劳寿命用曲线拟合,即可得到给定存活率的一组 $S-N$ 曲线,统称 $P-S-N$ 曲线。

由 8.3.3 节的分析,本次试验所得的对数疲劳寿命满足正态分布。因此,可以用解析法由试验结果求出任一存活率 P 下的高低周复合疲劳寿命 N_p,其解析式为:

$$x_p = \bar{x} + u_p s \tag{8-15}$$

$$N_p = \lg^{-1} x_p \tag{8-16}$$

式中 x_p——存活率为 P 的对数疲劳寿命;

$\bar{x}$——对数疲劳寿命平均值;

u_p——标准正态偏量；

s——对数疲劳寿命标准差；

N_p——存活率为 P 的疲劳寿命。

表 8–7 为成组实验法测试所得 RE－2－EX－RS 66 合金对数疲劳寿命试验数据，每级应力水平下用了 2～4 个样。表中 P 为每级应力水平的母体存活率估计量。由表 8–5 可知，当 $P=50\%$ 时，$u_{50}=0$；当 $P=99.9\%$ 时，$u_{99.9}=-3.09$。由式 8–15 和式 8–16，结合表 8–6，可分别得到 4 级应力水平下，50% 存活率和 99.9% 存活率的对数疲劳寿命 $\lg N_{50}$ 和 $\lg N_{99.9}$，见表 8–8。

表 8–7　RE－2－EX－RS 66 合金成组实验数据

i	σ_i	$\lg\sigma_i$	N_i	$\lg N_i$	$(\lg\sigma_i)^2$	$(\lg N_i)^2$	$\lg\sigma_i \lg N_i$
1	235	2. 3711	17741	4. 2490	5. 6221	18. 0540	10. 1003
2	210	2. 3222	28612	4. 4565	5. 3926	19. 8604	10. 3489
3	180	2. 2552	34158	4. 5335	5. 0859	20. 5526	10. 2239
4	165	2. 2175	73156	4. 8642	4. 9173	23. 6609	10. 7864
合计		9. 1660		18. 1032	21. 0179	82. 1279	41. 4595

表 8–8　RE－2－EX－RS 66 合金对数疲劳寿命试验数据

i	$\lg N_p$			
1	4. 1934	4. 4269	4. 3017	4. 3763
2	4. 2983	4. 4843	4. 3761	4. 7305
3			4. 7684	4. 7384
4				5. 2050
$\bar{x}$	4. 2459	4. 4556	4. 4821	4. 7626
s	0. 0742	0. 0406	0. 0251	0. 0340
$\lg N_{50}$	4. 2490	4. 4565	4. 5335	4. 8642
$\lg N_{99.9}$	4. 0166	4. 3301	4. 4045	4. 6575

由表 8–8 可得出图 8–14 所示的存活率分别为 50% 和 99.9% 的 $P-S-N$ 曲线。

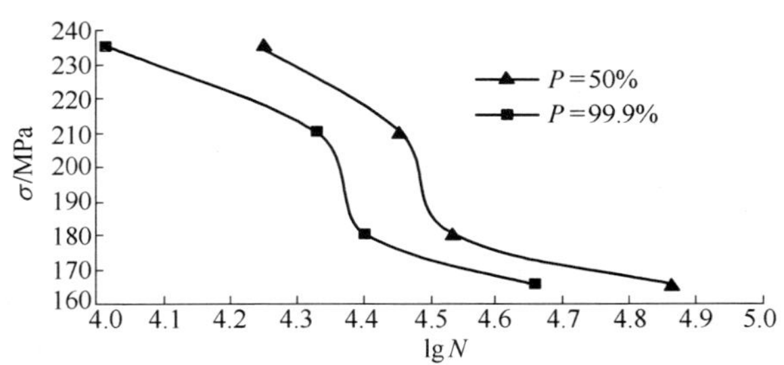

图 8-14 RE-2-EX-RS 66 合金的 $P-S-N$ 曲线

8.5 疲劳极限与抗拉强度的关系

虽然材料发生疲劳破坏时的最大应力 σ_{max} 小于材料的屈服强度 $\sigma_{0.2}$，也远小于抗拉强度 σ_b，但大量试验结果表明，疲劳极限 σ 与材料在静载荷下的抗拉强度 σ_b 有一定的相关性。表 8-9 列举了各种金属和合金的抗拉强度和疲劳极限[38]。

表 8-9 各种金属材料的抗拉强度和疲劳极限

合　金	σ_b/MPa	σ_{max}/MPa (N)	σ_{max}/σ_b/%
Cu	216	±62(10^8)	29
Mg	216	±70(10^8)	32
Al	208	±46(10^8)	22
Al-4.5% Cu	465	±147(10^8)	32
Al-5.5% Zn	540	±170(10^8)	31
铸　铁	310	±130	42
Ti	570	±340(10^8)	60

由表 8-9 可知，抗拉强度越高的材料，其疲劳极限也越高，大部分材料的疲劳极限约为静力加载时抗拉强度的 30% ~50%。可以认为，提高合金的抗拉强度的工艺方法也会相应提高它们的疲劳极限。由前面讨论可知，RE-2-EX-RS 66 合金的抗拉强度 σ_b 为 348 MPa，循环周次 10^6 条件下的疲劳极限 $\sigma_{0.1}$ 为 159 MPa。因此，RE-2-EX-RS

66 合金的疲劳极限为抗拉强度的 46%，其比值较高，仅低于 Ti。

8.6　疲劳断口与疲劳机理分析

8.6.1　宏观断口分析

构件破坏之后，断口上完整地记录着各种因素对断裂的影响。观察断口是断口分析中最基本、最简便的技术。通过分析可以判断断裂的性质、原因。许多断裂机理的提出和失效原因的判定都依赖于断口电子分析提供可靠的判据。在断口上忠实地记录了产生裂纹的原因，外部因素对裂纹萌生的影响及材料本身的缺陷对裂纹萌生的促进作用。同时也记录着裂纹发展的途径、发展过程及内外因素对裂纹扩展的影响。简言之，断口上记录着与断裂有关的各种信息，这些信息是可以分析的，通过断口分析就可以找出断裂的原因及影响因素。因此，断口分析在断裂失效分析中占据着特殊重要的位置。断口分析对研制新材料还是十分重要的手段，通过断口分析可以提供关于断裂的原因、性质、裂纹的走向、裂纹扩展速率与合金的相组成、组织结构、杂质元素之间的关系，从而对进一步改进材料质量提供了方向和可能[39]。

图 8-15 是最大应力 210 MPa，疲劳寿命 30500 周次的疲劳试样断口形貌。由图 8-15*a* 可见，疲劳断口宏观上分为三个具有不同形貌的区域，即：疲劳源区 *A*、疲劳裂纹扩展区 *B* 和瞬断区 *C*。图 8-15*b* 所示的光滑的扇形小区域是疲劳源区。实际上，真正的疲劳源位于“扇柄”处的裂纹萌生和微观裂纹（几十微米长）扩展处。这一阶段裂纹张开位移小，扩展缓慢，反复的张开和闭合使断口两面相互挤压和摩擦，形成了断口上最细滑的区域。以“扇柄”处疲劳核心为中心，可以看到向四周辐射的放射台阶或线痕。这说明疲劳裂纹不是一个简单的宏观平面，而是沿着一系列具有高度差的宏观平面向四周扩展。

图 8-15*c* 是疲劳断口上最重要的特征区域——疲劳扩展区。它占据了断口的大部分区域。从断口上看，这一区域颜色较深，表面比疲劳核心区粗糙，可见比较明显的垂直于裂纹扩展方向的贝纹状条纹。这些贝纹线是由载荷谱的波动引起的。由疲劳核心区发展过来的台阶在扩展区越发展台阶越大，成为一条条由裂纹源发出的放射条纹，这些条

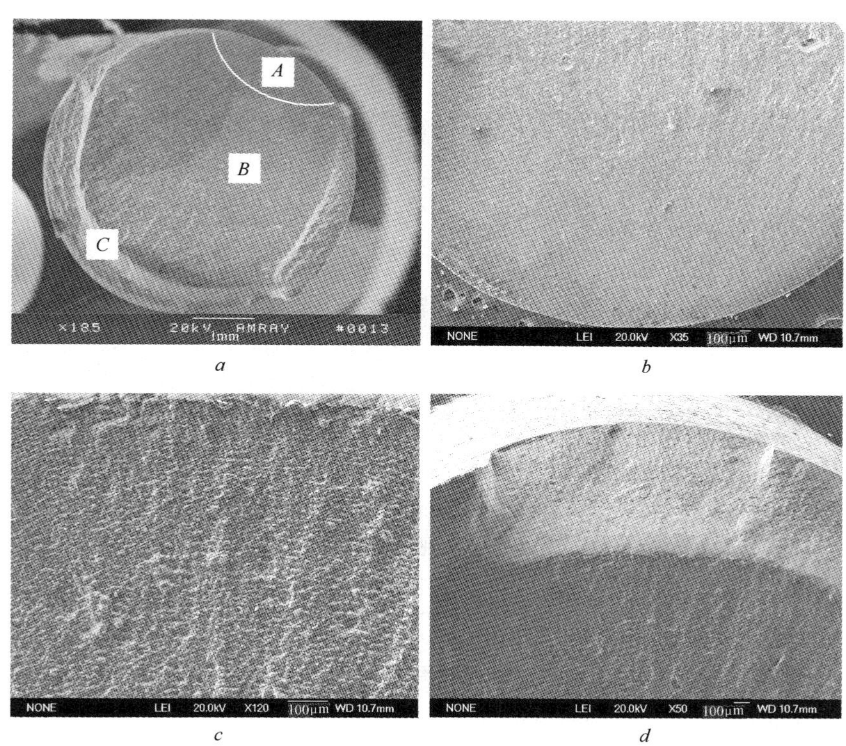

a *b* *c* *d*

图 8-15 RE-2-EX-RS 66 合金疲劳断口的宏观形貌

a—断口;*b*— *A* 区域;*c*—*B* 区域;*d*—*C* 区域

纹与贝纹线相垂直。

当疲劳裂纹扩展到一定程度时,构件的有效承载面承受不了当时的载荷而发生快速断裂,形成如图 8-15*d* 所示的瞬断区。这个区域的特征与静载拉伸断口中的剪切唇相似,断口平面基本与主应力方向垂直[40,41]。

图 8-16*a* 是最大应力 160 MPa,疲劳寿命 302839 周次的高周疲劳试样断口形貌,图 8-16*b* 是最大应力 235 MPa,疲劳寿命 15609 周次的低周疲劳试样断口形貌,断口均由疲劳源区、疲劳裂纹扩展区和瞬断区三区组成。低周疲劳断口(图 8-16*b*)的瞬断区面积大于高周疲劳断口

(图 8-16a)的瞬断区面积。在通常情况下,材料所受的负载越大,瞬断区面积越大[42]。

a　　　　b

图 8-16　RE - 2 - EX - RS 66 合金高周疲劳和低周疲劳断口的宏观形貌对比

a—高周疲劳断口 σ_{max} = 160 MPa, N = 302839;b—低周疲劳断口 σ_{max} = 235 MPa, N = 15609

RE - 2 - EX - RS 66 合金疲劳断口(包括低周疲劳和高周疲劳)均无明显的塑性变形,是脆性断裂。

8.6.2　微观断口分析

8.6.2.1　疲劳源

疲劳裂纹的萌生是局部切应力作用的结果。在最大切应力的作用下,材料表层的位错移动便会形成细小的滑移带,疲劳应力越大,滑移带的数量越多,滑移台阶高度越大。这些滑移带最终将成为萌生疲劳裂纹源的区域。在反复载荷的作用下,在相邻的滑移平面上将引起反向滑移,疲劳滑移带就会在表面上形成沟槽或隆脊。这些沟槽或隆脊的形状可能为锯齿形,也可能是光滑的圆形皱折。如果有许多平面的滑移,则形成的条纹是浅的和波浪形的。反之,如果只有几个紧紧排在一起的平面滑移,将形成有明显界限的缺陷障壁。在某种情况下,可以看到由反向滑移引起的界限分明的挤压区,并且可以在这些挤压区中看到可觉察到的滑移带裂纹。这些滑移带裂纹是由反向滑移产生的侵入区。侵入区一旦形成，就会通过反向滑移增长，构成金属疲劳裂纹萌生的区[40~42]。

如果试样内部不存在缺陷，疲劳源一般在表面处形成。这一阶段张开位移小，扩展缓慢，裂纹萌生区明显比裂纹扩展区光滑，如图8-17*a*所示。杂质及缺陷都容易产生不均匀的局部滑移和显微开裂而萌生疲劳裂纹。疲劳裂纹萌生于试样表面或表面下的夹杂和加工过程中产生的缩松等缺陷处，这些缺陷在疲劳载荷的作用下，容易引起应力集中，促进疲劳裂纹的萌生[41]。如图8-17*b*所示，试样表面或近表面处的第二相或夹杂物成为了疲劳源起始的核心。图8-17*c*是在150 MPa载荷下（低于疲劳极限的寿命），试样在27万周次断裂后的照片。观察其断口发现该

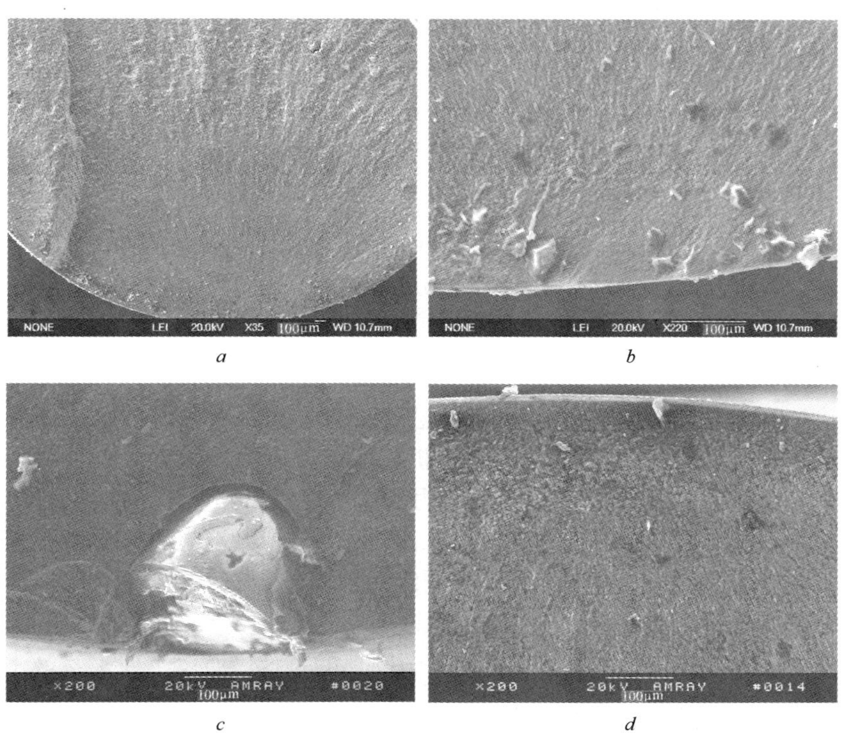

图8-17　RE-2-EX-RS 66合金疲劳断口中疲劳源形貌

a—疲劳源；*b*—试样边缘夹杂；*c*—试样表面夹杂；*d*—机加工刀痕

试样靠近表面处存在一大尺寸的夹杂物，且表面残留的机械加工刀痕很深，这极大地降低了该试样的疲劳寿命。图 8-17*d* 所示为机械加工时在表面留下的刀痕成为了疲劳裂纹萌生的起源。

图 8-18*a* 为低周疲劳断口的裂纹萌生区，发现由于大的应力载荷，疲劳源处的变形已经比较剧烈，图 8－18*b* 为高周疲劳断口的裂纹萌生区，断面比较平整。

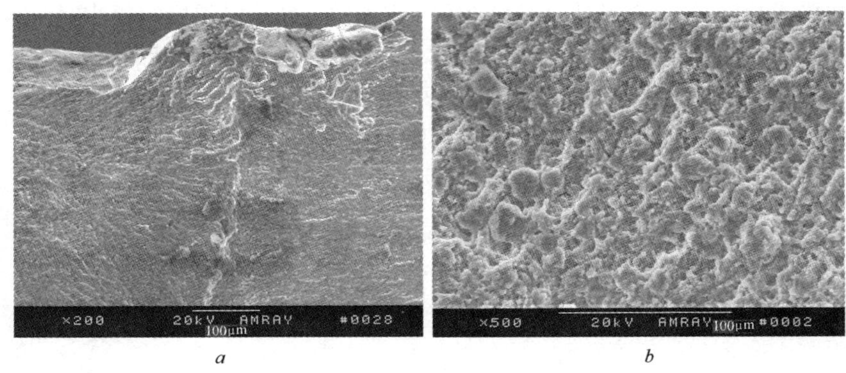

a　*b*

图 8-18　RE－2－EX－RS 66 合金低周疲劳和高周疲劳断口疲劳源形貌对比

a—低周；*b*—高周

8.6.2.2　裂纹扩展区

当疲劳裂纹萌生后，一般都会沿着与最大切应力方向最一致的滑移面向内部扩展，这一阶段为裂纹扩展的第一阶段。微观裂纹扩展到一定长度后，将由于裂纹尖端主应力的作用而偏离其滑移路线，沿着与最大正应力方向相垂直的方向扩展，即开始宏观裂纹扩展，又称为疲劳裂纹扩展的第二阶段。由于微观裂纹扩展阶段裂纹扩展速率极低，其扩展总进程也很小，所以该阶段的断口看不到什么明显的形貌特征。而宏观裂纹扩展阶段有着显著的疲劳断口的特征。所以下面主要论述宏观裂纹扩展阶段。

由图 8-19 可见，低周疲劳的裂纹扩展区有放射状条纹（图 8-19*a*），高周疲劳的裂纹扩展区没有发现放射状条纹（图 8-19*b*）。同时可以发现高周疲劳的裂纹扩展区大于低周疲劳的裂纹扩展区。这是因为应力

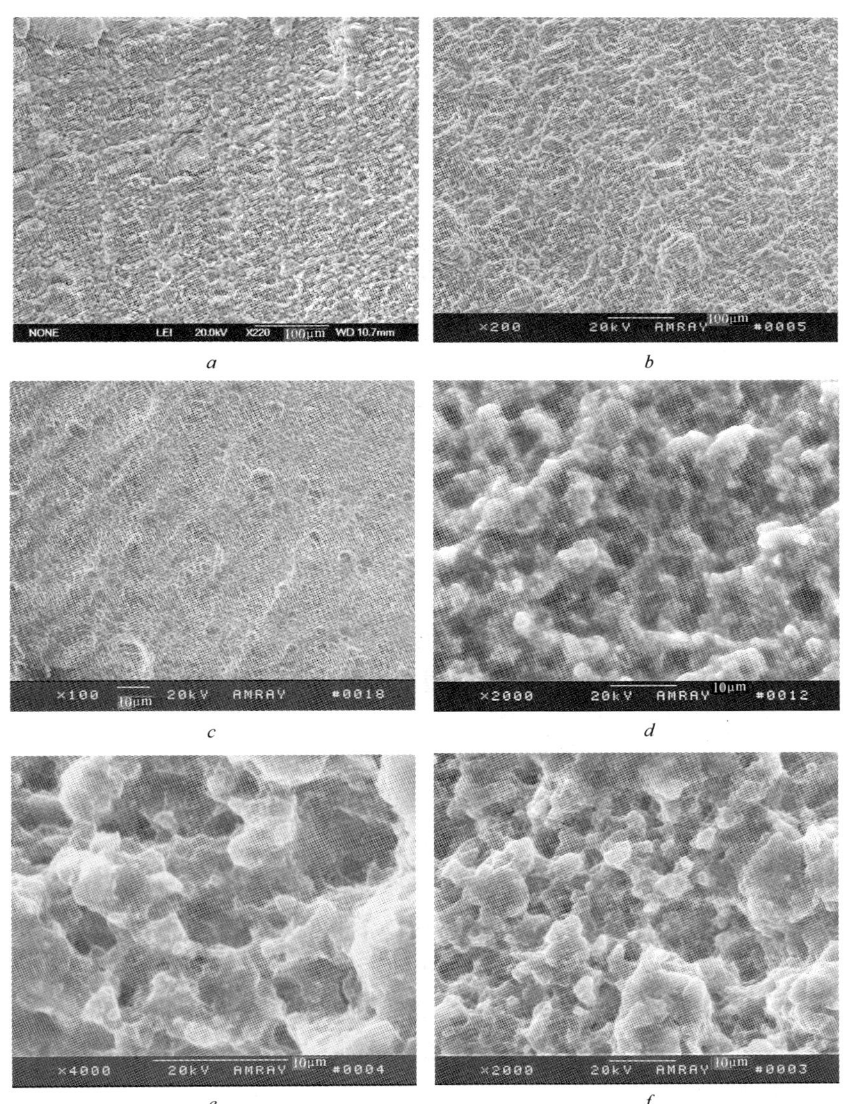

图 8-19 疲劳裂纹扩展区形貌

a—低周疲劳断口放射状条纹；*b*—高周疲劳断口；*c*—羽状高周疲劳断口；*d*—韧窝；*e*,*f*—断口穿晶特征

超过疲劳极限不多时，裂纹扩展比较充分，裂纹扩展过程比较长，相应的疲劳寿命较长。而应力很大时，裂纹扩展不充分，疲劳区也就相应地减小。在高周疲劳的疲劳裂纹扩展区，还观察到了羽毛状的扩展特征，见图 8–19*c*。当疲劳裂纹由一个晶粒扩展到另一个晶粒，即遭遇到晶粒边界时，晶粒对裂纹扩展过程起着重要的作用。晶界处容易使位错运动受阻，由位错塞积造成的拉应力引起开裂，萌生了新的裂纹。为了寻求最少的能量消耗，裂纹就会扩展到与其所在面相近而稍有不同的面上去，形成了羽毛状特征[43~45]。

由于疲劳试验的载荷较低，疲劳扩展区都由平面状断面组成。这些小的断面基本上是光滑的，表面比较整齐。这是由于裂纹形成后，沿{0001}滑移面扩展，形成了平坦光滑的断面，遇到晶界时，位向稍有变化。断面是由局部微观裂纹聚集而形成的，从图 8–19*b* 中可以看出，在裂纹扩展区内部的孔隙或夹杂处会出现大量的二次裂纹，裂纹形态变化强烈。

在这一阶段中，较大较深的韧窝很少见，多是如图 8–19*d* 所示尺寸较小，深度较浅，分布比较均匀的韧窝。韧窝的形成来源于加载过程中出现并长大直至在塑性应变和塑性断裂条件下聚合而成的微空洞。由于第二相与基体界面处的结合力较小，沉淀相或者夹杂物的破碎、局部的应力集中都可能形成一些微空洞。图 8–19*e* 和图 8–19*f* 显示了疲劳断裂的穿晶特点，同时可以发现二次裂纹。

疲劳裂纹扩展的两个阶段的主要特征，是在断口上出现疲劳辉纹[41]，它是裂纹扩展时留下的微观痕迹。每一条带可以视作一次应力循环的扩展痕迹，裂纹的扩展方向和条带垂直。疲劳辉纹为一系列基本上平行的二次裂纹，略带弯曲呈波浪形。由于晶界对疲劳裂纹扩展进程起着重要的作用，在晶界附近，裂纹前沿受阻。当裂纹由一个晶粒过渡到邻近晶粒时，其辉纹取向将发生变化。在同一小断块上的疲劳辉纹是连续而平行的，但相邻小断块上的辉纹不连续、不平行[46]。

方懿[15]在 AZ91 合金中添加 0.5% ~1.5% Nd，观察其疲劳断口，发现了清晰的疲劳辉纹。在如图 8–19*f* 所示的 4000 倍扫描电镜观测下，RE –2 – EX – RS 66 合金的疲劳断口并未发现明显的疲劳辉纹。大量事实证明[11,12]，塑性材料形成疲劳辉纹比较容易，而脆性材料很难形成疲劳辉纹。密排六方结构的镁合金比起面心立方金属来讲，其断口上的疲劳辉纹远没有面心立方金属明显。

疲劳裂纹扩展过程中，如果试样内部存在着夹杂物，在夹杂物周围应力场作用下，裂纹尖端的驱动力增大，裂纹扩展速率提高，材料的疲劳寿命降低。疲劳裂纹扩展区内夹杂物的周围存在着大量的解理台阶，材料的疲劳性能下降。疲劳扩展区的夹杂物和第二相所处的位置容易产生裂纹。图 8-20*a* 为脆性的夹杂物从中间断裂，从而加速了疲劳裂纹的扩展。图 8-20*b* 为图 8-20*a* 在整个断口的裂纹扩展中所处的位置。从宏观上看，由于夹杂物的破碎，在其周围会引发一系列二次裂纹，但不能视其为疲劳核心。因为，整个断面的扩展趋势仍是从疲劳

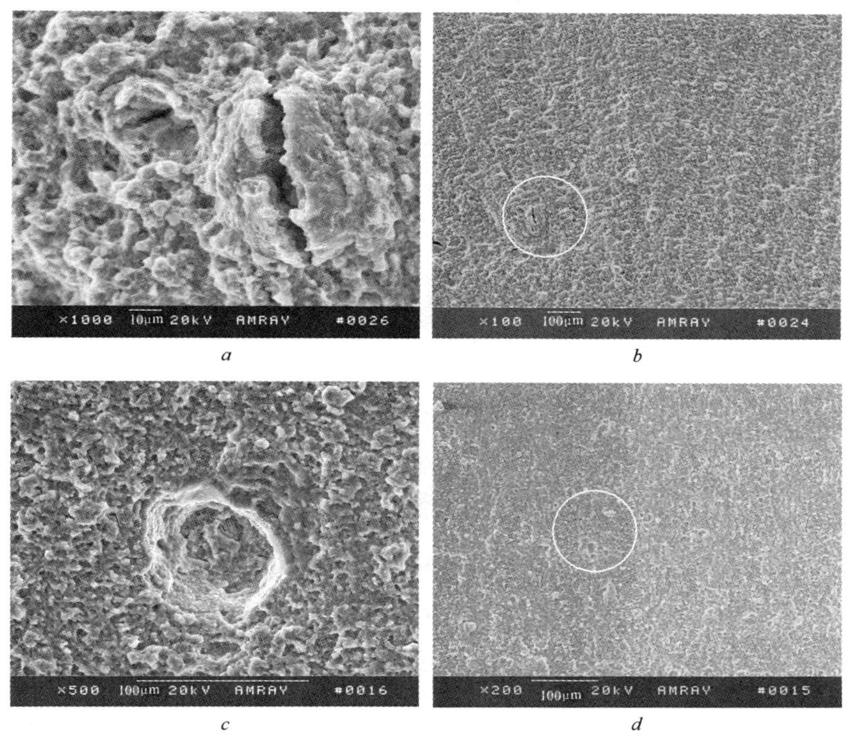

图 8-20　材料内部缺陷产生的裂纹

a—从脆性夹杂处断裂；*b*—*a* 图的低倍照片；*c*—韧窝底部第二相；*d*—*c* 图的低倍照片

源扩展到瞬断区。图 8–20*a* 断裂的夹杂处于裂纹扩展区,未能显著影响裂纹的传播方向。图 8–20*c* 为材料断口上出现了一个比较大的坑,坑底发现断裂的二次相,推测其形成是由于类似图 8–20*a* 中较大的夹杂物破碎脱落后留下的孔洞。图 8–20*d* 为类似的孔洞在裂纹扩展区的分布,同样不能视为疲劳的裂纹源,也未能显著影响裂纹的传播方向。

8.6.2.3　瞬时断裂区

RE – 2 – EX – RS 66 合金试样断口的疲劳瞬时断裂区微观特征与静载下拉伸断口相似,呈现韧窝与准解理花样,如图 8–21 所示。韧窝占主体,韧窝中有稀土相的存在。试样在拉应力作用下,最大主应力方向垂直于断口表面,应力在整个断口表面上的分布均匀。在主应力作用下,显微孔隙向各方向均匀长大,而形成等轴韧窝。

图 8–21　疲劳瞬断区形貌

与 RE – 2 – EX – RS 66 合金不同,AZ91[15]的瞬断区断口虽然也有韧窝,但更多地呈准解理态。这是由于 AZ91 中铝的百分含量比较高,有更多的片层状 $Mg_{17}Al_{12}$ 所致。但是对于 RE – 2 – EX – RS 66 合金,由于添加的稀土元素形成的第二相存在于 α – Mg 的晶界处,使疲劳裂纹在扩展的过程中受到来自第二相的阻碍,在基体中起到了钉扎的作用,第二相的存在使位错的运动受到阻碍,引起位错的塞积,从而增加了材料的抗疲劳破坏力[15]。

8.6.3 疲劳损伤机理

通常情况下,金属的疲劳断裂是由局部塑性应变集中引起的。从宏观角度看,疲劳过程中,塑性应变与弹性应变同时存在。当应力水平较低时,弹性应变居于主导地位;当应力水平高到一定程度时,塑性应变居于主导地位。RE-2-EX-RS 66 合金为多晶体,由于各个晶粒位向不同,位错、夹杂等微观、宏观缺陷及第二相的存在,在多晶体中存在着各向异性和非均质性。而无论是高周疲劳还是低周疲劳,零件和构件的疲劳破坏总是由应力应变最高和位向最有利的薄弱晶粒或夹杂等缺陷处起始,并沿着一定的结晶面进行[42]。合金疲劳过程分为如图8-22 所示三个阶段:

(1) 微裂纹起始阶段;

(2) 微裂纹生长阶段;

(3) 微裂纹扩展到宏观裂纹并导致失稳断裂阶段[41,42]。

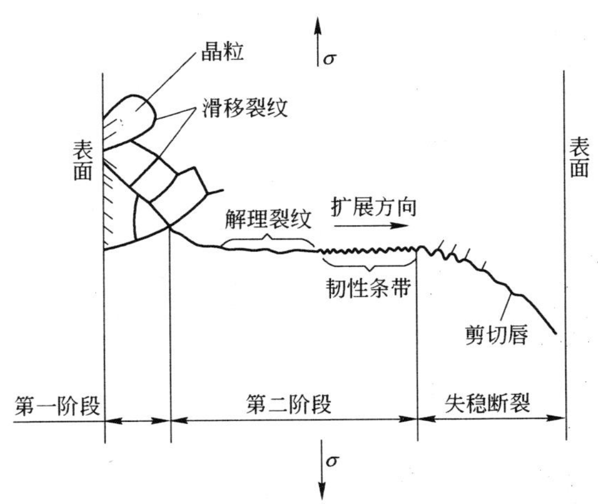

图 8-22 疲劳过程的三个阶段[41,42]

疲劳裂纹萌生都是由于塑性应变集中所引起,有三种常见的萌生方式:滑移带开裂、晶界或孪晶界开裂、夹杂物或第二相与基体的界面开裂。其中,滑移带开裂不但是最常见的疲劳裂纹萌生方式,也是三种萌生方式中最基本的一种。这是因为,在晶界开裂和夹杂物界面开裂之前,也都要先产生滑移带。滑移带开裂的过程为出现滑移线、形成滑移带和形成驻留滑移带。而驻留滑移带的形成和发展过程,就是裂纹的萌生过程。而形成挤入和挤出,则是形成驻留滑移带的主要方式。

在晶体中网状分布的位错源在拉应力的作用下,不断地释放位错,产生滑移线。这些滑移线不断增加和变粗,逐渐形成滑移带,并导致出现微裂纹。

在形成滑移线过程中,位错必须首先克服附近的位错网的障碍。由于多晶体中晶粒取向不同、晶粒度的大小不同等因素,位错网所施加到每个晶粒的阻力并不一样。当施加到个别晶粒上的应力大于位错网对该晶粒的阻力时,位错的滑移便启动了,晶粒发生塑性变形。因此,对于多晶体的塑性变形来说,并不是在所有的晶粒内同时发生塑性变形,而是首先在一些具有适宜取向的晶粒内部发生。

最初产生的滑移往往终止于晶界,或者在晶粒内部就已经停止。随着应力的增加,位错逐渐从晶粒内滑移到晶界。这些首先屈服的晶粒可以看作是应力集中区。由于晶界表面具有表面能、晶界处易于聚集杂质以及晶粒位向差异等原因,晶界存在着很大阻力。位错必须克服晶界的障碍,才能由一个晶粒传到另一个晶粒,试样才能发生屈服软化。而克服晶界的障碍是靠晶粒内滑移面上的位错在晶界处塞积产生的应力集中。只有当这个集中的应力达到一定的程度,能够使得相邻晶粒的位错源动作,使应力集中得到松弛,于是应变便从一个晶粒传到另一个晶粒,并出现亚微观裂纹。当许多亚微观裂纹连接在一起时,形成一条微观裂纹。因而,通常常温下的疲劳裂纹多为穿晶裂纹。可以认为裂纹的形成是由材料的强度决定的。显然,晶界的阻碍作用在此对材料来说起强化作用。

在疲劳过程中,由于往复加载,疲劳微裂纹比单调加载更加容易形成于应变集中的局部缺陷区域。并且由于试样表面的不可避免存在机加工微缺陷,往往在表面首先出现滑移,进而萌生裂纹。因此,机加工对疲劳试验的结果有很大影响。

第一阶段,疲劳裂纹经常在金属表面萌生。在 RE - 2 - EX - RS

66 合金中,粗大的夹杂物和其他第二相质点的存在对裂纹萌生也起作用。这是因为,在这些粗大的夹杂物和第二相质点处容易产生应力集中,从而出现局部形变。这样就导致了夹杂物和基体的界面上萌生裂纹,或由于夹杂物或脆性第二相的断裂导致裂纹萌生。合金中的气孔等缺陷也影响裂纹的萌生,这些缺陷起到了尖缺口的作用而导致裂纹萌生。从 RE-2-EX-RS 66 合金的疲劳断口分析来看,主裂纹源均起源于表面与近表面,主裂纹在传播过程中合并了材料内部由于夹杂产生的小裂纹,这些小裂纹没有明显改变裂纹传播方向。这说明 RE-2-EX-RS 66 合金或更易受使裂纹在表面萌生的影响,或材料本身性能很高,但是由于表面缺陷而致表面萌生裂纹。

随着疲劳循环数的增加,微裂纹沿着与加载约成 45°角的最大剪应力方向扩展。当达到一定深度后,由于晶界的阻碍作用,裂纹扩展方向逐渐转向垂直于拉应力的方向。这是裂纹形成的第二阶段。这一阶段所占的寿命比例最长,对常温低周疲劳占整个寿命的 80%。在这一阶段,影响微裂纹形成的各因素仍然起作用,微裂纹的扩展速度和深度较第一阶段为大,并逐渐发展成宏观裂纹。

在第三阶段,在循环应变的作用下,宏观裂纹扩展直到最终完全断裂。通常这一阶段的寿命占常温低周疲劳总寿命的比例为不超过 10%。

8.6.4 往复挤压与快速凝固对提高合金疲劳性能的影响

金属材料的力学性能是典型的组织结构敏感的性能。一切影响强度和塑性的组织结构因素,都对疲劳有明显的影响。从某种意义上说,疲劳极限直接正比于位错交滑移的困难程度。往复挤压以及快速凝固对提高材料的疲劳性能的途径可以归纳为:

(1) 细晶强化;

(2) 固溶强化;

(3) 沉淀强化。

8.7 本章小结

RE-2-EX-RS 66 合金高周疲劳极限的测试结果表明,循环周

次 10^6 条件下的疲劳极限 $\sigma_{0.1(10^6)}=159$（MPa）。这是目前镁合金研究结果中疲劳极限最好的结果。其原因是快速凝固可以获得很高的强度，而 RE 可以很好地焊合快速凝固薄带，形成韧性高强度高的材料。因此，材料具有很好的综合性能。

参考文献

[1] 什科利尼．M[苏]．疲劳试验方法手册[M]．陈玉琨等译．北京：机械工业出版社，1983：1～10.

[2] SURESH. S [美]．材料的疲劳[M]．王中光等译．北京：国防工业出版社，1999：1～11.

[3] 奥斯古德．C. C [美]．疲劳设计[M]．李寿同等译．北京：科学出版社，1982：125～128.

[4] 孙智，江利，应鹏展．失效分析——基础与应用[M]．北京：机械工业出版社，2004：142～155.

[5] 张文毓．TA5 钛合金板材低周疲劳断口分析[J]．稀有金属材料与工程，1998，27(3)：156～160.

[6] 斯旺森编．S. R[美]．疲劳试验[M]．黄子健译．上海：上海科学技术出版社，1982：58～65.

[7] 姚启均．金属力学性能试验常用数据手册[M]．北京：机械工业出版社，1994：130～146.

[8] Xu D K, Liu L, Xu Y B, Han E H. The fatigue crack propagation behavior of the forged Mg－Zn－Y－Zr alloy[J]. Alloys and Compounds, 2007(437)：107～111.

[9] 岳增武，周敬恩等．30Cr2Ni4MoV 钢的疲劳裂纹门槛值与闭合力[J]．理化检验－物理分册，1997，33(6)：37～38.

[10] 李渊，曾祥国，吴清文等．铸造镁合金的材料性能测试和喷丸处理的有限元数值分析[J]．重庆大学学报，2005，28(6)：95～97.

[11] 赵少汴，王忠保．疲劳设计——方法与设计[M]．北京：机械工业出版社，1995：22～46.

[12] 赵少汴，王忠保．疲劳设计[M]．北京：机械工业出版社，1992：58～98.

[13] 曾春华，邹十践．疲劳分析方法及应用[M]．北京：国防工业出版社，1991：1～20.

[14] 束德林．金属力学性能[M]．北京：机械工业出版社，1999：2～8.

[15] 方懿．Nd 对压铸 AZ91 镁合金高周疲劳性能的影响[D]．长春：吉林大学，2006：13～45.

[16] 刘晓莹．不同成型工艺镁合金高周疲劳性能研究[D]．长春：吉林大学，2007：32～42.

[17] Eisenmeier G, Holzwarth B, Hoppel H W, et al. Cyclic deformation and fatigue behavior of the magnesium alloy AZ91[J]. Materials Science and Engineering, 2001(319 ~ 321): 578 ~ 582.

[18] Mayer H, Papakyriacou M, Zettl B, et al. Influence of porosity on the fatigue limit of die-casting magnesium and aluminum alloys[J]. Fatigue, 2003 (25):245 ~ 256.

[19] 申健. 挤压变形镁合金的低周疲劳性能[D]. 沈阳:沈阳工业大学,2005:13 ~ 22.

[20] Wang X S, Lu X, Wang D H. Investigation of surface fatigue microcrack growth behavior of cast Mg – Al alloy[J]. Materials Science and Engineering, 2004(364): 11 ~ 16.

[21] 徐景. 疲劳强度[M]. 北京:高等教育出版社,1988:98 ~ 114.

[22] Shih T S, Liu W S, Chen Y J. Fatigue of as-extruded AZ61A magnesium alloy[J]. Materials Science and Engineering, 2002 (325):152 ~ 162.

[23] Kobayashi Y, Shibusawa T, Ishikawa K. Environmental effect of fatigue crack propagation of magnesium alloy[J]. Materials Science and Engineering, 1997, 234 ~ 256.

[24] 李鹏亮,周敬恩,席生岐等. 1Cr12Ni2W1Mo1V 钢等离子淬火后的疲劳行为[J]. 金属热处理,2006,31(11):60 ~ 63.

[25] 曾荣昌. 变形镁合金 AZ80 的腐蚀疲劳机理[J]. 材料研究学报,2004,18(6): 561 ~ 567.

[26] 施剑林,李包顺,陆正兰等. 3Y-TZP 多晶材料密度、断裂相变与力学性能的相互关系[J]. 材料研究学报,1996,10(1):51 ~ 56.

[27] 曾荣昌,韩恩厚,柯伟等. 挤压镁合金 AM60 的腐蚀疲劳[J]. 材料研究学报,2005,19(1):1 ~ 7.

[28] Kobayashi Y, Shibusawa T, Ishikawa K. Environmental effect of fatigue crack propagation of magnesium alloy[J]. Materials Science and Engineering, 1997(234 ~ 236):220 ~ 222.

[29] 高灵清,朱金华. TA5 钛合金焊板的疲劳断口分析[J]. 金属热处理,2006,31(8): 91 ~ 92.

[30] 那顺桑. 金属材料工程专业实验教程[M]. 北京:冶金工业出版社,2004:42 ~ 58.

[31] 傅惠民,刘成瑞. $S-N$ 曲线和 $P-S-N$ 曲线小子样测试方法[J]. 机械强度,2006,28(4):552 ~ 555.

[32] Carsten Potzies and Karl Ulrich Kainer. Fatigue of magnesium alloy[J]. Advanced Engineering Materials,2004,6(5):281 ~ 289.

[33] Xu D K, Liu L, Xu Y B, Han E H. The micro-mechanism of fatigue crack propagation for a forged Mg – Zn – Y – Zr alloy in the gigacycle fatigue regime[J]. Alloys And Compounds, 2006(12):1 ~ 6.

[34] Xu D K, Liu L, Xu Y B, Han E H. The crack initiation mechanism of the forged Mg – Zn – Y – Zr alloy in the super-long fatigue life regime[J]. Scripta Materialia, 2007(56):1 ~ 4.

[35] 毛雪平. 30Cr2MoV 转子钢的低周疲劳特性实验研究[D]. 北京:华北电力大学,1999: 45 ~ 60.

[36]　周承恩,谢季佳,洪友士等. 超高周疲劳研究现状及展望[J]. 机械强度,2004,26(5):526 ~ 533.

[37]　王时越,李建云,刘其勇等. 高低周复合载荷下的 $P-S-N$ 曲线研究[J]. 昆明理工大学学报,2006,31(2):90 ~ 92.

[38]　张忠明. 铜合金疲劳过程中塑性应变幅变化的研究[D]. 西安:西安理工大学,2003:77 ~ 97.

[39]　石东艳. 316L 不锈钢表面纳米化后疲劳性能初步探讨[D]. 贵阳:贵州大学,2005:55 ~ 56.

[40]　《金属断口分析》编写组. 金属断口分析[M]. 北京:国防工业出版社,1979:151 ~ 212.

[41]　崔约贤,王长利. 金属断口分析[M]. 哈尔滨:哈尔滨工业大学出版社,1998:76 ~ 152.

[42]　才庆魁. 金属疲劳断裂理论[M]. 沈阳:东北工学院出版社,1989:1 ~ 156.

[43]　Murakami Y, Endo M. Effects of defects, inclusions and inhomogeneities on fatigue strength [J]. Fatigue, 1994(16): 163 ~ 182.

[44]　Gall K, Horstemeyer M F, Degner B W, et al. On the driving force for fatigue crack formation from inclusions and voids[J]. Fracture, 2001(108): 207 ~ 233.

[45]　布鲁克斯著. 工程材料的失效分析[M]. 谢斐娟等译. 北京:机械工业出版社,2003:1 ~ 112.

[46]　Eisenmeier G, Holzwarth B, Mughrabi H. Cyclic deformation and fatigue behavior of the magnesium alloy AZ91 [J]. Materials Science and Engineering, 2001 (319 ~ 321): 578 ~ 582.

9 镁合金往复挤压成形热力耦合模拟

镁合金往复挤压变形过程是一个热力变化过程，在挤压过程中变形与传热之间存在着复杂的交互作用。在往复挤压变形过程中，塑性变形功绝大部分转化为热能，同时，坯料与模具及周围环境之间也存在各种热交换形式（如对流换热、辐射换热及与模具的接触热交换等）。使得坯料内部的温度发生变化，进一步影响坯料的流动特性和变形过程。因此，将塑性变形与传热进行耦合分析十分重要。本章以 AZ31 合金为研究对象，结合刚黏塑性有限元法对往复挤压成形过程进行热力耦合数值模拟。通过对往复挤压过程的热力耦合分析，探讨其变形规律，研究等效应变（$\overline{\varepsilon}$）场、等效应变速率（$\dot{\varepsilon}$）场、等效应力（$\overline{\sigma}$）场、速度（u）场和温度（T_f）场的分布变化情况，为往复挤压成形工艺的制定与优化提供理论和技术上的支持。这对于探索往复挤压成形中材料的变形机制和组织演变以及指导实际生产具有理论和现实意义。

9.1 往复挤压成形过程数值模拟

9.1.1 有限元模型与模拟条件

材料本构关系是有限元模拟的关键，本构关系模型直接影响到变形行为的描述以及模拟结果的精度。对 AZ31 合金采用的本构方程为[1,2]：

$$\sigma = 13703.89\varepsilon^{0.0997}\dot{\varepsilon}^{0.1761}\exp(-0.0077T - 0.6909\varepsilon) \quad (9-1)$$

式中 σ——应力；

ε——应变；

$\dot{\varepsilon}$——应变速率；

T——绝对温度。

模拟中用到的与 AZ31 合金相关的热物性参数[3~6]见表 9-1。

表 9-1　AZ31 镁合金热挤压的热物性参数

参　　数	数　　值
密度/$t \cdot mm^{-3}$	1.77×10^{-9}
比热容/$mm^2 \cdot (s^2 \cdot ℃)^{-1}$	$(0.2441 + 0.000105T - 2783T^{-2}) \times 10^9$
热导性/$t \cdot mm \cdot (s^3 \cdot ℃)^{-1}$	96
工件与环境间的传热系数/$t \cdot (s^3 \cdot ℃)^{-1}$	2.95×10^{-3}
工件与模具间的传热系数/$t \cdot (s^3 \cdot ℃)^{-1}$	7.5
常温/℃	20

模拟中往复挤压坯料直径为 50 mm，长度为 50 mm，凹模冲孔直径为 18 mm（挤压比约为 7.7）。采用四节点四边形等参单元对坯料力学模型进行离散化。由于在变形过程中，坯料内部应力和变形都是轴对称的，为了节约计算时间，只对坯料几何模型的二分之一进行离散化。此外，为方便分析，将变形区分为由两个圆锥形紧缩区Ⅰ区和中间细颈区Ⅱ区，如图 9-1 所示。坯料被离散化为由 252 个节点相连的 220 个单元的变形体。挤压过程中模具作刚性体处理，模具与坯料之间采用反正切摩擦模型。在变形过程中，当网格发生严重畸变时采用网格自适应重划分技术自动进行重划分。变形过程经过 3 道次挤压完成，其中第 1 道次用 500 个加载步来完成，第 2 和第 3 道次分别用 370 个加载步来完成。具体模拟方案见表 9-2。在挤压过程中，由于变形热及摩擦热的产生，使坯料的温度升高，所以，为了减小坯料和模具之间的温差，利用该温差来平衡坯料在变形过程中升高的温度，保证其变形温度变化不大，模具的预热温度 T_d 均比被挤压坯料的起始温度 $T_f|_{t=0}$ 低 20℃。

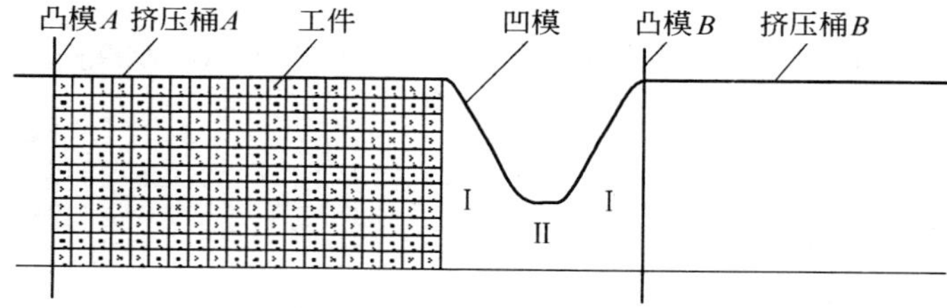

图 9-1　往复挤压几何模型

表 9-2 AZ31 镁合金往复挤压模拟方案

挤压方案	初始工件温度 $T_0\|_{t=0}$/℃	挤压速度 v_d/mm · s^{-1}	摩擦系数 m
1	350	1	0.2
2	250、300、350、400、420	1	0.2
3	350	0.5、1、2、4、6	0.2
4	350	1	0.1、0.2、0.3、0.4、0.5

9.1.2 往复挤压变形过程

9.1.2.1 往复挤压变形过程分析

图 9-2 为 $T_f|_{t=0}=350$℃，$T_d=330$℃，挤压速度（凸模运动速度）$v_d=1$ mm/s，$m=0.2$ 时，3 道次往复挤压过程中坯料网格的整体变形情况。图 9-2$a\sim c$ 属于第 1 道次，图 9-2d 属于第 2 道次，图 9-2e、f 属于第 3 道次。其中，图 9-2 c，d，e 属于不同道次变形 80% 时的网格图。由图可知，坯料受到冲头作用后，首先充满凹模的型腔和紧缩区，然后

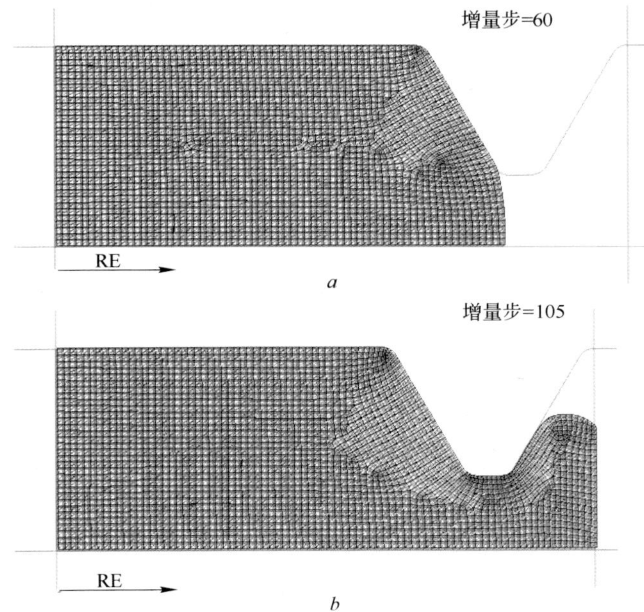

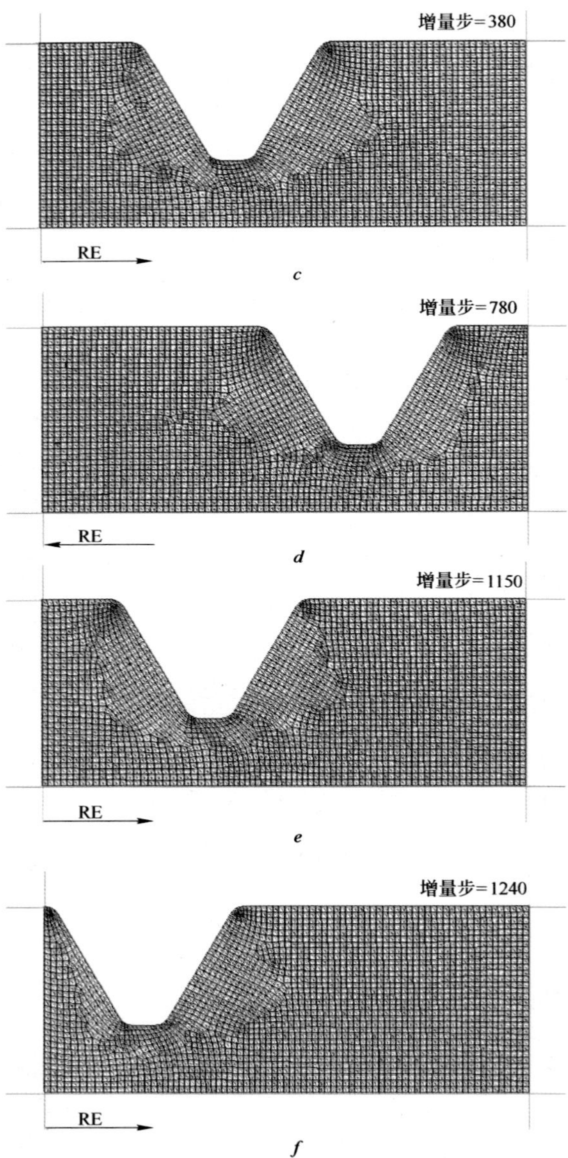

图 9-2　不同增量步下工件变形网格图

a, *b*, *c*—$n=1$； *d*—$n=2$； *e*, *f*—$n=3$

两冲头同时运动。在挤压变形过程中,挤压筒与Ⅰ区交接区域、Ⅰ区与Ⅱ区交接倒角处以及Ⅱ区靠近凹模内壁区域的网格变形较大,其余部位的网格被细分为更小的四边形网格。

9.1.2.2 等效应变分析

图 9-3 为不同加载步下等效应变$\bar{\varepsilon}$分布云图,图 9-3$a \sim c$ 属于第 1 道次挤压,图 9-3d 属于第 2 道次挤压,图 9-3 e,f 属于第 3 道次挤压。由图 9-3 可知,在往复挤压的充型阶段和两冲头同时运动的挤压过程中,$\bar{\varepsilon}$的分布有所不同。当两冲头同时运动时,大变形区主要集中在Ⅱ区靠近凹模的区域以及从动冲头一侧的Ⅰ区靠近凹模的区域。由于变形体受到冲头作用经过Ⅱ区流出后,受到另一冲头反向作用而发生横向流动,同时由于工件与凹模内壁摩擦力的黏滞作用,使变形体在Ⅱ区贴近凹模和从动冲头一侧的Ⅰ区贴近凹模的区域变形较大。此外,挤压过程中工件内应变分布不均匀,随着加载步增加,应变峰值呈直线上升;随着挤压道次的增加,工件内最小应变分布的区域变小,最小应变值随着挤压进行而增大,但增幅很小。

9.1.2.3 等效应变速率分析

图 9-4 为不同加载步下等效应变速率$\dot{\varepsilon}$分布云图,其中,图 9-4$a \sim c$ 属于第 1 道次,图 9-4d 属于第 2 道次,图 9-4e,f 属于第 3 道次。由图可知,第 1 道次挤压过程中,工件起初为正挤压变形,当工件经过紧缩区受到冲头 B(如图 1-5 所示)反向作用时,相继发生正挤压和镦粗变形。从坯料接触冲头 B 到第 1 道次挤压结束以及第 2 道次和第 3 道次整个挤压过程中,工件均受到挤压和镦粗共同变形作用。变形剧烈区域发生在Ⅰ区与Ⅱ区交接处,在Ⅰ区与Ⅱ区交接倒角处变形最剧烈,剧烈程度从倒角处到对称中心由大到小呈放射状分布。

由图 9-5 等效应变速率峰值与增量步曲线可知,在往复挤压充型阶段,等效应变速率峰值($\dot{\varepsilon}_p$)迅速上升,随着挤压进行,上升幅度有所减小,在挤压后期,$\dot{\varepsilon}_p$ 开始降低。说明随着挤压进行,变形剧烈程度下降。在整个挤压过程中,应变速率最小值在数值大小的变化上基本没有规律可循。但是,在第 1 道次挤压过程中金属受到冲头 B 的反向作用至整个挤压过程结束,应变速率最小值在数量级上没

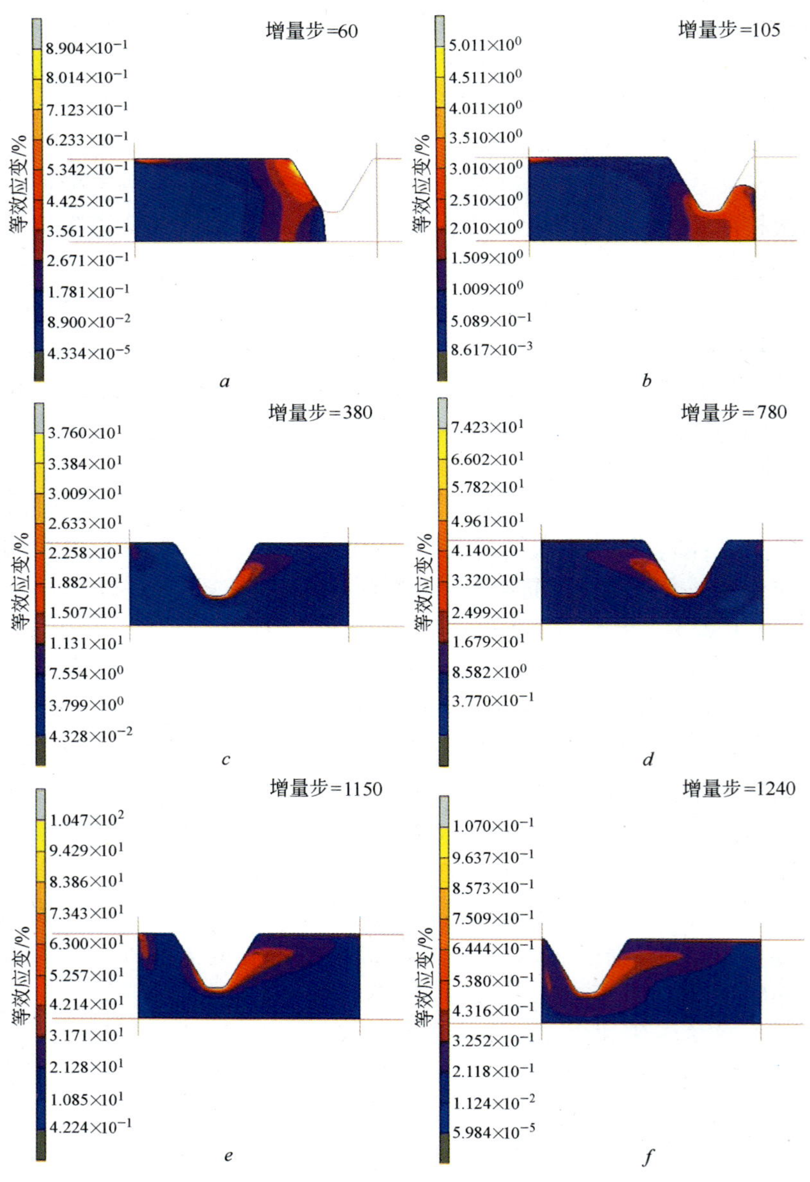

图 9-3　等效应变云图

a,b,c—$n=1$；d—$n=2$；e,f—$n=3$

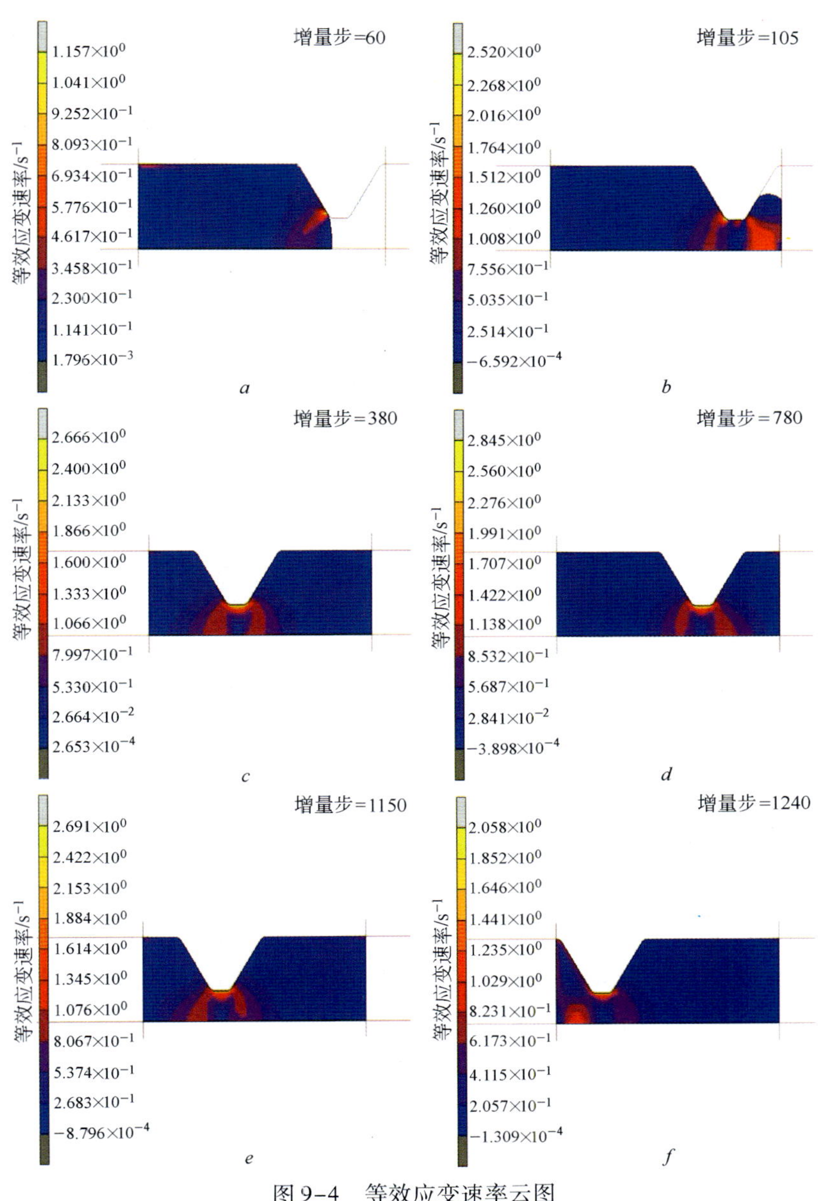

图 9-4 等效应变速率云图

a, *b*, *c*—$n=1$; *d*—$n=2$; *e*, *f*—$n=3$

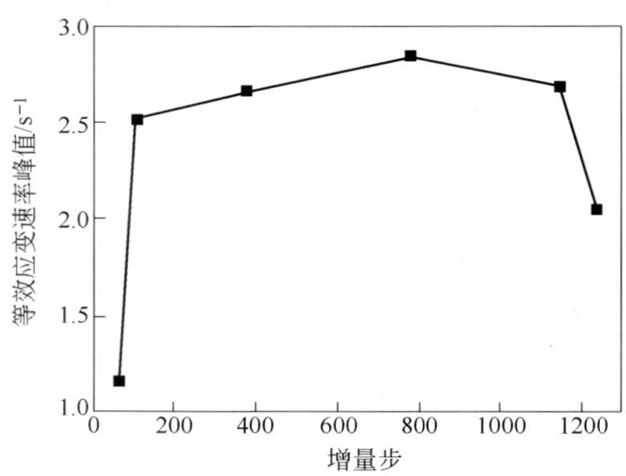

图 9-5　不同加载步下的等效应变速率峰值

有变化。在两冲头同时运动的挤压过程中,应变速率在从倒角处到对称中心由大到小呈放射状分布,靠近主动冲头一侧大于从动冲头一侧。

9.1.2.4　等效应力分析

图 9-6 为不同加载步下等效应力$\bar{\sigma}$分布云图,图 9-6a ~ c 属于第 1 道次,图 9-6d 属于第 2 道次,图 9-6e,f 属于第 3 道次。由图可知,在工件同时受到挤压和镦粗变形作用的初期,$\bar{\sigma}$分布不均匀。当两个冲头沿同一方向同时运动时,最大等效应力分布在Ⅰ区与Ⅱ区交接处,由于该区域是挤压过程中主要的变形部位。结合$\dot{\varepsilon}$分布云图(图 9-4)可知,该区域变形比较剧烈,导致应力较大。随着挤压进行,$\bar{\sigma}$分布趋向均匀。

由等效应力峰值($\bar{\sigma}_p$)与增量步关系图(图 9-7)可知,正挤压阶段工件内$\bar{\sigma}_p$很大,在金属开始进入Ⅱ区时,达到最大值$\bar{\sigma}_p$ = 90.97 MPa。随着挤压进行,$\bar{\sigma}_p$先降低,后上升。第 2 道次挤压过程中$\bar{\sigma}_p$变化很小,第 3 道次挤压过程中$\bar{\sigma}_p$有所下降。说明随着往复挤压道次的增加,可以有效减小工件内的应力。从$\bar{\sigma}$分布云图可以看出,在两冲头同时运动的挤压过程中,Ⅰ区与Ⅱ区交接处应力的分布区域,在靠近主动冲头一侧应力要大。此外,从$\bar{\sigma}$云图可以发现在挤压筒与紧缩区Ⅰ区的过渡处存在应力很小的“死区”。

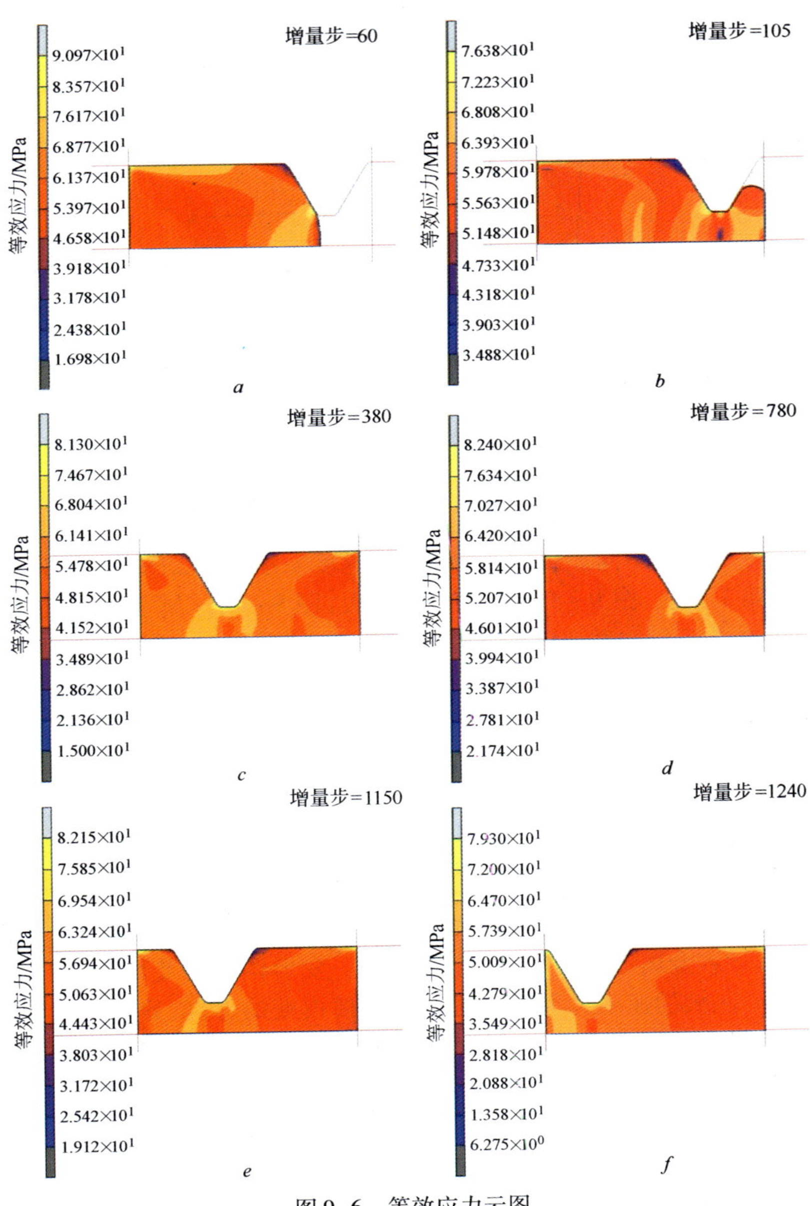

图 9-6 等效应力云图

a, *b*, *c*—$n=1$; *d*—$n=2$; *e*, *f*—$n=3$

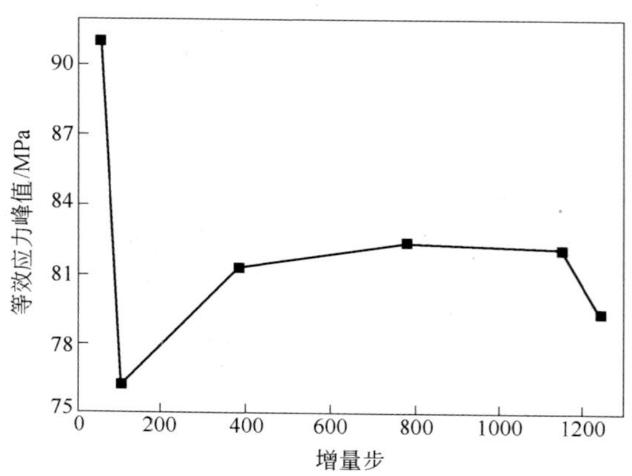

图 9-7　不同加载步下的等效应力峰值

9.1.2.5　速度分析

图 9-8 为不同加载步下金属流动速度 u 场分布云图，图 9-8a～c 属于第 1 道次，图 9-8d 属于第 2 道次，图 9-8e，f 属于第 3 道次。图 9-9 为不同加载步下金属流动状态图，图 9-9a～c 属于第 1 道次挤压，图 9-9d 属于第 2 道次挤压，图 9-9e 属于第 3 道次挤压。从 u 分布云图可以看出，在整个挤压过程中，Ⅱ区中心区域速度 u 最大，数值上从大到小，由里向外成同轴圆柱形状分布。从金属流动状态图可以发现，Ⅰ区与挤压筒的交接处存在“流动死区”。该区域金属相对于其他区域来说，几乎处于静止状态，在数值上其数量级为 10^{-4}。而Ⅱ区中心区域平均速度 $u>10$ mm/s。在整个挤压过程中，速度最大值不稳定。说明往复挤压过程中，工件内各个区域变形不均匀，导致金属流过Ⅱ区时，速度不均。变形体流过Ⅱ区时，位于Ⅱ区中心区域的速度远大于贴近Ⅱ区凹模内壁的速度，容易产生流动分层，发生剪切变形。挤压结束时，靠近主动冲头一侧Ⅰ区内的金属发生近似横向流动（图 9-9e）。因此，在最后阶段，Ⅱ区中心区域金属流动速度 u 明显下降。从速度流动状态图可知，在整个挤压过程中，靠近凹模壁和挤压筒内壁的金属流动速度很慢，加大了与其他区域金属流动的速度差。影响靠近凹模和挤压筒内壁的金属流动速度的因素有摩擦因子、变形温度等，具体分析见后文。

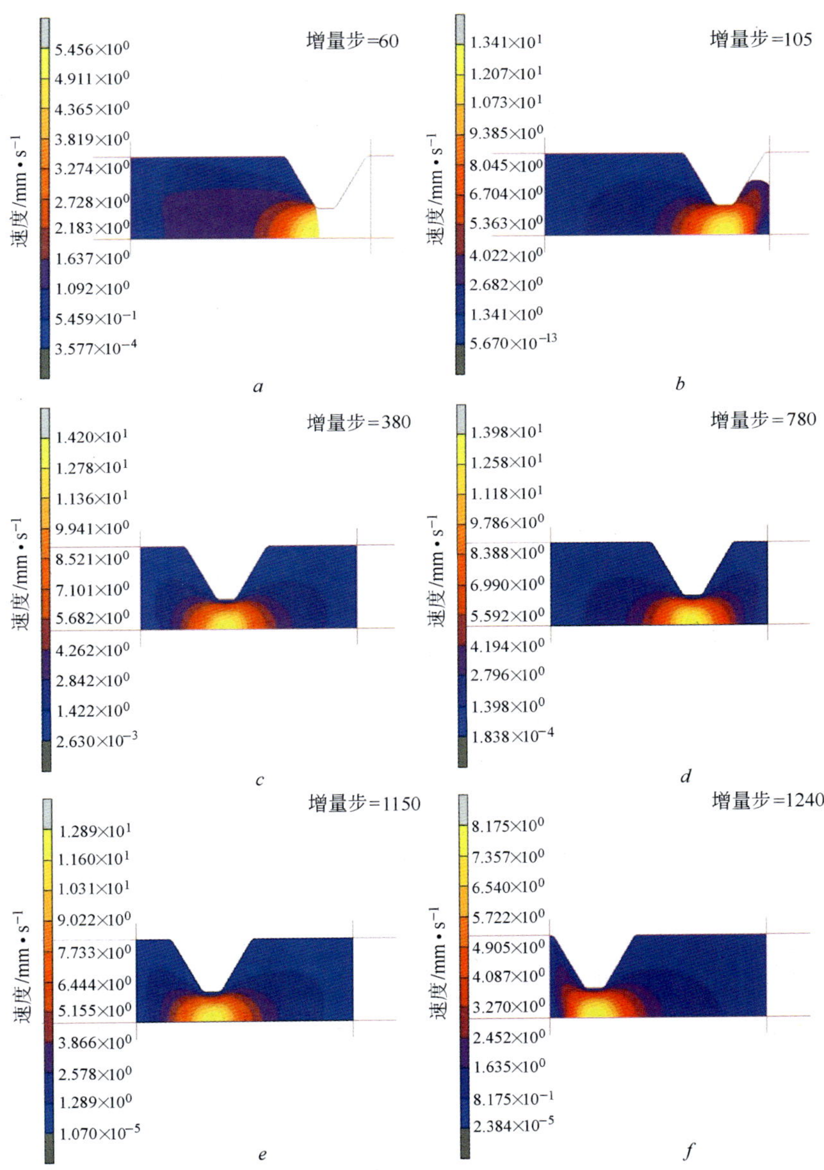

图 9-8 速度分布云图

a,b,c—$n=1$；d—$n=2$；e,f—$n=3$

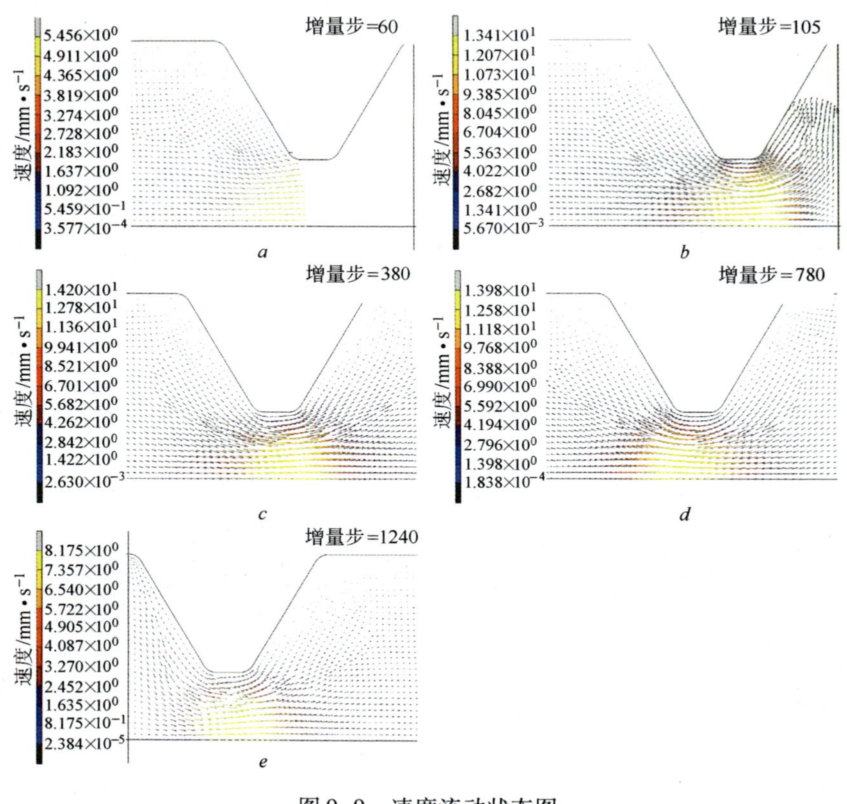

图 9-9　速度流动状态图

a, *b*, *c*—$n=1$; *d*—$n=2$; *e*—$n=3$

9.1.2.6　温度分析

图 9-10 为不同加载步下温度 T_f 分布云图，图 9-10*a*～*c* 属于第 1 道次挤压，图 9-10*d* 属于第 2 道次挤压，图 9-10*e*，*f* 属于第 3 道次挤压。由图可知，在整个挤压过程中 T_f 分布不均匀，大致以Ⅱ区中心为圆心，由里向外呈温度降梯度。在温度较高的Ⅱ区，由于金属变形比较剧烈，产生的变形热较多；同时，冲头和挤压筒对工件传热影响较小，使得该区域的变形热效应显著，因此，该区域温度较高。在冲头与挤压筒接触区域，$T_f < T_f|_{t=0}$，这主要是因为往复挤压时间比较长，而该区域变形量较小，冲头和挤压筒对工件的传热影响比较大，使得该区域的

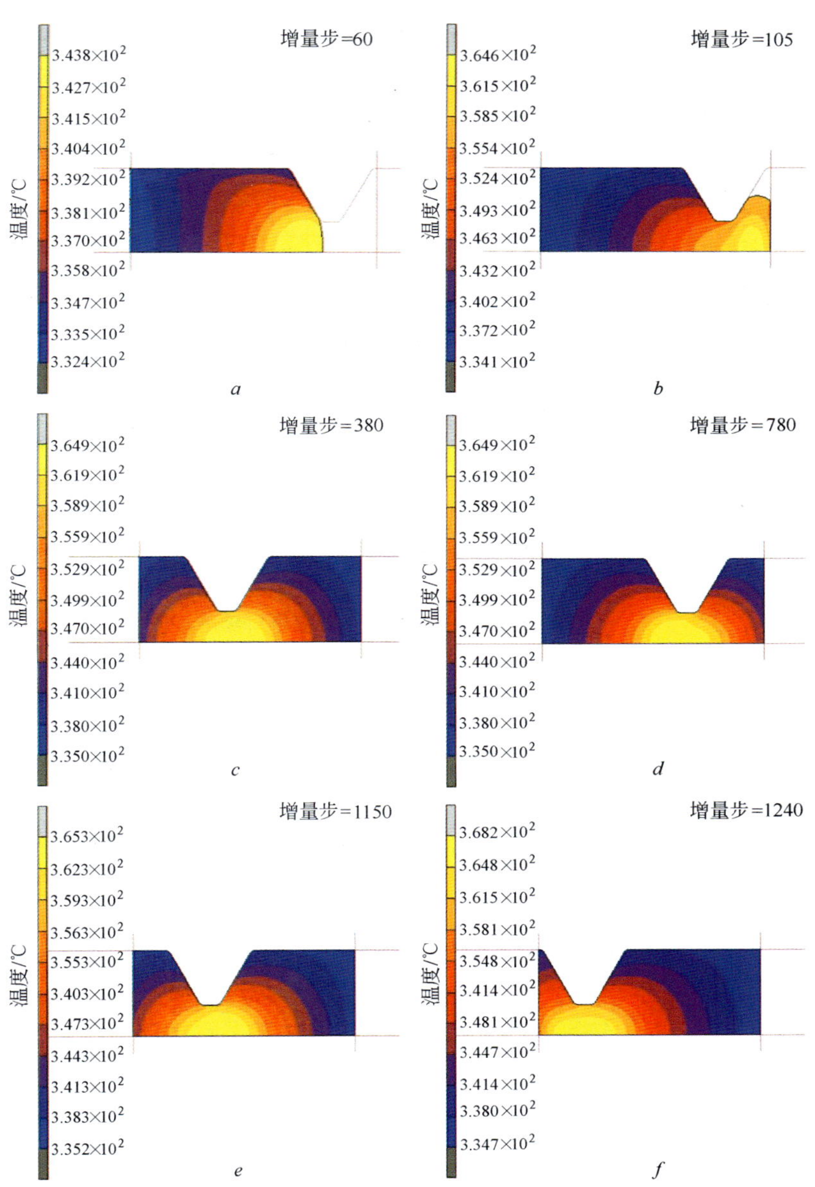

图 9-10 温度分布云图

a,*b*,*c*—$n=1$;*d*—$n=2$;*e*,*f*—$n=3$

温度 $T_f < T_f|_{t=0}$。由温度峰值(T_{fp})与增量步曲线图(图 9-11)可知,工件刚进入Ⅱ区时,其 $T_{fp} < T_f|_{t=0}$。随着挤压进行,工件在Ⅱ区的 $T_{fp} > T_f|_{t=0}$,并且,工件内 T_{fp}几乎恒定,挤压结束时略有升高。工件在Ⅱ区中心区域温度达到最高,为 368.2 ℃,说明在两冲头同时运动的挤压过程中,由变形热和摩擦产生的热量与热传导和热辐射等损失的热量相当。

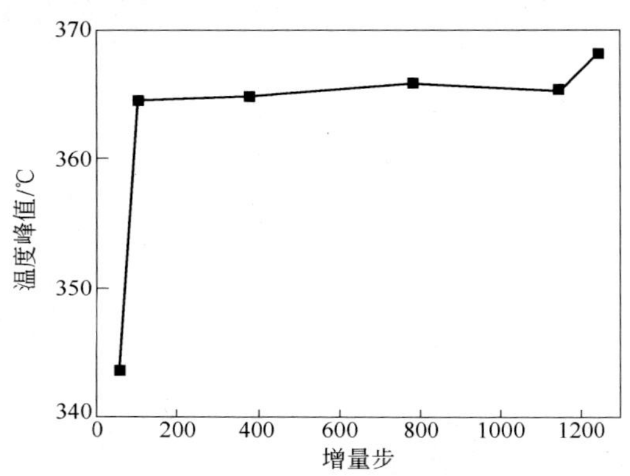

图 9-11　不同加载步下的温度峰值

9.1.2.7　载荷 - 行程曲线分析

往复挤压过程的载荷 - 行程曲线不仅反映了往复挤压所需的载荷,在一定程度上也是材料内部组织性能变化的宏观力学表现。图 9-12 为合金在往复挤压过程中加载步与模具各个部件受力关系曲

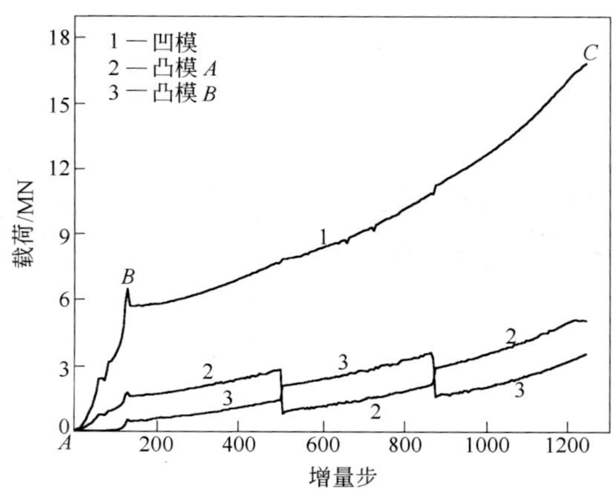

图 9-12　载荷 - 行程曲线

线。由图可知,在挤压过程中,挤压筒所承受的载荷 F_c 和凹模所承受的载荷 F_d 远大于冲头所施加的载荷 F_r。充型阶段(*AB* 阶段)F_d 直线上升,冲型完成后(*BC* 阶段)上升速度减缓。3 道次往复挤压过程中,随着挤压道次的增加,F_c 和 F_d 有所增加,所以在实际挤压时,对模具的性能要求比较高。

图 9-13 为两冲头在 3 道次往复挤压变形过程中的载荷 - 行程曲线,图中的两条曲线分别为冲头 *A* 和 *B* 在挤压过程中所施加载荷与行程的关系。*C* 和 *D* 点为第 1 道次和第 2 道次的过渡点,*E* 和 *F* 点为第 2 道次和第 3 道次的过渡点。整个挤压过程大致可分为四个阶段:第一阶段为充型阶段,从开始挤压到坯料充满 Ⅰ 区和 Ⅱ 区,即 *AB* 阶段。坯料受到冲头 *A* 轴向压力后,首先充满靠近冲头 *A* 的 Ⅰ 区及 Ⅱ 区,F_r 直线上升,在变形体流出 Ⅱ 区到与冲头 *B* 接触前,变形体与挤压筒内壁的接触面积减小,摩擦力减小,导致 F_r 减小,并在行程载荷曲线上呈现短时下降。变形体接触冲头 *B* 时,受到冲头 *B* 反向作用,两个冲头施加给工件的力同时迅速上升。第二阶段为两冲头沿同一方向等速运动至第 1 道次挤压结束,即 *BC* 阶段,变形体受到挤压和镦粗的共同作用,该阶段开始时 F_r 明显有所下降,然后渐渐升高,由于变形引起工件的软化效应加强,F_r 上升速度均明显变慢。第三阶段为第 2 道次挤压过程,即 *DE* 阶段,该阶段冲头 *B* 为主动冲头。在第 2 道次挤压过程中,

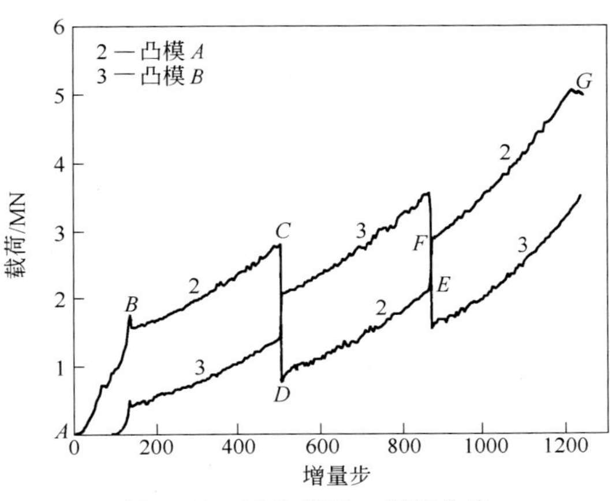

图 9-13 冲头载荷 - 行程曲线

F_r 力仍呈上升趋势，该阶段终了时主动冲头施加给工件的力要高于第1道次挤压终了时冲头 A 施加给工件的力。第四阶段为第3道次挤压，即 FG 阶段。该阶段 F_r 的上升速度比第二和第三阶段要明显变快。

9.1.3 不同工艺参数对往复挤压过程的影响

9.1.3.1 初始坯料温度对场变量的影响

图9-14～图9-17为 $m=0.2$，挤压速度 $v_d=1\ \mathrm{mm/s}$，不同 $T_f|_{t=0}$ 时合金在往复挤压变形过程中 $\bar{\varepsilon}$、$\dot{\bar{\varepsilon}}$、$\bar{\sigma}$ 和 u 场分布云图。图9-18为3道次往复挤压过程 $T_f|_{t=0}$ 与 $\bar{\varepsilon}_p$、$\dot{\bar{\varepsilon}}_p$、$\bar{\sigma}_p$ 以及 u_p 的关系曲线。

由图9-14可知，$T_f|_{t=0}$ 不同时，$\bar{\varepsilon}$ 分布情况大致相同，说明 $T_f|_{t=0}$ 的变化几乎不影响 $\bar{\varepsilon}$ 的分布。从不同道次变形80%时 $\bar{\varepsilon}_p$ 的变化曲线（图9-18*a*）可知，不同 $T_f|_{t=0}$ 对不同道次的影响不同。第1道次 $\bar{\varepsilon}_p$ 随 $T_f|_{t=0}$ 的升高而上升，原因是当 $T_f|_{t=0}$ 较高时，软化效应显著，变形能力增强，所以 $\bar{\varepsilon}_p$ 也较高。第2、3挤压道次中的 $\bar{\varepsilon}_p$ 随着 $T_f|_{t=0}$ 的升高先上升然后平缓。

由图9-15可知，$T_f|_{t=0}$ 对 $\dot{\bar{\varepsilon}}$ 的分布状况几乎没有影响。从温度对应变速率峰值影响的曲线（图9-18*b*）可以看出，第3挤压道次的 $\dot{\bar{\varepsilon}}_p$ 随着 $T_f|_{t=0}$ 的升高先上升后有所下降。说明 $T_f|_{t=0}>350$℃时，工件的变形剧烈程度有所下降。第1和第2道次变形80%时在坯料 $T_f|_{t=0}=300$℃时达到峰值，然后下降，在 $T_f|_{t=0}>350$℃时变形剧烈程度又上升。

由图9-16可知，$T_f|_{t=0}$ 对往复挤压过程中 $\bar{\sigma}$ 分布的影响不相同。当 $T_f|_{t=0}<300$℃时，$\bar{\sigma}$ 分布层次不明显；当 $T_f|_{t=0}>300$℃时，最大应力区域分布明显。另外，随着 $T_f|_{t=0}$ 的升高，$\bar{\sigma}$ 趋向均匀，$\bar{\sigma}_p$ 下降（图9-18*c*）。因此，$T_f|_{t=0}$ 升高导致软化效应显著。

由图9-17可知，$T_f|_{t=0}$ 对往复挤压过程中 u 分布影响很小。工件流动速度最快区域始终保持在凹模Ⅱ区中心位置。随着 $T_f|_{t=0}$ 的升高，第1道次挤压中 u_p 直线上升。主要原因是较高的 T_f 使变形抗力降低，随着 T_f 的升高，合金中原子扩散速率增大，晶间切变抗力降

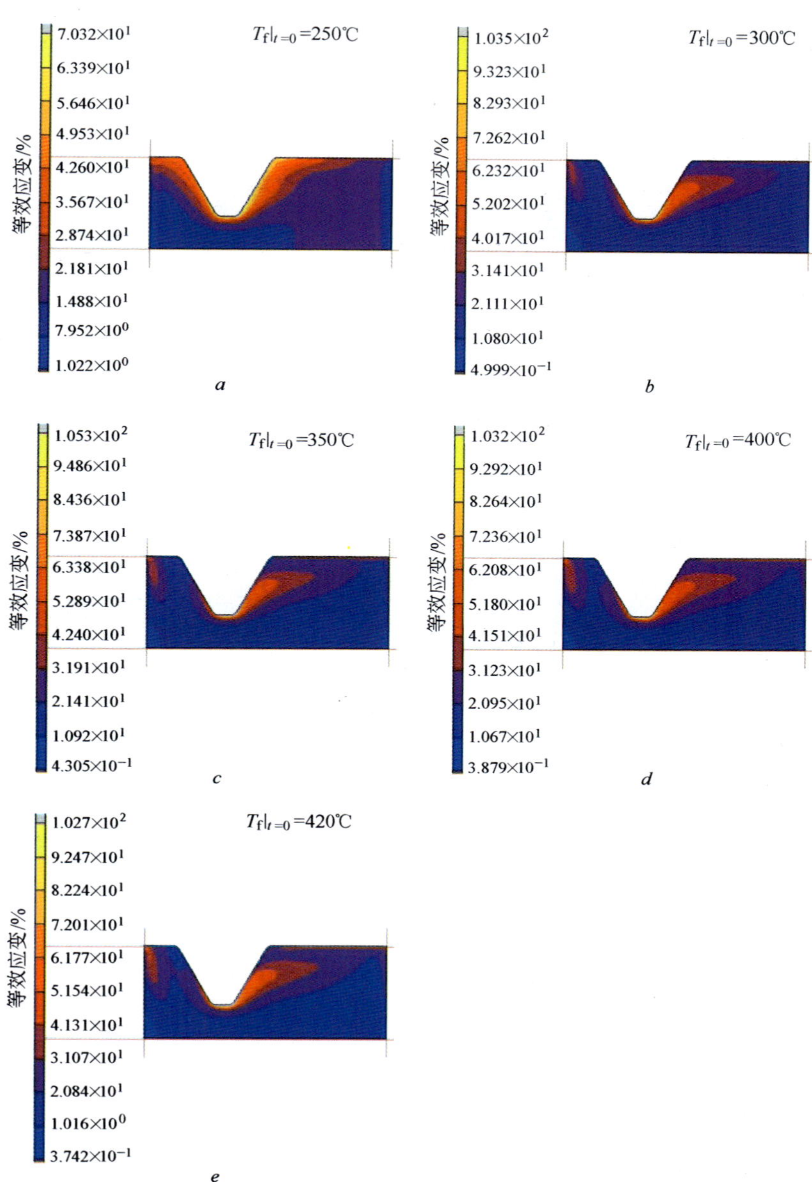

图 9-14 不同初始坯料温度下第 3 道次变形 80% 时等效应变分布云图

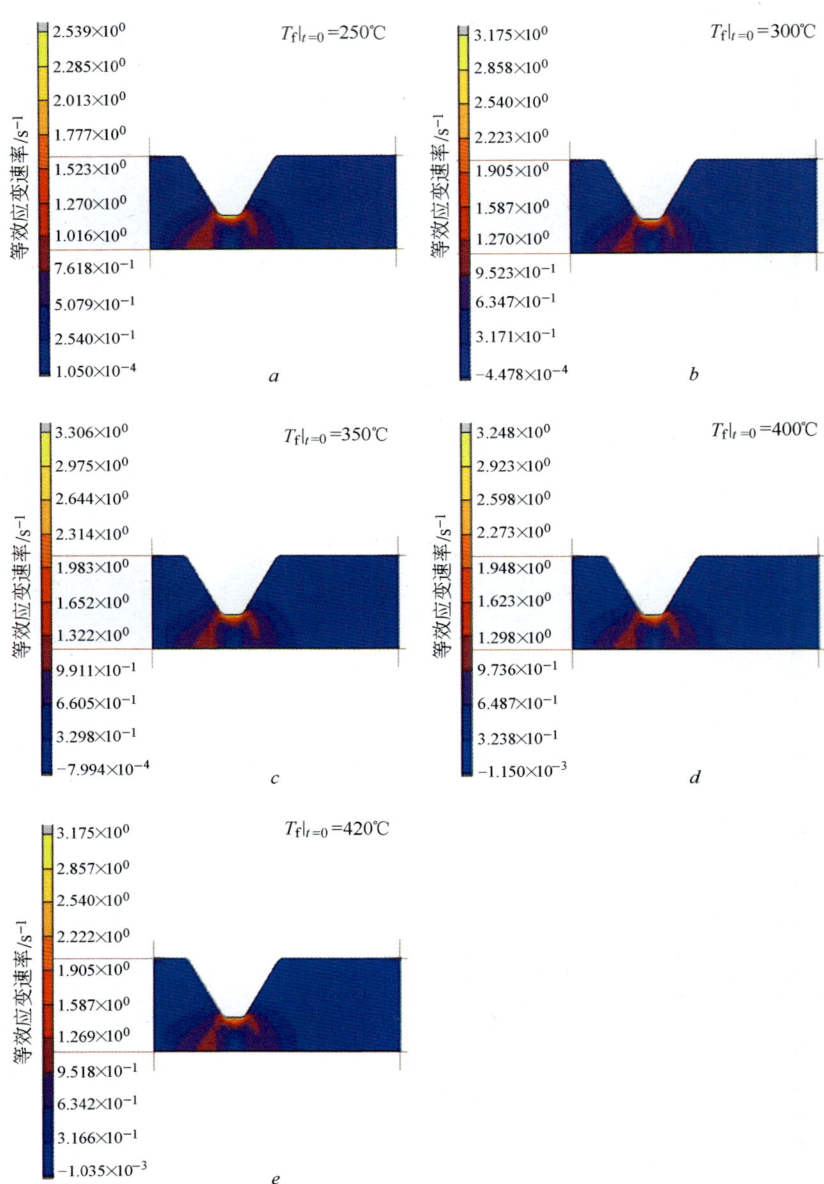

图 9-15　不同初始坯料温度下第 3 道次变形 80% 时等效应变速率分布云图

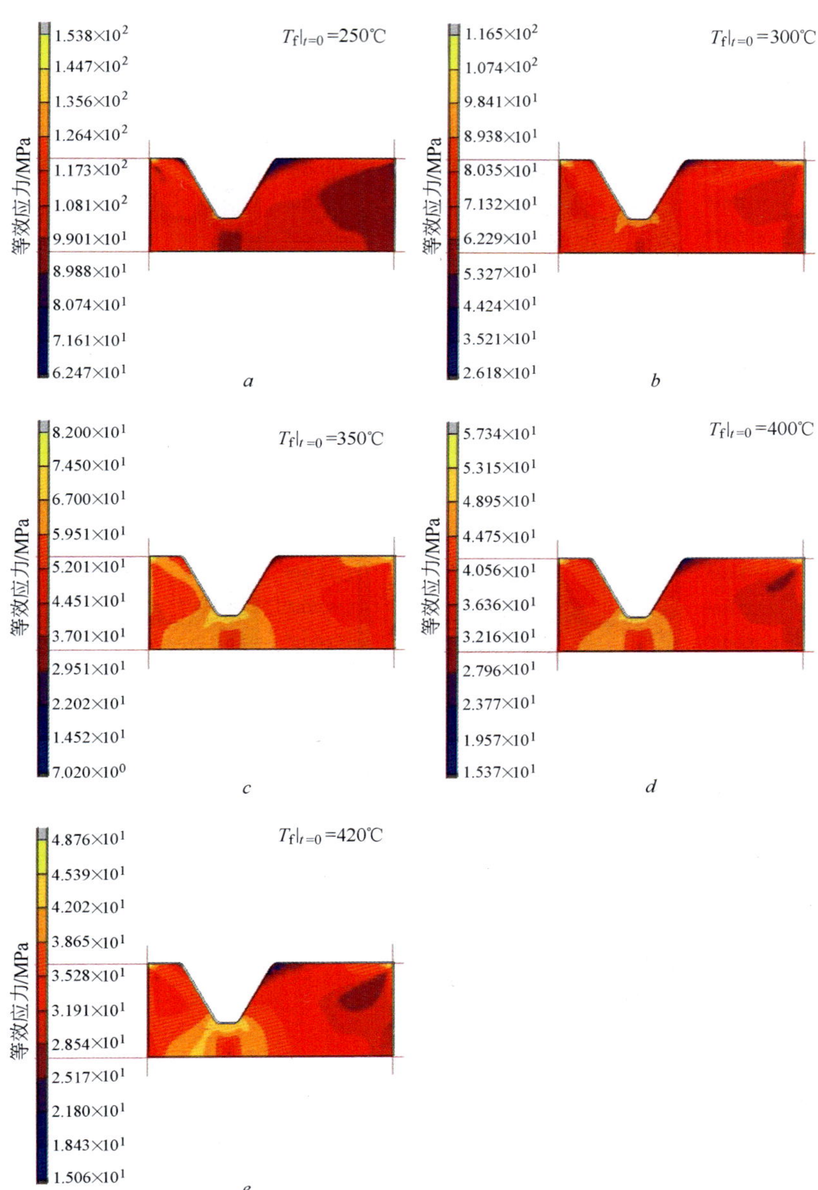

图 9-16 不同初始坯料温度下第 3 道次变形 80% 时等效应力分布云图

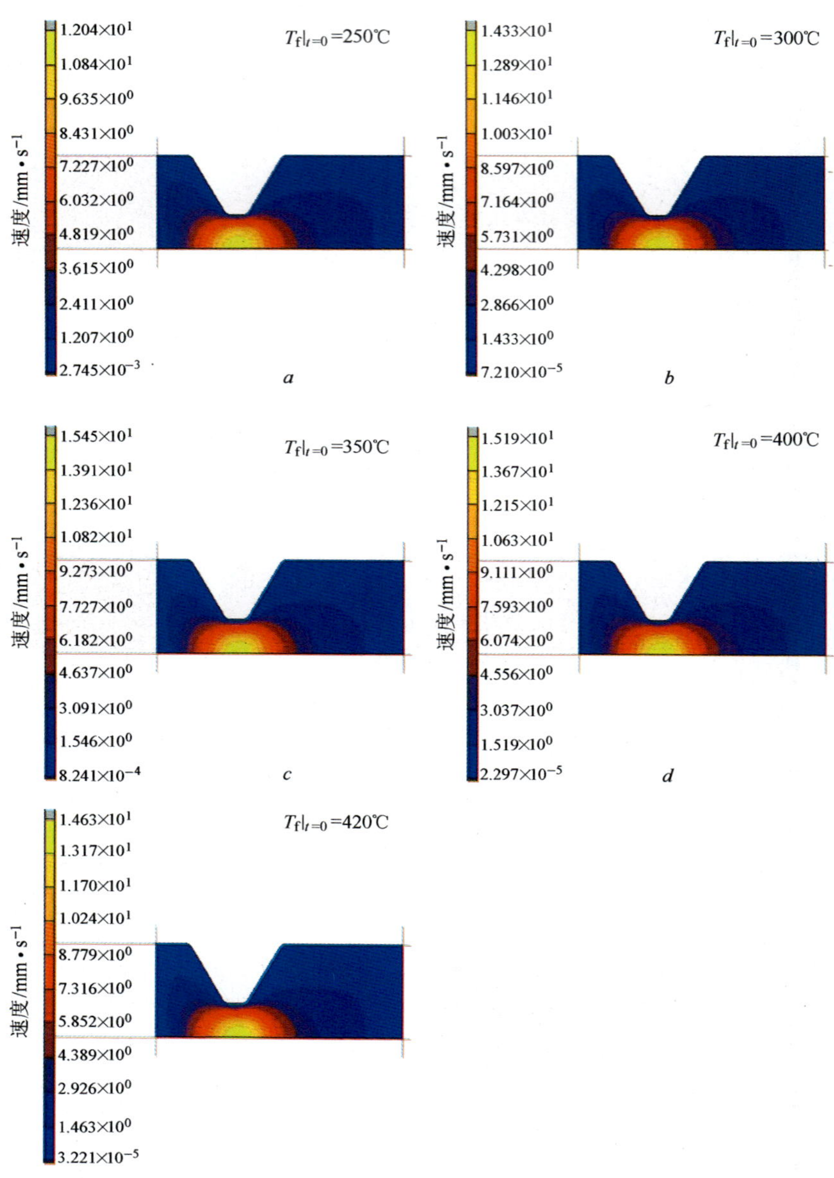

图 9-17　不同初始坯料温度下第 3 道次变形 80% 时速度分布云图

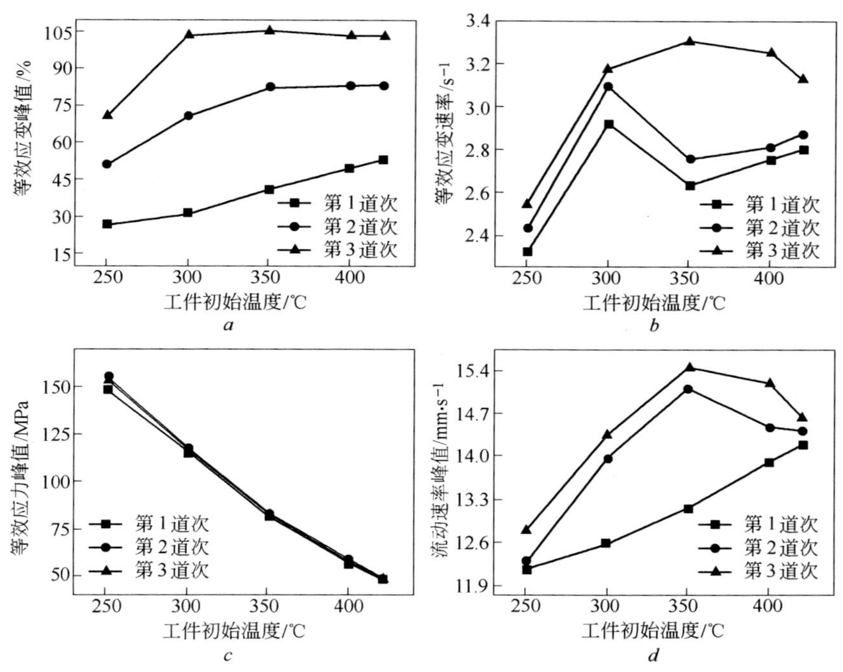

图 9-18 初始坯料温度对各场变量峰值的影响

a—等效应变峰值$\bar{\varepsilon}_p$；*b*—等效应变速率$\dot{\varepsilon}_p$；*c*—等效应力峰值$\bar{\sigma}_p$；*d*—流动速率峰值 u_p

低，晶界迁移能力增强，晶间滑移易于进行，金属流动性提高。第 2 和第 3 道次挤压中 u_p 先升高后有所下降（图 9-18*d*）。下降的原因是由于凹模内不同区域 u 的差值随着 $T_f|_{t=0}$的升高而减小，由于 v_d 不变，故凹模Ⅱ区中心区域 u_p 减小。

9.1.3.2 初始坯料温度对载荷－行程曲线的影响

图 9-19 为 $m=0.2$，$v_d=1$ mm/s，不同 $T_f|_{t=0}$时 3 道次往复挤压载荷－行程曲线。由图 9-13 可知，两冲头载荷－行程曲线在走势上是平行的，所以图 9-19 取冲头 A 在不同 $T_f|_{t=0}$时往复挤压载荷行程曲线来论述。由图可知，随着 $T_f|_{t=0}$的升高，不同道次下载荷－行程曲线受 $T_f|_{t=0}$影响情况不同。第 1 道次挤压过程中，在相同加载步下

F_r 随 $T_f|_{t=0}$的升高而变小。原因是第 1 道次应变量较小，随着 $T_f|_{t=0}$的升高，工件变形所需的激活能降低，晶间滑移容易进行，伴随着回复和动态再结晶的软化作用，工件的塑性提高，金属容易流动，因而变形抗力随着变形温度的升高而下降，使 F_r 减小。在充型完成后两冲头同时运动时，冲头 A 施加的载荷回落程度减小。但第 2 和第 3 道次挤压变形过程中温度对载荷－行程曲线的影响正好与第 1 道次相反，随着 $T_f|_{t=0}$的升高，在相同加载步下 F_r 增大，升高的幅度随着 $T_f|_{t=0}$的增加而变小，原因是在第 2、3 道次挤压过程中加工硬化效应比动态再结晶和动态回复等引起的软化效应显著。随着 T_f 升高，加工硬化作用减弱，所以 F_r 上升幅度变小。对比第 1 和第 3 道次中 F_r 变化规律，并结合图 9－18a 可以得出，在大于 1 道次往复挤压过程中，$T_f|_{t=0}$对工件的累积应变量没有影响，但对冲头所施载荷影响较大。

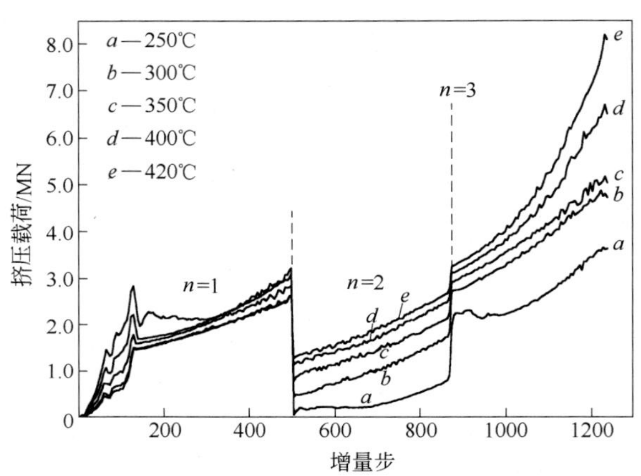

图 9－19　不同初始坯料温度下 3 道次往复挤压载荷－行程曲线

9.1.3.3　挤压速度对场变量的影响

图 9－20～图 9－23 为 $m=0.2$，$T_f|_{t=0}=350℃$，$T_d=330℃$，不同 v_d 时往复挤压变形过程中$\dot{\varepsilon}$、T_f、$\overline{\varepsilon}$以及$\overline{\sigma}$场的云图。图 9－24 为 v_d 与 3 道次往复挤压过程中$\dot{\varepsilon}_p$、$\overline{\varepsilon}_p$、T_{fp}和$\overline{\sigma}_p$ 的关系曲线。

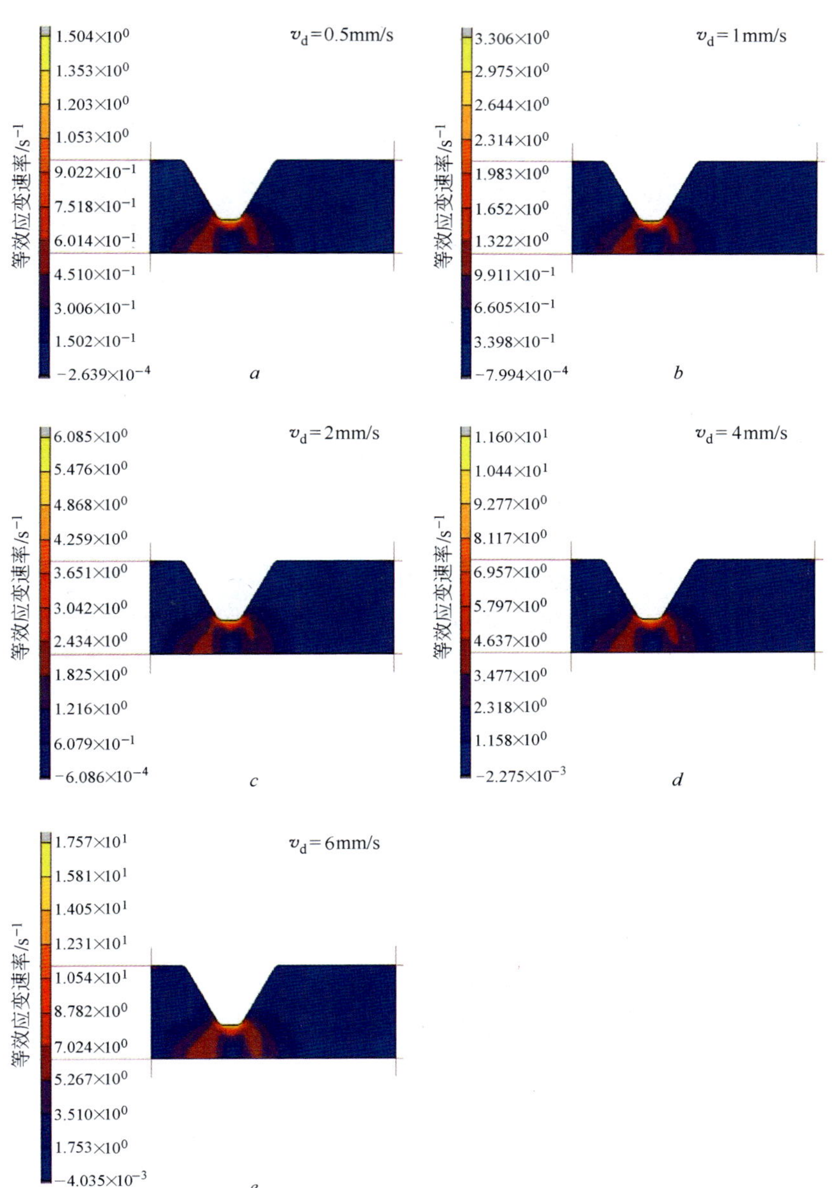

图 9-20 不同挤压速度下第 3 道次变形 80% 时等效应变速率分布云图

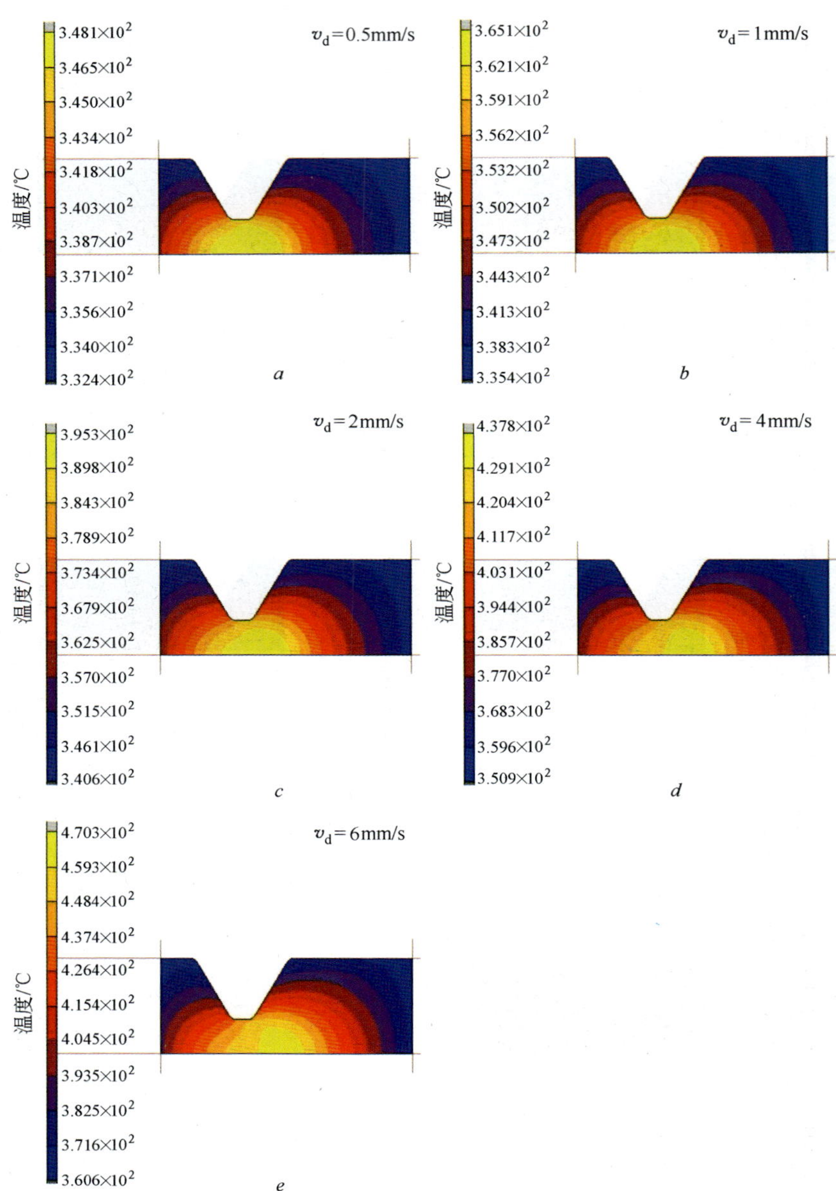

图 9-21　不同挤压速度下第 3 道次变形 80% 时温度分布云图

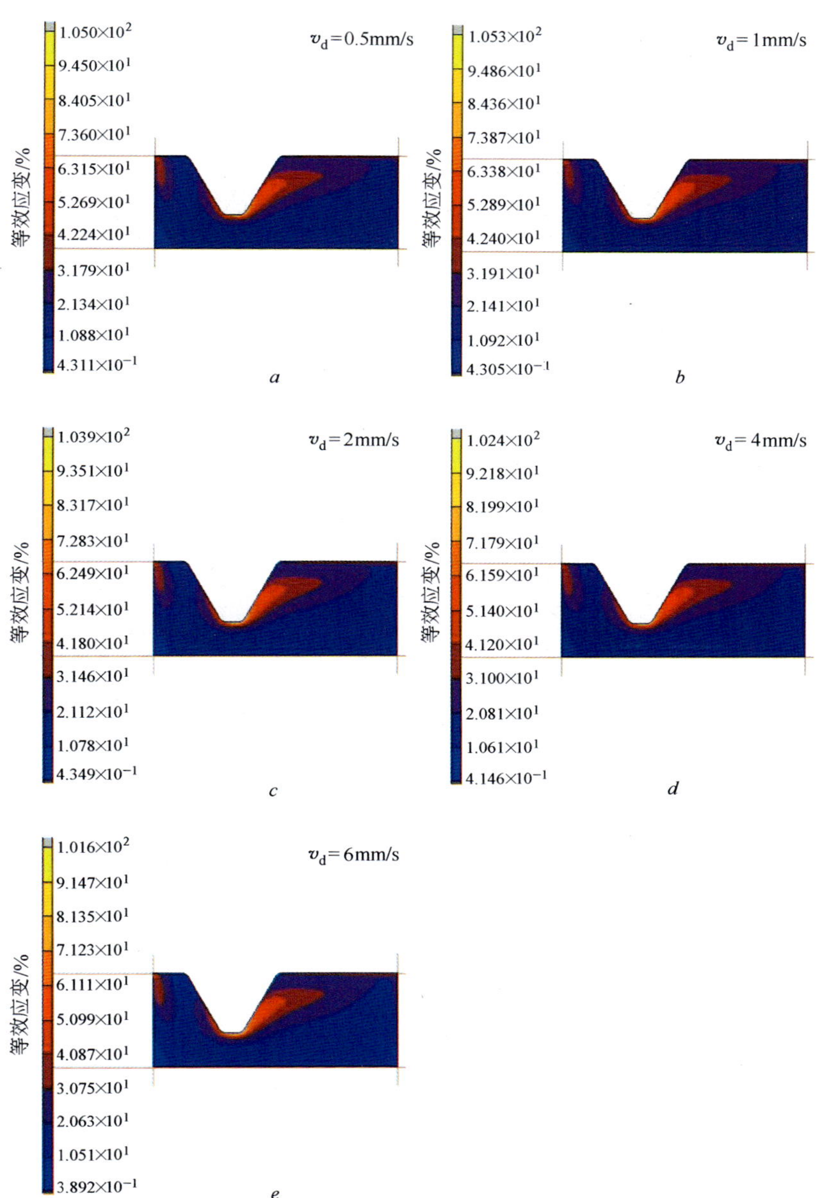

图 9-22　不同挤压速度下第 3 道次变形 80% 时等效应变分布云图

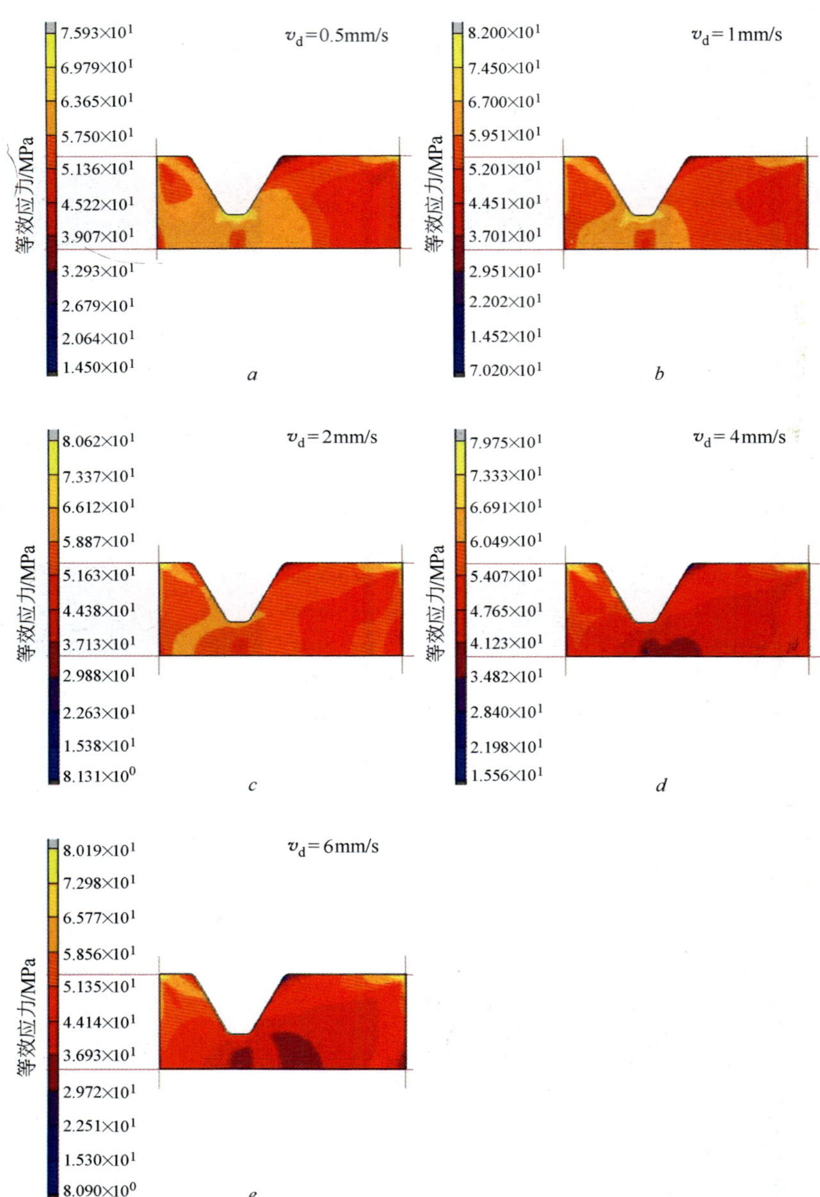

图 9-23　不同挤压速度下第 3 道次变形 80% 时等效应力分布云图

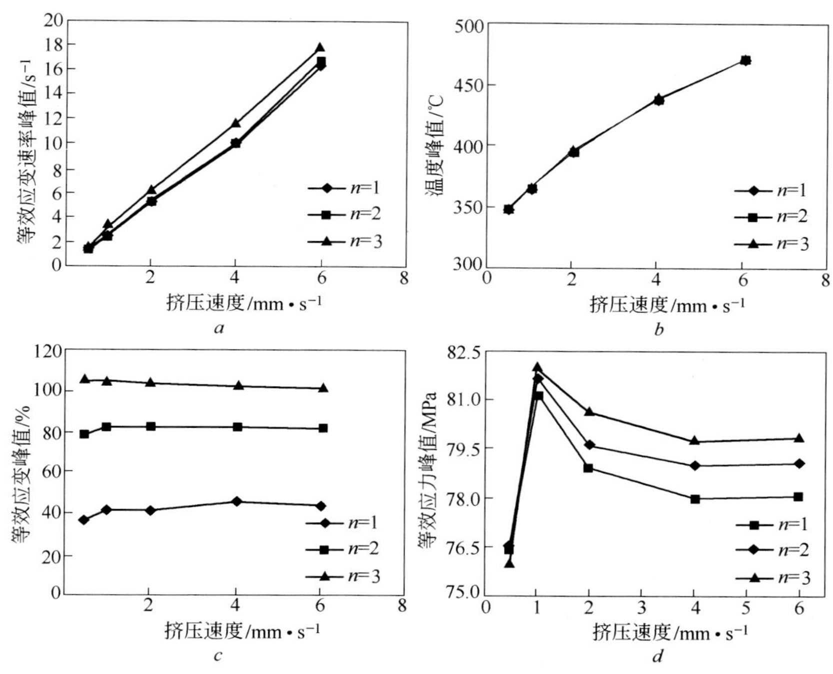

图 9-24 挤压速度对场变量峰值的影响

a—等效应变速率峰值$\dot{\varepsilon}_p$;*b*—温度峰值 T_{fp};*c*—等效应变峰值$\bar{\varepsilon}_p$;*d*—等效应力峰值$\bar{\sigma}_p$

由图 9-20 可知,$\dot{\varepsilon}$的分布几乎不受 v_d 的影响。随着 v_d 的增大,$\dot{\bar{\varepsilon}}_p$ 直线上升(图 9-24*a*)。由图 9-21 可以知道,随着 v_d 的增大,高温区域向冲头运动方向移动。v_d 越高,现象越明显。主要由于 v_d 较高时,单位时间内产生的变形热和摩擦热较大,而在短时间内Ⅱ区中心处工件的热量来不及通过模具传出,便被传递到偏离Ⅱ区中心位置。随着 v_d 的提高,冲头和挤压筒交接处工件的温度与 $T_f|_{t=0}$相比变化不大,甚至在 v_d <4 mm/s 时还低于 $T_f|_{t=0}$。由图 9-24*b* 可知,T_{fp}随着 v_d 的增加几乎呈直线上升。主要原因是 v_d 较大时,工件变形剧烈,产生的变形热大幅增加,导致工件中心温度迅速上升。这样,容易在工件内形成大的温度梯度,产生热应力。

由图 9-22 可知,v_d 对$\bar{\varepsilon}$的分布没有影响。不同挤压道次中,随着v_d

的增大，$\overline{\varepsilon}_p$ 变化很小（图 9-24c）。第 3 挤压道次，$\overline{\varepsilon}_p$ 随着 v_d 的增大略有减小。主要原因是在往复挤压变形过程中，工件由于位错等变形机制发生变形时需要一定时间，如果 v_d 过大，超过对应最大应变量的临界速度时，v_d 对工件变形量的贡献很小，甚至没有贡献。

由图 9-23 可知，$v_d = 4$ mm/s 和 $v_d = 6$ mm/s 时，$\overline{\sigma}$分布比较混乱，且随着 v_d 的增加，$\overline{\sigma}$分布均匀性变差，同时，$\overline{\sigma}_p$ 先迅速上升然后下降，最后趋于平稳（图 9-24d）。主要原因是 v_d 较小时，单位时间内的变形热较少，塑性变形所引起的加工硬化效应明显，导致$\overline{\sigma}_p$ 上升，随着 v_d 变大，变形热效应增强，动态再结晶和动态回复引起的软化效应明显，导致$\overline{\sigma}_p$ 下降，当软化与硬化效应相对平衡状态时，$\overline{\sigma}_p$ 趋于稳定。

9.1.3.4　挤压速度对载荷 - 行程曲线的影响

图 9-25 为 $m = 0.2$，$T_f|_{t=0} = 350℃$，$T_d = 330℃$，v_d 不同时往复挤压载荷 - 行程曲线，图中只取冲头 A 在 3 道次往复挤压过程中载荷 - 行程曲线加以说明。由图 9-25 可知，随着 v_d 的增加，F_r 在第 1 道次变化不明显。第 2 道次和第 3 道次中，$v_d = 4$ mm/s 时，F_r 始终最大；$v_d = 0.5$ mm/s 时，F_r 始终最小；v_d 为其他值时，F_r 变化不大。第 1 道次充型阶段，冲头 A 的 F_r 几乎不随 v_d 的变化而变化。从充型完成至第 1 道次结束时间段内，$v_d = 6$ mm/s 时，F_r 最小，v_d 为其余值时，F_r 几乎不变。

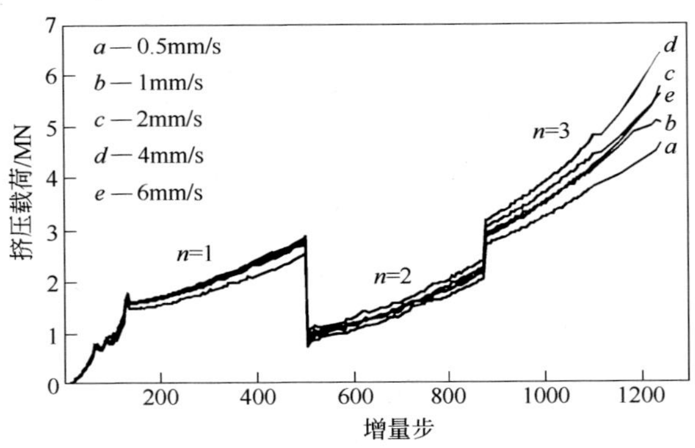

图 9-25　不同挤压速度下往复挤压载荷 - 行程曲线

说明在第1道次挤压，随着 v_d 增大，工件内温升效应明显，引起的软化效应显著。第2和第3道次内，v_d 从0.5 mm/s 增大到4 mm/s 过程中，F_r 随着 v_d 增大而上升。原因是变形速度快，位错增殖明显，导致变形抗力增加。同时，由于 v_d 较大，使得动态回复和动态再结晶不能充分进行，软化速率小于硬化速率，导致 F_r 上升。当 v_d =6 mm/s 时，F_r 反而下降（图9–25），其原因是当 v_d =6 mm/s 时，工件内温度峰值比 $T_f|_{t=0}$ 高出近120℃（图9–24b），高温引起的软化效应大于加工硬化效应，导致 F_r 下降。

9.1.3.5 摩擦因子对场变量的影响

图9–26～图9–30为 $T_f|_{t=0}=350$℃，$T_d=330$℃，$v_d=1$ mm/s，摩擦因子 m 不同时往复挤压变形过程中 $\bar{\varepsilon}$、$\dot{\varepsilon}$、$\bar{\sigma}$、T_f 和 u 场分布云图，图9–31为3道次往复挤压过程中 m 与 $\bar{\varepsilon}_p$、$\dot{\varepsilon}_p$、$\bar{\sigma}_p$、T_{fp} 和 u_p 的关系曲线。

由图9–26可知，m 对 $\bar{\varepsilon}$ 的分布几乎没有影响。随着 m 的增大，第2和第3道次变形80%时 $\bar{\varepsilon}_p$ 在 $m>0.2$ 时几乎不变（图9–31a）。

不同摩擦因子 m 下，第3道次变形80%时工件内 $\dot{\varepsilon}$ 的分布几乎没有变化（图9–27）。$\dot{\varepsilon}_p$ 随着 m 的增大而上升，但上升幅度变小。当 $0.1<m<0.2$ 时，$\dot{\varepsilon}_p$ 上升的幅度最大（图9–31b）。

由图9–28可知，m 对 $\bar{\sigma}$ 的分布没有影响。当 $m>0.2$ 时，$\bar{\sigma}$ 分布趋向均匀。随着 m 的增大，$\bar{\sigma}_p$ 上升，但上升的幅度变小（图9–31c）。这是由于 m 较大时，加剧了工件内由于摩擦热效应而引起工件内的温升效应，减弱了加工硬化效应，从而导致 $\bar{\sigma}_p$ 上升幅度变小。

由图9–29和图9–31d 可知，m 对 T_f 分布没有影响，对 T_{fp} 的影响也很小。当 $m>0.2$ 时，T_{fp} 几乎不变。当 m 从0.1增加到0.5时，T_{fp} 变化量仅为4.1℃，所以往复挤压过程中由 m 值的变化而引起 T_{fp} 变化可以忽略不计。

由图9–30可知，m 对 u 的分布几乎没有影响，但 m 的增大使 u_p 增大（图9–31e）。主要由于刚塑性有限元法遵循体积不变原则，m 较大时，模具内壁的黏滞阻力较大，靠近模具内壁的金属流动变慢。因此，v_d 恒定时，试样中心部位流动速度加快。当 m 从0.4增大到0.5时，u_p 有所下降，说明较大的 m 值可使Ⅱ区中心金属流动速度和边缘金属流动速度之间的差值变小。

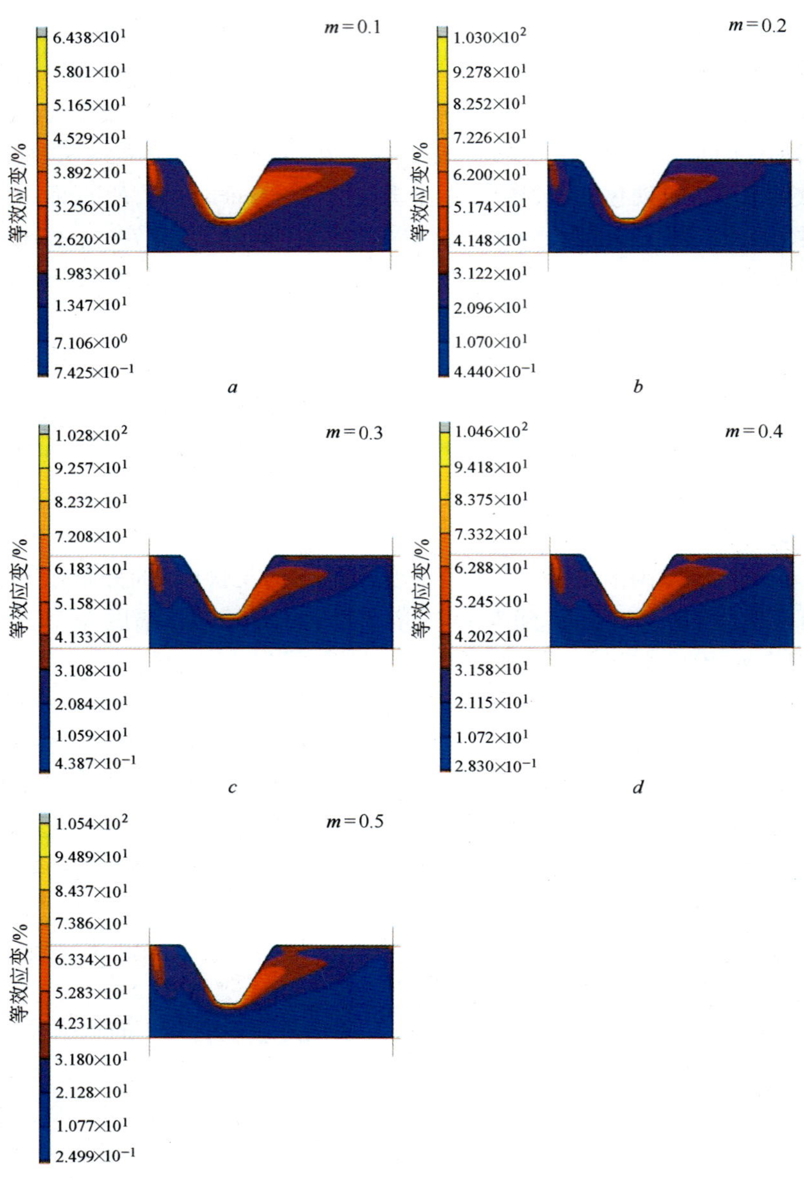

图 9-26　不同摩擦因子下第 3 道次变形 80% 时等效应变分布云图

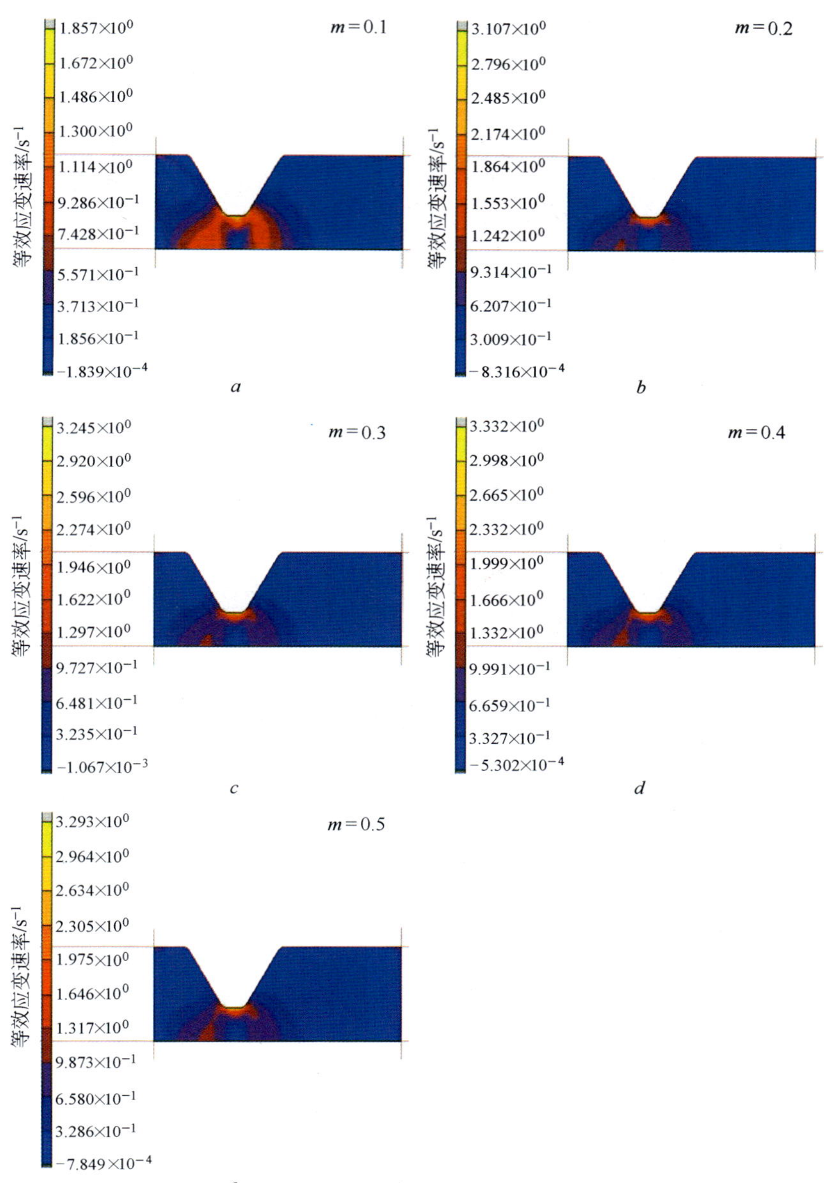

图 9-27 不同摩擦因子下第 3 道次变形 80% 时等效应变速率分布云图

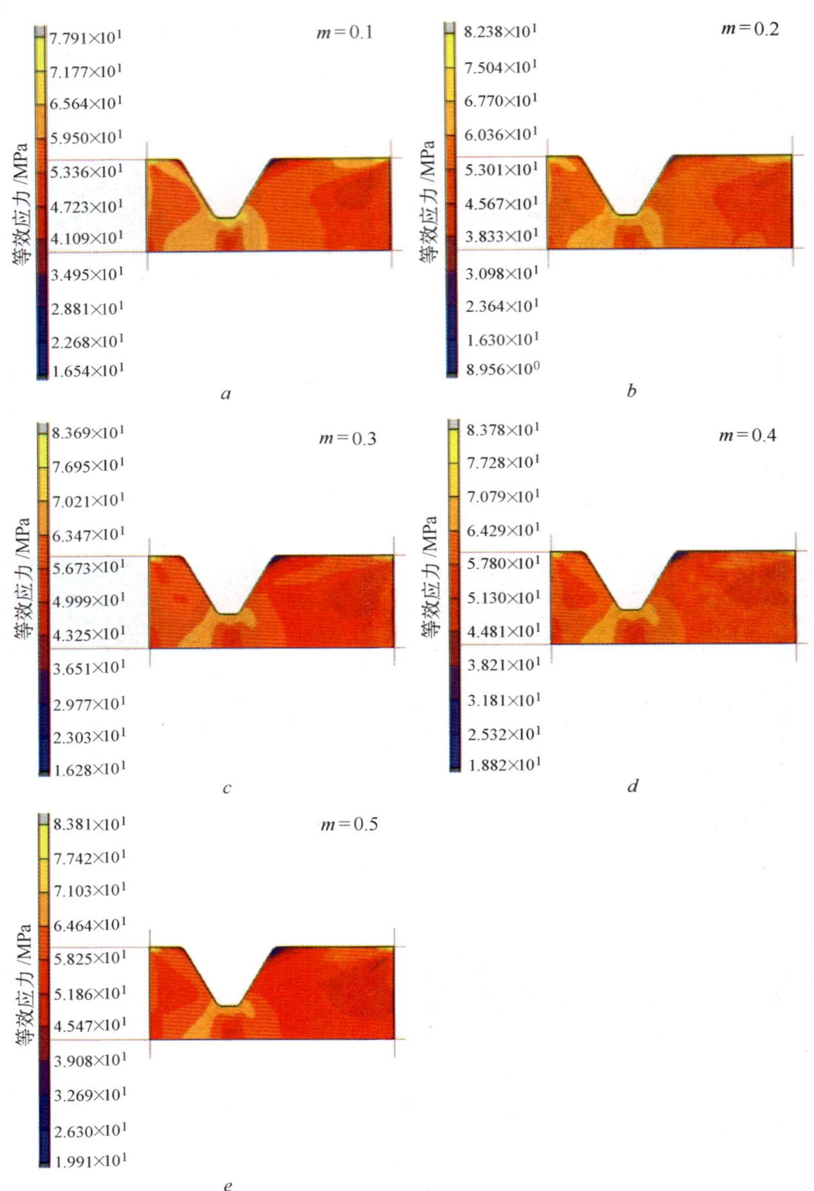

图 9-28　不同摩擦因子下第 3 道次变形 80% 时等效应力分布云图

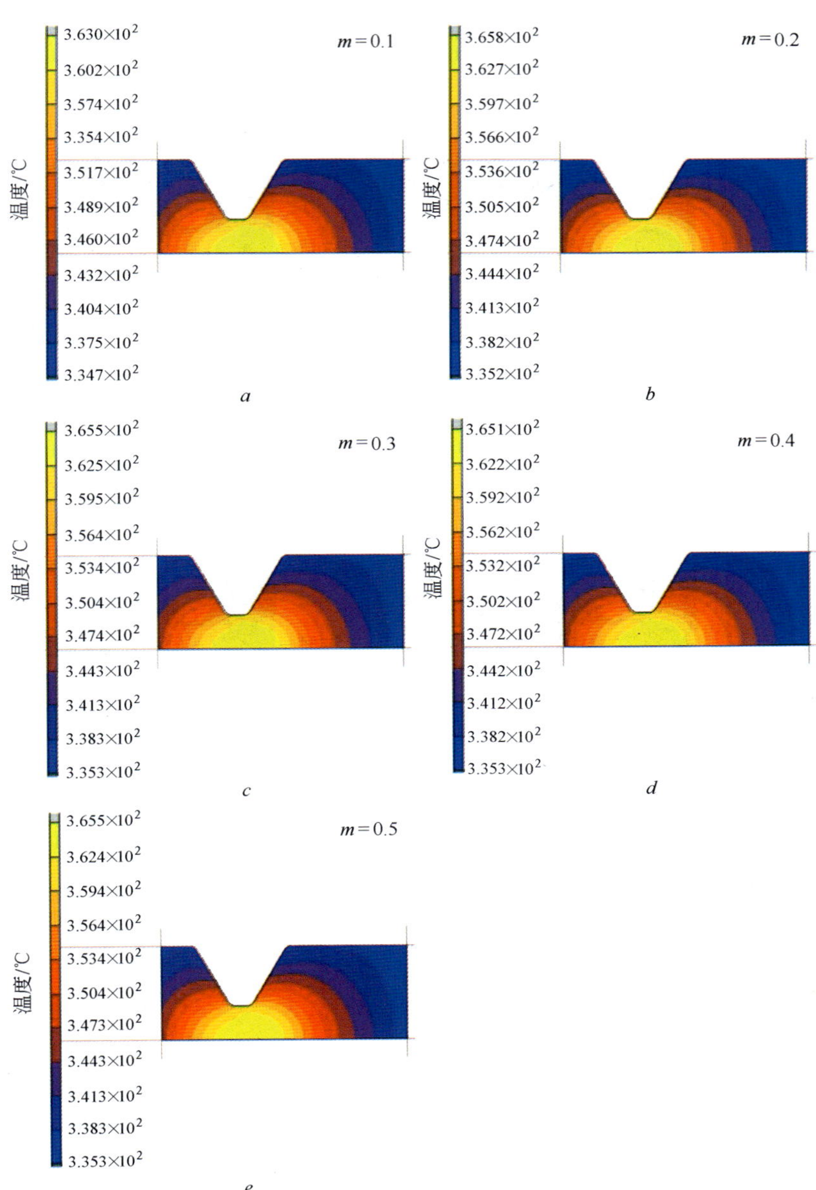

图 9-29 不同摩擦因子下第 3 道次变形 80% 时温度分布云图

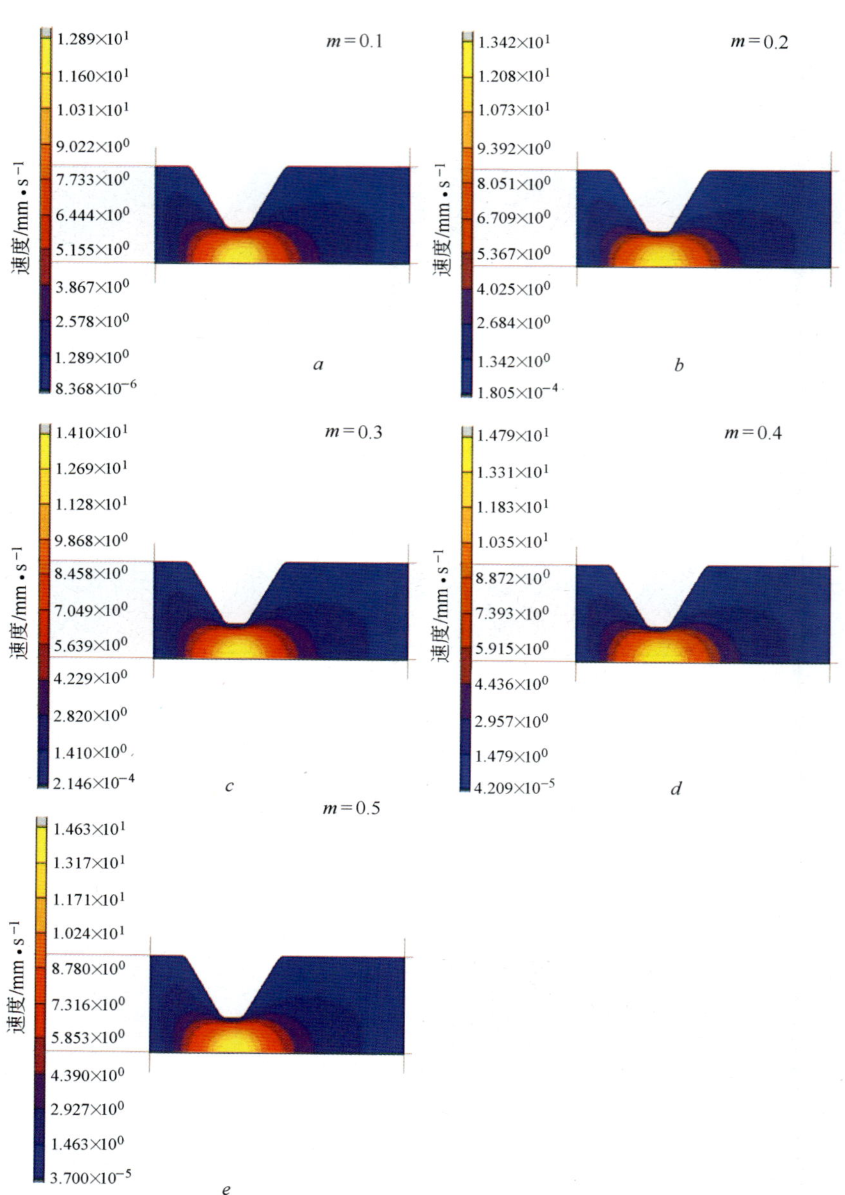

图 9-30　不同摩擦因子下第 3 道次变形 80% 时速度分布云图

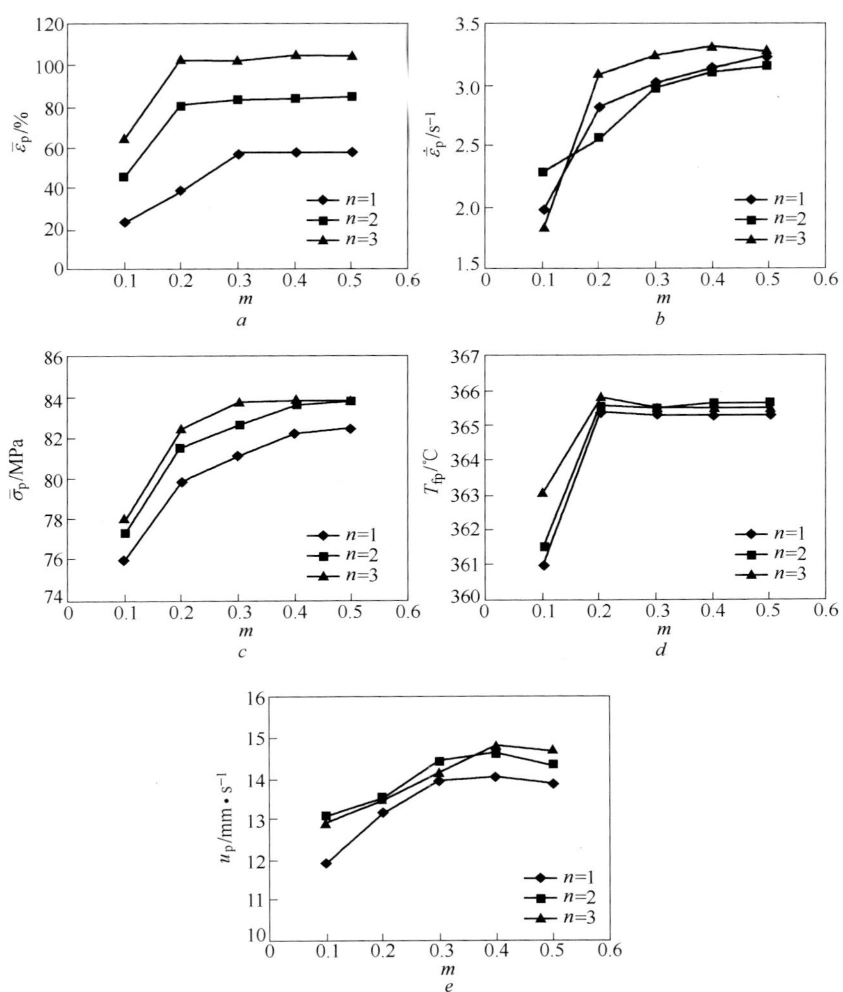

图 9-31 摩擦因子对场变量峰值的影响

9.1.3.6 摩擦因子对载荷-行程曲线的影响

图 9-32 为 $T_f|_{t=0}=350$℃，$T_d=330$℃，$v_d=1$ mm/s，m 不同条件下 3 道次往复挤压载荷-行程曲线。由图可知，随着 m 的增大，在相同加载步下 F_r 升高。这是由于工件与模具摩擦力随着摩擦因子的增大而

增大,导致工件表层金属的流动性能下降。当 m 从 0.1 增大到 0.5 时,F_r 在相同加载步下上升的幅度变小。在第 1 道次的充型阶段,m 的变化对 F_r 影响不大。随着挤压道次的增加,m 对 F_r 的影响逐渐显著。结合图 9–31 可知,在不影响工件变形量的情况下,考虑到 m 对工件内应力大小的影响,以及 m 对 F_r 的影响,应该尽量使 m 值变小,所以在实际挤压过程中要考虑模具的润滑作用。

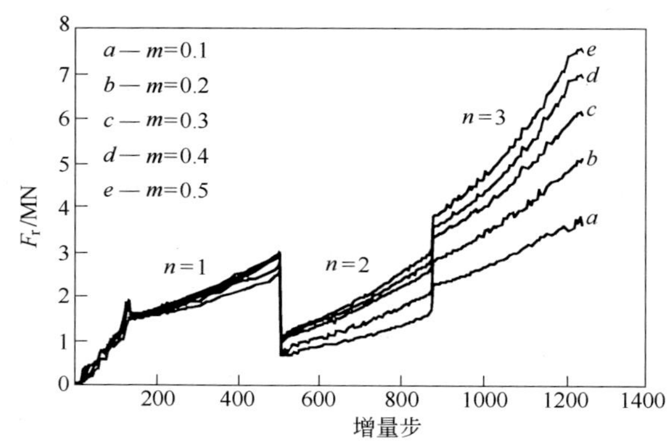

图 9–32 不同摩擦因子下 3 道次往复挤压载荷 – 行程曲线

9.2 数值模拟实验验证

物理模拟是一种以相似理论为基础密切结合实验的分析方法。由于其简单易行、直观方便等优点,在模拟实验中有着不可忽视的作用,使得数值模拟难以取代它。由于物理模拟建立在实验基础上,可以很好地检验数值模拟的可靠性和模拟结果的精确性。本书采用物理模拟实验来验证数值模拟的可靠性及其结果的准确性。

9.2.1 物理模拟准则、模拟材料的选择及实验过程

针对往复挤压变形的特点,采用不同颜色的塑泥分层制坯。为了制作不同颜色的塑泥,在部分黏土中加入少量石墨粉使其呈现黑色,或加入少量 Fe_2O_3 粉末使其呈现暗红色。层状塑泥试样挤压完成后沿轴

向方向剖开并观察其流动情况。由于研究对象是轴对称件,因此对坯料采用不同颜色塑泥分层制坯,易于观察和操作,又不违背事实。试样的制作过程如下:

(1) 将从市场购得的块状陶土进行粉碎、研磨、筛选,并准备一定量的石墨粉和 Fe_2O_3 粉末。

(2) 不同颜色塑泥的和制。准备体积相当的三份陶土粉,其中一份加入适量的石墨粉,一份加入适量 Fe_2O_3 粉末,分别向三份体积相同的粉体中加入等量的纯净水,充分揉挤,使材料内部均匀,然后放到三个袋中密封静置 2 h。

(3) 将适量不同颜色塑泥分别放入专门制作的挤压筒中墩实,然后挤出。

(4) 对挤出的塑泥棒料,用一根细丝切割,切成厚度为 5 mm 左右的薄片。

(5) 将三种不同颜色塑泥薄片进行分层交叉叠放进模具的挤压筒,然后压实。

试样制好后,用自制的与 RE 相同结构的透明有机玻璃物理模具进行往复挤压。挤压完成后,取出冲头,用细丝沿着成形件的轴线方向进行剖分,以便观看塑泥在模具不同区域的流动情况。最后用数码照相机将模拟的宏观照片拍摄下来。

9.2.2 结果与分析

坯料(图 9-33)经 1、2、3 和 8 道次往复挤压物理模拟的宏观照片见图 9-34。由图可知,在每道次挤压过程中,靠近轴线部位的坯料流动速度最快,由轴线到挤压筒内壁大致呈圆弧状分布,与计算机模拟的速度分布等值线图(图 9-35)相似。从陶土塑泥的物理模拟结果可以发现,随着挤压道次增加,不同颜色材料之间的界限变得模糊。挤压 1 道次,不同颜色材料的界线很清楚,挤压 8 道次后,Ⅰ区和Ⅱ区中材料颜色界限模糊。这说明随着挤压道次的增加,尤其在凹模Ⅰ区和Ⅱ区,坯料发生大变形而被反复“揉挤”。此外,挤压筒与凹模连接处是材料流动的死区,这和计算机模拟的结果相吻合。

图 9-33　RE 初始坯料照片

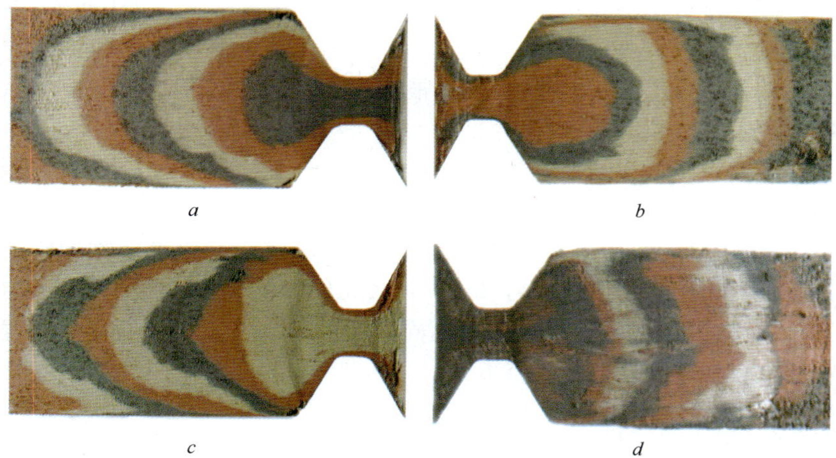

图 9-34　物理模拟样品剖视图

a—*n* = 1；*b*—*n* = 2；*c*—*n* = 3；*d*—*n* = 8

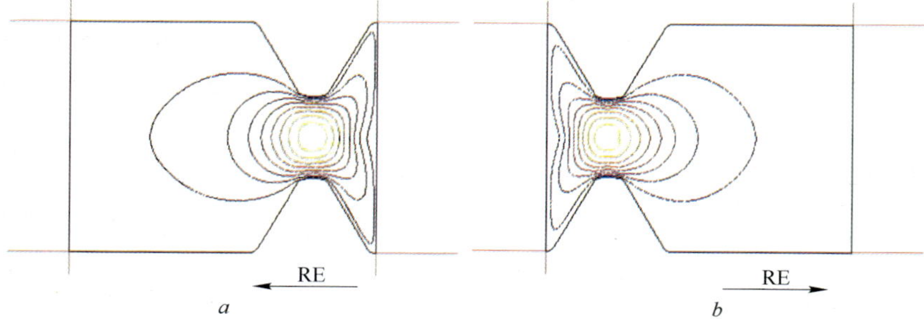

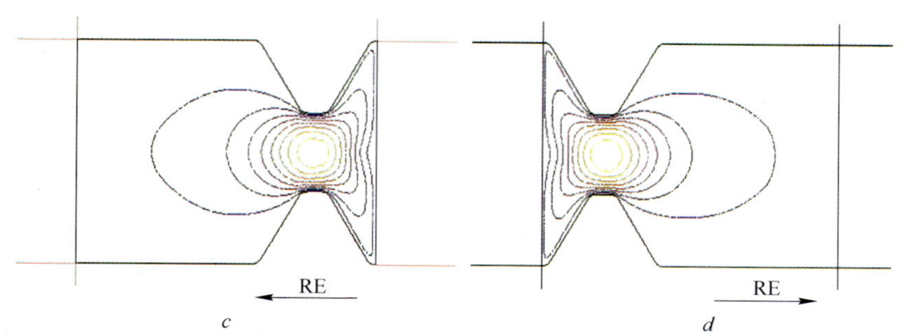

图 9-35 不同道次下计算机模拟速度分布等值线图

a—$n=1$；b—$n=2$；c—$n=3$；d—$n=8$

9.3 本章小结

本章利用计算机数值模拟与物理模拟实验相结合，选取 AZ31 合金为研究对象，对往复挤压成形过程进行了比较全面的研究并得出以下结论：

（1）通过对 AZ31 镁合金往复挤压成形过程进行热力耦合模拟，获得了相关变形网格图和$\bar{\varepsilon}$、$\dot{\bar{\varepsilon}}$、$\bar{\sigma}$、T_f 和 u 场分布云图，揭示了 AZ31 合金往复挤压变形规律。结果表明：

1）往复挤压过程中，大变形区主要集中在Ⅱ区靠近凹模的区域以及从动冲头一侧的圆锥形紧缩区Ⅰ区靠近凹模的区域。挤压过程中工件变形不均匀，随着挤压进行，工件累积应变量不断变大。

2）$\dot{\bar{\varepsilon}}$和$\bar{\sigma}$的最大值出现在Ⅰ区与Ⅱ区交接处。靠近主动冲头一侧的大应变速率和大应力分布区域要大于从动冲头一侧。挤压筒与紧缩区Ⅰ区的过渡处存在应力很小的"死区"。

3）往复挤压过程中，工件内的温度和流动速度从大到小、由里向外呈同轴圆柱形层状分布。最高温度和最大流动速度分布在Ⅱ区中心区域，大致呈圆形分布。

（2）研究了不同初始坯料温度、不同挤压速度以及不同摩擦因子对 AZ31 镁合金往复挤压过程中各场变量的影响。结果表明：

1）不同初始坯料温度下，各场变量分布趋势大致相同。随着初始坯料温度升高，等效应变峰值先上升然后趋于稳定；等效应变速率峰值和金属流动速度峰值先上升然后趋于平稳,并有所下降;等效应力峰值下降。

2）不同挤压速度对等效应变场、等效应变速率场、温度场和速度场分布情况几乎没有影响,对等效应力场的分布有一定影响。随着挤压速度的增大,等效应变峰值变化很小;等效应变速率峰值和温度峰值直线上升;等效应力峰值先上升后下降然后趋于平稳。

3）不同摩擦因子对场变量的分布几乎没有影响。摩擦因子变化引起工件内温度的变化很小。随着摩擦因子的增大,等效应变峰值变化不大;等效应变速率峰值和等效应力峰值上升,上升的幅度变小;金属流动速度峰值上升。

（3）在 3 道次往复挤压过程中,凹模所受的载荷要远远大于两冲头所施加的载荷。随着挤压道次的增加,冲头所施加的载荷有所增加。在每次反向挤压开始时主动冲头所施加的载荷要低于前一道次结束时主动冲头所施加的载荷。随着坯料初始温度升高,第 1 道次挤压过程中,冲头施加的载荷下降,后两道次情况相反。随着挤压速度从 0.5 mm/s 增大到 4 mm/s,冲头所施载荷升高,挤压速度再增大时,冲头所施载荷下降。随着摩擦因子的增大,相同加载步下冲头所施载荷增加。

（4）通过物理模拟实验分析表明,采用刚黏塑性有限元法对 AZ31 镁合金往复挤压成形过程进行热力耦合模拟是合理可行的,其结果有一定可信度,可为实际工艺的制定与优化提供一定的科学依据。

参考文献

[1]　张先宏,崔振山,阮雪榆. 镁合金塑性成形技术——AZ31B 成形性能及流变应力[J]. 上海交通大学学报,2003,37(1):1874 ~ 1877.

[2]　王德林. AZ31 镁合金轿车轮毂温成形工艺研究[D]. 太原:中北大学,2005:13 ~ 19.

[3]　《轻金属材料加工手册》编写组. 轻金属材料加工手册[M]. 北京:冶金工业出版社,1979:162 ~ 171.

[4]　曾正明. 实用工程材料技术手册[M]. 北京:机械工业出版社,2001:776 ~ 790.

[5]　张家荣,赵廷元. 工程常用物质的热物理性质手册[M]. 北京:新时代出版社,1987:410 ~ 413.

[6]　[美]美国金属学会. 金属手册[M]. 第九版第二卷. 北京:机械工业出版社,1979:727 ~ 773.

后记

本书主要内容是本课题研究组集体研究成果，研究人员包括西安理工大学、河南理工大学、Technion-Israel Institute of Technology 和美国 Ames Lab 的同事和培养的学生。例如，Mg－Zn－Y－Ce 合金方面的研究工作，包括了 Dan Shechtman 教授、徐春杰博士、杨文鹏博士、叶永南硕士、刘君博士、Dr. Inna Popov、Dr. Rimma Bobova、Dr. Alex Manukhin 和 Yarden Tsach、Dr. Sergei Remennik、Jacob Kingstler、Lilya Glazman、杨林博士和李克非硕士等多人的研究工作。Mg－Al－Si 方面的内容包括了宋佩维博士、井晓天教授和贾树卓硕士等人的研究工作。在研究工作中，张忠明教授与我同心合力、组织管理研究项目的运行，付出了很多辛苦。本书涉及到的研究结果是在教育部、科技部、国家自然基金委和陕西省科技厅与教育厅以及西安理工大学和河南理工大学的资助下取得的，研究过程中还得到了美国能源部和以色列工学院的资助。

作者对以上提到的研究人员和资助单位表示深深的感谢。

郭学锋

2009 年 11 月于河南理工大学

冶金工业出版社部分图书推荐

书　　名	作　者	定价(元)
高性能低碳贝氏体钢——成分、工艺、组织、性能与应用	贺信莱	56.00
材料微观结构的电子显微学分析	黄孝瑛	110.00
电子背散射衍射技术及其应用	杨　平	59.00
材料的晶体结构原理	毛卫民	26.00
材料科学基础	陈立佳	20.00
钒钛材料	杨绍利　等	35.00
不锈钢的金属学问题(第2版)	肖纪美	58.00
有序金属间化合物结构材料物理金属学基础	陈国良(院士)　等	28.00
材料的结构	余永宁　毛卫民	49.00
泡沫金属设计指南	刘培生　等译	25.00
多孔材料检测方法	刘培生　马晓明	45.00
金属材料的海洋腐蚀与防护	夏兰廷　等	29.00
超细晶钢——钢的组织细化理论与控制技术	翁宇庆　等	188.00
功能陶瓷显微结构、性能与制备技术	殷庆瑞　祝炳和	58.00
超强永磁体——稀土铁系永磁材料(第2版)	周寿增　董清飞	56.00
耐磨高锰钢	张增志	45.00
材料组织结构转变原理	刘宗昌　等	32.00
金属材料工程概论	刘宗昌　等	26.00
材料腐蚀与保护	孙秋霞	25.00
金属材料学	吴承建	32.00
现代材料表面技术科学	戴达煌	99.00
材料加工新技术与新工艺	谢建新　等	26.00
金属固态相变教程	刘宗昌	30.00
新材料概论	谭　毅　李敬锋	89.00